D1823744

La Sala delle Carte geografiche in Palazzo Vecchio

«capriccio et invenzione nata dal Duca Cosimo»

a cura di Alessandro Cecchi e Paola Pacetti

testi di Paola Pacetti, Giovanna Lazzi, Alessandro Cecchi,
Elisabetta Stumpo, Massimo Marcolin, Giancarlo Lombardi

con il contributo di Franco Casali,
Alfredo Aldrovandi, Cecilia Frosinini, Letizia Montalbano, Michela Piccolo

Mauro Pagliai
Editore

LA SALA DELLE CARTE GEOGRAFICHE IN PALAZZO VECCHIO
a cura di Alessandro Cecchi e Paola Pacetti

Progetto grafico, realizzazione e stampa
Edizioni Polistampa, Firenze

RINGRAZIAMENTI

Siamo molto grati alla Cassa di Risparmio di Firenze di averci dato la possibilità di pubblicare le ricerche da noi condotte o coordinate su la Sala delle Carte geografiche di Palazzo Vecchio, al Comune di Firenze, alla Soprintendenza Speciale per il Patrimonio Storico Artistico e Demoetnoantropologico e per il Polo Museale della città di Firenze, all'Opificio delle Pietre Dure per il costante sostegno e aiuto che hanno offerto al nostro lavoro. Come pure ringraziamo, per la preziosa collaborazione, l'Archivio di Stato di Firenze, il Kunsthistorisches Institut di Firenze, la Biblioteca Nazionale Centrale di Firenze, la Biblioteca Riccardiana di Firenze, la Biblioteca Medicea Laurenziana di Firenze, l'Istituto e Museo di Storia della Scienza di Firenze e l'Associazione Museo dei Ragazzi di Firenze.

Un grazie particolare alla dottoressa Cristina Acidini Sovrintendente Speciale per il Patrimonio Storico Artistico e Demoetnoantropologico e per il Polo Museale della città di Firenze, al professor Giovanni Gozzini e al dottor Eugenio Giani, Assessore alla Cultura del Comune di Firenze per il loro appoggio e il loro apprezzamento del nostro lavoro; a Mauro Pagliai per aver dato una veste così elegante e ricca di preziose illustrazioni ai testi pubblicati.

Agli amici, ai colleghi e ai redattori e tecnici di Polistampa che con le loro osservazioni e discussioni ci hanno consentito di migliorare il testo ed evitare molti errori va la nostra gratitudine.

Nostra è la responsabilità degli errori eventualmente rimasti.

Alessandro Cecchi e *Paola Pacetti*

REFERENZE FOTOGRAFICHE

Le immagini di questo volume sono fornite dall'Archivio fotografico del Comune di Firenze a eccezione di:

p. 134a, 134b, Archivi Alinari, Firenze;

pp. 90, 100, Archivio di Stato, Firenze;

pp. 33, 40, 69, 78a, 78b, Assessorato alla Cultura del Comune di Firenze
(Foto Torquato Perissi, Firenze);

pp. 28, 44b, 48a, 48b, 50, 58b, 59, 60, 96a, 96b, 96c, Biblioteca Medicea Laurenziana, Firenze.
Su concessione del Ministero per i Beni e le Attività Culturali della Repubblica Italiana;

p. 47, Biblioteca Nazionale Braidense, Milano. Su concessione del Ministero
per i Beni e le Attività Culturali della Repubblica Italiana;

pp. 88a, 88b, 96, 102, 103, Biblioteca Nazionale Centrale di Firenze.
Su concessione del Ministero per i Beni e le Attività Culturali della Repubblica Italiana;

pp. 12, 18, 63, Foto Rabatti & Domingie, Firenze;

pp. 32, 89, Foto Scala, Firenze;

p. 92, Musée des Beaux-Arts de Brest métropole océane;

p. 68, Museo Nazionale del Bargello, Firenze;

p.16, Provincia di Firenze (Foto Torquato Perissi, Firenze);

pp. 79, 80, 81a, 81b, 82, Soprintendenza Speciale per il Patrimonio Storico, Artistico
ed Etnoantropologico e per il Polo Museale della città di Firenze (Foto Torquato Perissi, Firenze)

Redazione Cristina Corazzi
Disegni originali di Davide Nigi

© 2008 EDIZIONI POLISTAMPA
   Via Livorno, 8/32 - 50142 Firenze
   Tel. 055 737871 (15 linee)
   info@polistampa.com - www.polistampa.com

ISBN 978-88-564-0045-8

Sommario

Il progetto di un grandioso intervento decorativo delle sale di Palazzo della Signoria cominciò a prendere forma nella mente di Cosimo I de' Medici subito dopo l'elezione a duca di Firenze quando, per mantenere la continuità col vecchio governo repubblicano, decise di trasferire la propria corte e la propria famiglia nel palazzo che per tradizione fungeva da sede della "Signoria" fiorentina. Era il 1540, Cosimo I aveva appena compiuto vent'anni e i fiorentini non avrebbero iniziato a chiamare "Vecchio" il palazzo ancora per un secolo.

Perché il progetto decorativo divenisse cosa concreta sarebbero però dovuti trascorrere altri quindici anni quando, nel 1555, Giorgio Vasari entrò al servizio di corte e il «capriccio et invenzione» dell'ancora giovane duca trovarono finalmente adeguato mezzo espressivo nel genio creativo dell'artista aretino.

Dapprima vennero decorati, con ampi affreschi a carattere storico e mitologico, il Salone dei Cinquecento, il Quartiere degli Elementi e quello di Leone X, e solo in ultimo, a partire dal 1562, presero il via i lavori in quella che sarebbe divenuta la Sala delle mappe, all'interno dei Quartieri Monumentali, che coi suoi soggetti a carattere geografico doveva concludere la decorazione del palazzo e, in un certo senso, anche il ciclo iconografico dello scibile. Nelle intenzioni di Cosimo I e del Vasari, oltre alle cinquantatré tavole attualmente visibili dedicate alle terre emerse, la Sala delle Carte geografiche avrebbe dovuto contenere anche la raffigurazione del mondo celeste in modo tale da riunire le «cose del cielo e della terra giustissime e senza errori». Il risultato finale doveva essere tale da stupire il visitatore ponendolo di fronte a qualcosa di mai visto e assolutamente avveniristico, ma il progetto per il mutare del clima politico non fu mai portato a definitivo compimento.

La Sala delle Carte geografiche in Palazzo Vecchio, frutto di un'ampia ricerca interdisciplinare coordinata da Paola Pacetti e Alessandro Cecchi, costituisce il primo studio specifico dedicato a questo gioiello meno conosciuto del patrimonio cittadino, del quale esamina i vari aspetti storici, artistici e progettuali. Banca CR Firenze, che da sempre opera a favore di iniziative volte a valorizzare la storia e la cultura del proprio territorio, è lieta di presentare questo volume che costituisce un prezioso strumento di studio per gli addetti ai lavori ma anche un'interessante fonte di informazioni per il pubblico degli appassionati dell'arte.

Aureliano Benedetti
Presidente della Cassa di Risparmio di Firenze S.p.A.

Nelle società contemporanee si stenta a ricordare che fino al Seicento l'Italia era il paese in cui si concentrava il maggior numero di informazioni che riguardavano l'intero globo terrestre, in una misura tale da sopravanzare tutto il resto del mondo messo insieme. Eppure, sarebbe sufficiente riflettere al contenuto dei palazzi delle nostre città, di Roma, di Venezia, di Genova, e soprattutto di Firenze, su tutte le altre. Ed è per questa ragione che non deve destare stupore la realizzazione in Firenze, nella seconda metà del Cinquecento, all'interno di quel palazzo – oggi noto come Palazzo Vecchio – che era, ed è tuttora, simbolo della città, di una Sala che nelle intenzioni del duca Cosimo I de' Medici avrebbe dovuto costituire una macchina conoscitiva di inaudita e mai vista complessità, fondata su un programma che prevedeva la riunione delle «cose del cielo e della terra giustissime e senza errori» e costituiva la chiave e la conclusione del progetto iconografico della sua reggia.

Aveva quarantaquattro anni il duca Cosimo, quando, nel 1563, decise di far completare l'articolato programma decorativo del Palazzo con due grandi progetti, affidati entrambi a Giorgio Vasari: il rialzamento e la decorazione del soffitto della Sala Grande, oggi nota come Salone dei Cinquecento, e la realizzazione di una nuova Sala che racchiudesse in sé tutte le conoscenze geografiche dell'epoca, alle quali Firenze aveva dato il suo insostituibile contributo. Entrambi i progetti intendevano conseguire la sintesi fra l'autorità della tradizione e la spinta innovatrice della modernità: il ricordo degli illustri antenati della famiglia de' Medici coniugato con la celebrazione delle conquiste del secondo Duca di Firenze, nella Sala Grande; le tavole del Tolomeo integrate con le più recenti scoperte delle terre del Nuovo Mondo, nella Sala delle Carte geografiche.

Nonostante l'importanza scientifica del luogo e il favore dei visitatori del Palazzo che ne sono particolarmente attirati, la Sala non era mai stata fatta oggetto di una pubblicazione specifica che offrisse il repertorio completo di tutte le tavole di geografia corredate dai testi dei cartigli che ne costituiscono parte integrante, accompagnato da contributi scientifici che ricostruiscono la genesi e lo sviluppo del progetto. Sono perciò particolarmente grato alla Cassa di Risparmio di Firenze per aver voluto dedicare alla Sala delle Carte geografiche in Palazzo Vecchio questo importante volume che si rivolge ai cultori della materia, ma anche ai molti lettori interessati.

Leonardo Domenici
Sindaco di Firenze

Tra gli ambienti che rendono unico e affascinante Palazzo Vecchio, la Sala delle Carte geografiche era forse quello che più di altri aveva bisogno di una riconsiderazione basata su nuove ricerche e nuovi studi: ed è appunto questa lacuna, nella pur vasta bibliografia sul Palazzo, che questo volume di più autori viene mirabilmente a colmare. Più dei saloni di rappresentanza politica e dinastica, è questa sala raccolta e luminosa che custodisce l'impronta ordinatrice del duca Cosimo: qui, nella sua prima Guardaroba, fu radunato il patrimonio di oggetti rari e preziosi, di strumenti, di cose naturali rare che i documenti ci lasciano intuire senza descriverlo.

E se dagli interni degli armadi, protetti da sportelli dipinti, le raccolte originarie sono assenti da un pezzo, all'esterno le immagini del mondo – appunto, le Carte geografiche di Egnazio Danti – restano a suggerire la volontà di possesso del duca, attraverso la conoscenza e l'immagine delle terre più remote. Meritoriamente trascritte in questo libro, le lunghe diciture che in ogni scomparto sono iscritte in elaborati cartigli traforati e arricciati in forme capricciose e diverse costituiscono una sorta di manuale visivo di geografia fisico-politica, per viaggi immaginari allora impossibili da compiere nella realtà.

Punto d'incontro fra scienza e meraviglia, la sala ha un ulteriore tesoro, il globo terrestre pure di Egnazio Danti. A questo si sono rivolte le attenzioni dell'Opificio delle Pietre Dure, Settore Restauro Fibre, e dell'Università di Bologna, per attuare la prima *tranche* di un complesso progetto di diagnostica, in vista di future azioni conservative. La struttura complessa del globo, all'interno del rivestimento esterno, denota la cura e la raffinatezza della sua fattura, dovuta certo ad eccellenti maestranze agli ordini del cosmografo ducale.

Nella varietà e ricchezza dei saggi, questo libro restituisce alla Sala la centralità culturale e la suggestione un po' magica che i secoli hanno disperso insieme con gli oggetti, e al duca Cosimo il ruolo d'iniziatore e primo interprete del collezionismo curioso e colto che animò la famiglia granducale fino all'estinzione. Sono grata a tutti i collaboratori e in particolare a Paola Pacetti e ad Alessandro Cecchi, che hanno messo al servizio di questa impresa le loro approfondite conoscenze di quella fabbrica immensa, e per certi versi ancora da indagare, che è Palazzo Vecchio.

Cristina Acidini
Soprintendente per il Patrimonio Storico,
Artistico ed Etnoantropologico
e per il Polo Museale della città di Firenze

Sala del Mappamondo. Così si chiama, per me, l'ambiente di Palazzo Vecchio al centro del quale sta il monumentale Globo voluto da Cosimo I de' Medici. Gli studiosi che hanno curato questo volume ci ricordano, giustamente, che quella, per molti anni, è stata la Sala della Guardaroba. E che sua denominazione alternativa è Sala delle Carte geografiche. Ma mi sia consentito, in quanto fiorentino, esprimere la mia naturale predilezione per l'altro appellativo. Sala del Mappamondo: quale altro nome potrebbe avere il luogo che in un superbo manufatto compendia, senza tanti giri di parole, il primato fiorentino nella conoscenza geografica, sotto il segno dei Medici, e il grande contributo dato da nostri concittadini all'esplorazione della Terra?

Se è vero che nel secolo successivo inglesi e olandesi saranno all'avanguardia nella conoscenza e nella raffigurazione del pianeta, nel periodo in cui Egnazio Danti e Stefano Buonsignori compilano le cinquantatre carte geografiche che ornano la Sala, Firenze è davvero punta avanzata della scoperta e della descrizione del mondo.

Poche sono le regge al mondo che possono vantare una sala quale quella del Mappamondo, nata dallo straordinario interesse del duca Cosimo per la geografia, alimentato dalla grande stagione che portò, fra Quattrocento e Cinquecento, a uno straordinario sviluppo della conoscenza della Terra, cui Firenze diede il proprio insostituibile contributo. Non fu il fiorentino Paolo dal Pozzo Toscanelli a sospingere Cristoforo Colombo alla ricerca delle Indie occidentali? Non fu il fiorentino Amerigo Vespucci, nel 1502, a comprendere che le terre scoperte da Colombo non erano le Indie, ma un nuovo continente, che significativamente porta il suo nome? Non fu il fiorentino Andrea Corsali, in due lettere indirizzate ai Medici nel 1516 e nel 1518, a intuire l'esistenza della massa continentale australiana a sud della Nuova Guinea? E fu poi il grevigiano – e perciò un altro figlio del territorio fiorentino – Giovanni da Verrazzano a esplorare per primo, nel 1524, la costa nordamericana, scoprendo la baia dove oggi sorge New York: e fu ancora il fiorentino Francesco Carletti, sul finire del Cinquecento, a compiere – primo fra i mercanti europei – il periplo del globo, "non tanto per curiosità di vedere il mondo, quanto ancora per interesse di negozi".

Quante volte, come assessore alle Relazioni Internazionali, ho guidato delegazioni di ogni parte del mondo in quella sala! E dinanzi agli occhi ho ancora lo stupore d'importanti personalità nello scoprire in quelle antiche carte il nome della propria città, della propria regione o di territori che non s'immaginava fossero conosciuti a Firenze alla fine del XVI secolo.

La nostra città deve sentirsi orgogliosa del patrimonio di cultura e arte che questa sala esprime, straordinario biglietto da visita nelle relazioni con altri popoli, etnie e nazioni diverse. A comporre un dittico che poche altre città, di nuovo, possono vantare, in tempi a noi più vicini alla Sala delle Carte geografiche si è affiancato l'altro straordinario giacimento donatoci dall'Italia unita: l'Istituto Geografico Militare, con le raccolte toscane, piemontesi e napoletane concentratesi in via Cesare Battisti nel periodo di Firenze capitale. Se questo è potuto avvenire, è certo anche per la primogenitura che Firenze afferma in materia, grazie anche alle splendide realizzazioni di Egnazio Danti e Stefano Buonsignori nella Sala del Mappamondo.

Eugenio Giani
Assessore alla Cultura
del Comune di Firenze

La Sala delle Carte geografiche in Palazzo Vecchio

La Sala delle Carte geografiche o della Guardaroba nel Palazzo ducale fiorentino, da Cosimo I a Ferdinando I de' Medici

PAOLA PACETTI

Giorgio Vasari e Giovanni Stradano, *Assedio di Firenze*, 1561. Firenze, Palazzo Vecchio, Quartiere di Leone X, Sala di Clemente VII. Il grande affresco mostra Firenze durante l'assedio delle truppe imperiali che si protrae per undici mesi, dall'ottobre 1529 all'agosto 1530, quando la Repubblica fiorentina si arrese. La campagna militare in Toscana delle truppe imperiali e pontificie e la capitolazione di Firenze consentirono il ritorno del governo mediceo, ma in una forma assai diversa rispetto ai sistemi con i quali i Medici avevano governato la città, con varia abilità e differente fortuna, da un secolo. Nel 1532 l'imperatore Carlo V trasforma, infatti, lo Stato fiorentino in un ducato del quale Alessandro de' Medici è il primo ad assumere il titolo. Nel 1537, alla sua morte, a seguito di una congiura, i maggiorenti fiorentini, fra i quali il Guicciardini, elessero duca il giovanissimo Cosimo – figlio di Giovanni dalle Bande Nere e Maria Salviati – discendente del ramo cadetto della famiglia Medici che aveva come capostipite Lorenzo, fratello di Cosimo il Vecchio

Premessa

Fra i molti visitatori che ogni anno, da tutto il mondo, affollano la città di Firenze, quasi tutti ammirano la mole di Palazzo Vecchio che – con le sue muraglie merlate, sormontato dalla possente torre – si affaccia sulla piazza della Signoria. Si tratta del *monumento* Palazzo Vecchio che corrisponde storicamente al medievale Palazzo dei Priori ed è così noto da essere divenuto una delle icone della città.

Un numero molto inferiore di questi visitatori entra nel Palazzo dal Cortile di Michelozzo, dove vede, nel fasto degli stucchi dorati delle colonne e nelle decorazioni pittoriche, uno stile che non appartiene al passato medievale, ma al Cinquecento maturo. Chi, fra questi, sceglie di visitare i Quartieri monumentali salendone gli ampi scaloni ed entra, dapprima, nel Salone dei Cinquecento, quindi nel Quartiere di Leone X e, di qui, in quelli degli Elementi e di Eleonora, nella Sala delle Udienze e dei Gigli, per giungere, infine, in quella delle Carte geografiche, scopre via via – spesso con meraviglia – di trovarsi all'interno del Palazzo ducale voluto da Cosimo I de' Medici, nella seconda metà del XVI secolo.

Palazzo Vecchio può, dunque, essere assimilato a una sorta di erma bifronte, della quale un volto appartiene al Palazzo dei Priori e l'altro al Palazzo ducale. Ma questa prima reggia medicea, dalla straordinaria cifra estetica – questo volto interno – è per molti versi come *opacizzata*, quando non celata, dalle possenti muraglie medievali del Palazzo dei Priori, come pure dall'essere gran parte del Palazzo, ancora oggi, sede dell'Amministrazione comunale della città.

Questa natura duale, questo doppio volto, si ritrova anche in una delle sue sale più significative, quella delle Carte geografiche che, non a caso, è caratterizzata da una duplice denominazione: delle Carte geografiche, appunto, o della Guardaroba. E anche qui, come per il Palazzo, esiste un volto visibile a tutti che, in questo caso, è quello delle Carte geografiche e un volto oggi totalmente invisibile, quello di Guardaroba medicea.

Vedere la reggia rinascimentale appare relativamente semplice, basta entrare nel museo e visitarlo; al contrario, la doppia natura della Sala delle Carte si svela soltanto attraverso uno studio capace di tesserne, con paziente ricerca ed empatia, la storia. Una storia che ci ha mostrato, passo dopo passo, quanto assumere come punto di vista la Sala delle Carte geografiche o della Guardaroba possa essere particolarmente fecondo anche per comprendere, sempre meglio, le più ampie vicende del Palazzo che la racchiude.

Un palazzo ducale posto sotto il segno dell'*auctoritas* degli antichi

La doppia natura di Palazzo Vecchio scaturisce, con precisione, dal volere di Cosimo I de' Medici, il quale il 9 gennaio del 1537, giovanissimo, non ancora diciottenne, viene eletto duca di Firenze e nel 1540 – dopo essersi sposato nel 1539 con Eleonora, il cui padre, don Pedro Alvarez di Toledo, era Viceré di Napoli e figlio cadetto del duca d'Alba[1] – decide di trasferire l'ancora esigua sua corte[2] nel Palazzo che era stato la sede dei Priori delle Arti e della Signoria e ne dà immediata notizia al suocero «… oggi siamo entrati in possesso del palazzo maggiore dove sono stanze regali…»[3].

La decisione di questo trasferimento è frutto della chiara e risoluta volontà politica di Cosimo I di stabilire una forte continuità con il glorioso passato repubblicano della città, mentre sta affermando e consolidando il governo di uno solo. Lo dirà bene, più tardi, Giorgio Vasari che di Cosimo I, *committente volitivo*[4], sarà, dal 1555 al 1574, l'architetto e pittore di corte e, più complessivamente, il *regista polivalente* dei voleri del duca: «… il Duca nostro adesso mostra appunto in questa fabrica il bel modo che ha trovato di ricorreggerla, per far di lei, come ha fatto in questo governo, di tanti voleri un solo, che è appunto il suo».[5] Questa stessa risolutezza e lo stesso acume politico che sottendono alla decisione del giovane duca di trasferirsi con la famiglia nel Palazzo di piazza – come era noto l'attuale Palazzo Vecchio – comportano altresì la scelta di «non volere alterare i fondamenti e le mura maternali di questo luogo, per avere esse, con questa forma vecchia, dato origine al suo governo nuovo» essendogli «bastato l'animo di ridurle con ordine e misura e sopr'esse ponendovi, questi ornamenti diritti e ben composti […] facendo un vecchio diventar giovane e un morto vivo»[6].

Questo «nuovo», «giovane» e «vivo» Palazzo ducale mediceo trae dunque il proprio fondamento dalle «vecchie mura maternali» che legittimano, sul piano simbolico, il governo ducale, in forza dell'*auctoritas* derivante dal prestigio dei governi repubblicani succedutisi nell'edificio dal XIV secolo. Contestualmente, tutti i lavori avviati nel Palazzo, fin dal 1540, dal momento stesso del trasferimento della corte, e portati avanti, soprattutto, dallo scultore Baccio Bandinelli e dall'architetto Battista di Marco del Tasso sono finalizzati privilegiatamente al costante obiettivo di legittimare il Duca e il suo governo. Per Cosimo si tratta, in primo luogo, di inserire, e a pieno titolo, il ramo cadetto dei Medici – cui appartiene – in quello che risale al *Pater Patriae* Cosimo il Vecchio, a Lorenzo il Magnifico e ai due papi Leone X e Clemente VII, costruendo una sola genealogia di antenati illustri. In secondo luogo, di avviare la produzione di una ricca iconografia famigliare della nuova coppia ducale Medici-Toledo e della loro numerosa discendenza da diffondere in tutte le principali corti italiane ed europee, grazie alla ritrattistica ufficiale realizzata, soprattutto, dal pittore di corte Agnolo Bronzino.

La prima costruzione della genealogia famigliare che unifica i due rami della famiglia Medici si manifesta all'interno del Palazzo in quella Sala del Maggior Consiglio savonaroliana che Cosimo intende trasformare nella Sala delle udienze generali e delle ceri-

Baccio Bandinelli e Giuliano di Baccio d'Agnolo, *Udienza del Salone dei Cinquecento*, 1542-1560. Firenze, Palazzo Vecchio. Fra i primi interventi promossi dal duca Cosimo I, dopo il trasferimento della famiglia e della corte nell'antico Palazzo dei Priori, l'Udienza nella testata nord del grande salone ne

rappresenta certamente l'iniziativa più ambiziosa. Destinata a privilegiare una diversa fruizione dell'ambiente – sull'asse lungo della Sala – a sottolineare il nuovo stato di sottomissione dei sudditi al sovrano, di contro alla precedente *coralità* di età repubblicana che prevedeva la disposizione dei componenti del Consiglio lungo l'asse minore, l'Udienza si configura come un solenne proscenio scenografico, sfondo delle udienze generali. I lavori furono affidati nel 1542 allo scultore Baccio Bandinelli che elaborò un progetto ispirato ai modelli costituiti dai grandi archi trionfali romani – come evidenzia la rielaborazione grafica – per mostrare «quanto fusse la gloria degli antichi vissuta per le statue e per le fabbriche».
Mentre il Vasari nella *Vita del Bandinelli* ricorda come «piacque molto al Duca questo ornamento» dal quale pensava di iniziare la trasformazione della quattrocentesca Sala del Maggior Consiglio «per farla la più bella stanza d'Italia»

monie. Per questo, fin dal 1542, il giovane duca affida il primo intervento a Baccio Bandinelli che, con Giuliano di Baccio d'Agnolo, viene incaricato di regolarizzare la testata nord della Sala, costruendo una sorta di scenografia in forme architettoniche che si rifanno, manifestamente, alla tipologia degli archi trionfali romani. All'interno delle nicchie dovevano essere collocate le statue del padre di Cosimo, il condottiero Giovanni dalle Bande Nere, del duca Alessandro de' Medici, suo predecessore, dei papi Leone X e Clemente VII, oltre che dello stesso Cosimo I, di Cosimo il Vecchio e altri. Al di là delle modifiche del progetto e dei personaggi che vi verranno effettivamente effigiati, quello che è importante sottolineare, in questa sede, è la chiarezza degli obiettivi del duca per quello che riguardano i contenuti e le forme della decorazione interna del *nuovo* Palazzo, fin dal momento in cui vi trasferisce la corte.

Questa costante ricerca di legittimazione non deve stupire, se appena si pone attenzione alla situazione di estrema precarietà politica del giovane duca, all'indomani della sua elezione, minacciato in Firenze dai nostalgici di un governo repubblicano sconfitto solo sette anni prima e al quale apparteneva la gran parte delle famiglie magnatizie e posto sotto la scomoda tutela del Senato fiorentino che lo aveva eletto nella convinzione di poterlo facilmente controllare. E indebolito, altresì, dalla presenza, sul suo territorio, delle truppe spagnole che ne occupavano le fortezze, compresa quella fiorentina di San Giovanni, più nota come *da basso*, i cui cannoni erano puntati sulla città[7]. Appare, invece, degno di nota il constatare come, fin dalla sua nomina a duca, Cosimo I agisca su molti fronti, fra i quali, in primo luogo, quelli più specificatamente politici, diplomatici, militari – e con risultati caratterizzati da notevole efficacia – senza tuttavia trascurare mai, contestualmente, il piano simbolico e, in questo ambito, il ruolo dell'Arte, come essenziale *instru-*

Benozzo Gozzoli, *Cavalcata dei Magi*, 1459, particolare dell'imperatore bizantino Giovanni VIII Paleologo. Firenze, Palazzo Medici Riccardi, Cappella dei Magi.
Sulle tre pareti maggiori della Cappella privata di famiglia del Palazzo Medici in via Larga e pertanto destinata alla visione riservata dei famigliari e degli ospiti illustri, è raffigurata la *Cavalcata dei Magi* alla quale i Medici scelsero di affidare la propria trasfigurazione vestendo panni regali in una sorta di galleria ritrattistica di se stessi, dei loro aderenti e delle personalità bizantine che arrivarono a Firenze da Ferrara, in occasione del Concilio del 1438-1439. Nello sfarzoso corteo, l'opulenza e l'esotismo dei dignitari provenienti da Costantinopoli – fra i quali spicca l'imperatore Giovanni VIII Paleologo – è ben rappresentata e certamente colpì profondamente l'immaginazione di artisti e cittadini

Agnolo Bronzino, *Il passaggio del Mar Rosso*, 1540-1545. Firenze, Palazzo Vecchio, Cappella di Eleonora di Toledo.
La Cappella privata della duchessa Eleonora di Toledo è uno dei primi interventi programmati dal duca Cosimo I nel 1540, al momento del trasferimento della famiglia e della corte nell'antico Palazzo della Signoria, nel quale – come narra il Segni nelle *Storie fiorentine* – «con molte muraglie furono rassettate quelle stanze fabbricate per li Signori Civili [...] e si rinventarono tutte le stanze antiche [...] ed ogni cosa si rivoltò sottosopra acciocché il Duca in quel palazzo potesse abitare più comodamente». Ciò nonostante il Palazzo non presentava certamente gli agi ai quali Eleonora di Toledo era abituata e fu particolare premura del duca insediare gli appartamenti della moglie nel secondo piano dell'edificio, dove già avevano alloggiato i Priori delle Arti. Ed è qui che fra il 1539 e il 1540 Battista di Marco del Tasso ricava l'ambiente per la Cappella della duchessa, decorata, entro il 1545, dal pittore di corte Agnolo Bronzino che vi crea uno dei capolavori della pittura fiorentina del Cinquecento. L'episodio del *Passaggio del Mar Rosso* è una delle storie di Mosè dipinte sulle pareti e raffigura l'uscita dall'Egitto del popolo

mentum regni, anche grazie a un costante riferimento all'*auctoritas* degli antichi.

Quello che diverrà, sotto il suo dominio, il «nostro ducal palazzo» – come il duca definiva, talvolta, quello che per noi è Palazzo Vecchio – appare, dunque, il frutto di questa costante dialettica fra *vecchio* e *nuovo*, dove il molto che vi è di nuovo trae costante alimento e legittimazione dal vecchio, ovvero dall'*auctoritas* degli antichi. E Cosimo I non solo voleva che gli venisse riconosciuta la continuità con gli antenati illustri della famiglia Medici, ma aveva ereditato anche l'interesse culturale, quando non la passione, per la storia e per l'antico che nel Quattrocento aveva animato i suoi predecessori. Il che era avvenuto, non a caso, in un momento storico nel quale Firenze fu la vera protagonista dell'incontro con l'Oriente bizantino, erede della grande tradizione dei classici greci. Era stato, infatti, proprio Cosimo il Vecchio a ottenere che nel 1439 si svolgesse, in Firenze, il Concilio[8] indetto per tentare – ma senza risultati concreti – una conciliazione fra la Chiesa cristiana d'Oriente e quella d'Occidente, al fine di fare fronte comune contro l'aggressiva politica dei Turchi ottomani che minacciavano direttamente Costantinopoli. In questa occasione, a Firenze giunsero, al seguito dell'imperatore bizantino Giovanni VIII Paleologo, eruditi e umanisti che, nel trasmettere l'immenso patrimonio della cultura bizantina, apportarono un contributo essenziale alla diffusione delle opere della cultura classica greca e, in particolare, di quelle platoniche. Non è dunque casuale che anche la prima edizione occidentale dei poemi omerici – l'*editio princeps* in lingua greca – sia stata stampata a Firenze, nel 1488, con una dedica e un ritratto miniato a un membro della famiglia Medici, Piero, figlio di Lorenzo il Magnifico. Frattanto, nel 1453 Costantinopoli era stata conquistata dal sultano ottomano Maometto II, *il Conquistatore,* che aveva aggiunto un nuovo episodio alla guerra millenaria fra Oriente e Occidente avvia-

di Dio. Nel soggetto religioso, tratto dall'Antico Testamento, compare tuttavia un particolare che rimanda alla situazione in essere nell'Europa balcanica nel Cinquecento. Ci si riferisce all'avanzata travolgente dei Turchi ottomani. Infatti, la bandiera degli egiziani inseguitori reca la mezzaluna turca. Si tratta di una tipica irruzione dell'*ossessione turca* che caratterizza gli Stati cristiani, nel XV secolo e nel Cinquecento, soprattutto durante il regno del sultano Solimano il Magnifico

tasi, appunto, con il conflitto fra Greci e Troiani dei quali gli Ottomani si consideravano eredi e vendicatori. Mentre l'umanista Enea Silvio Piccolomini commentava nel settembre del 1453 la fine dell'impero bizantino, con queste parole: «È la vicenda di tutte le cose, nessuna potenza rimane in eterno. Padroni dell'universo furono già gli itali, ora inizia l'impero dei turchi»[9].

Le conseguenze politiche, economiche, culturali e simboliche della caduta di Costantinopoli – che si inscrive, nel XV e nel XVI secolo, all'interno di una avanzata inarrestabile dei Turchi ottomani anche nell'Europa balcanica, fino alle porte di Vienna – sono per l'Occidente e per l'Italia di enorme portata. In questa sede – con evidente schematizzazione – ci si limita a sottolineare che: il flusso migratorio di intellettuali bizantini e di opere filosofiche, letterarie e scientifiche antiche inserì a pieno titolo la lingua e la cultura greche classiche nel bagaglio culturale degli intellettuali e delle classi dirigenti dell'Occidente; sul piano politico – e di quello che oggi definiremmo *l'immaginario collettivo* – si viveva sotto il segno di una minaccia percepita come quotidiana e che rischiava di travolgere l'Occidente, la sua civiltà, la sua cultura e la sua religione[10]; i viaggi alla ricerca di nuove rotte e nuove vie commerciali, anche per aggirare i molti territori dominati dai Turchi, si intensificarono come non mai, dando vita a quella fase storica dell'Occidente che viene definita *età delle scoperte geografiche*. Tuttavia, come acutamente rileva l'epistemologo francese Georges Gusdorf, nel XV secolo, in questa età delle scoperte geografiche, «quella dell'antichità fu la prima delle grandi scoperte in ordine di tempo»[11].

Ritornando alle vicende artistiche del Palazzo ducale, va segnalato che immediatamente successivo all'incarico del Bandinelli, di cui si è detto, è quello a Francesco Salviati, nel 1543, per un ciclo di pitture in affresco da realizzarsi nella Sala delle Udienze della Signoria, all'ultimo piano del Palazzo: il soggetto della decorazione di quella che verrà denominata la *Sala dipinta* sono, significativamente, le gesta del dittatore romano Marco Furio Camillo, onorato dai concittadini come *pater patriae*, quale secondo fondatore di Roma, in quanto salvatore dell'Urbe assediata dai Galli Senoni, guidati da Brenno e le cui gesta erano state celebrate da Tito Livio. Palese è il riferimento a Cosimo I, salvatore dello Stato fiorentino dopo l'assassinio del duca Alessandro, come pure palesi sono i richiami a Cosimo il Vecchio, insignito anch'egli del titolo di *pater patriae*, seppure *post mortem*. In entrambi questi primi interventi operati all'interno della nuova reggia e che interessano le sale adibite a utilizzo pubblico, l'antica storia di Roma offre

Giorgio Vasari e aiuti, *La presa del Forte presso la Porta Camollia di Siena*, 1570. Firenze, Palazzo Vecchio, Salone dei Cinquecento. Sulla parete orientale della Sala grande del Palazzo ducale di Cosimo I, il Vasari e i suoi aiuti riassumono in una veduta di grande fascinazione il momento in cui nella notte fra il 26 e il 27 gennaio 1554, alla luce delle fiaccole e delle lanterne, furono presi i forti di Siena

la forma simbolica dell'arco trionfale per l'Udienza del Salone e le vicende di Furio Camillo per i dipinti del Salviati. Si afferma, quindi, fin dai primissimi anni del regno, il primato della storia – e della storia antica in particolare – come alimento per dare vita alla genealogia familiare unitaria dei Medici e legittimare le azioni del governo di Cosimo I che costituisce la dominante di tutto l'apparato decorativo del Palazzo ducale, anche negli anni successivi e, in particolare, dal 1555 quando entra in servizio del duca l'aretino Giorgio Vasari.

Infatti, se fin dagli anni Cinquanta la fabbrica del Palazzo si era andata estendendo – su progetti di Battista di Marco del Tasso – sulle vie della Ninna e dei Leoni, oltre il volume della Sala del Maggior Consiglio, ora denominata *Sala Grande*, con la realizzazione dei Quartieri degli Elementi e di Leone X, è nei dieci anni dal 1555 al 1565 che i lavori architettonici e decorativi nel Palazzo subiscono un'impressionante accelerazione, con la direzione del Vasari. Senza nulla togliere alle capacità lavorative di Giorgio Vasari, sul piano personale e come organizzatore del lavoro dei collaboratori, è necessario sottolineare la data nella quale l'aretino entra al servizio del duca: il 1555. Anno della vittoria della guerra contro Siena, a seguito della battaglia di Scannagallo, presso Marciano in Val di Chiana, il 2 agosto del 1554, cui segue la resa della città all'inizio del 1555. Dalla conquista di Siena e del suo territorio derivano a Cosimo I la piena certezza dell'esistenza del proprio Stato e del proprio ruolo, sia sul piano nazionale che internazionale e, quindi, la possibilità di rivolgere ben altre attenzioni e risorse al palazzo dove risiedeva con la famiglia e la corte.

Da questo momento l'attività architettonica del Vasari riguarda tutto il Palazzo: i nuovi collegamenti verticali, gli appartamenti occupati da Cosimo, la Sala Grande e gli appartamenti occupati da Eleonora di Toledo, mentre viene contestualmente definito e realizzato l'intero programma decorativo di tutte le sale. Per edificare questa *reggia di Cosimo*, Giorgio Vasari opera per raggiungere un decoro nel quale le sue conoscenze tecniche di trattatista, espedienti costruttivi e tecnici, la pittura, la scultura e l'utilizzo di tutte le maestranze – del vetro, del legno, degli stucchi, del cotto e, soprattutto, dell'arazzeria – concorrono alla definizione e alla realizzazione di un

«nella quale impresa – come scrive il Vasari nei *Ragionamenti* – il signore duca acquistò molta reputazione, avendo in uno stesso tempo dimostrato non solo ardire nell'affrontare i nemici in casa loro, ma prudenza incomparabile, essendosi governato con silenzio e con sagacità grandissima».
L'operazione diede inizio alla guerra e all'assedio di Siena

complesso, articolato e grandioso piano celebrativo del duca e del suo governo, elaborato con il contributo dei più eminenti eruditi locali[12]. La scelta di Cosimo I di fondare il molto di nuovo che si va realizzando nel Palazzo sulle fondamenta vecchie, mentre ne evidenzia il notevole acume politico e la precisa politica culturale, costringe il Vasari, soprattutto nelle vesti di architetto, a operare in condizioni di notevolissima difficoltà delle quali l'artista è pienamente consapevole, tanto da sottolineare che «molti sono stati che di nuovo hanno fatto fabbriche onoratissime e mirabili, e non è meraviglia; ma egli è ben virtù miracolosa un corpo storpiato e guasto ridurlo con le membra sane e dritte»[13]. Queste difficoltà sono particolarmente rilevanti nella Sala Grande, i cui lavo-

ri vengono avviati dal Vasari nel 1563: «mettiamo mano alla Sala Grande […] opera che supererà ogni altra fatta da e mortali per grandezza e magnificenza»[14]. Qui, il Vasari alza il soffitto di circa otto metri, per conferire all'immenso ambiente un aspetto meno schiacciato e ne trasforma l'iniziale pianta trapezoidale in un rettangolo, attraverso l'innalzamento di una nuova testata nel lato sud della Sala, simmetrica a quella del Bandinelli. L'innalzamento delle pareti e del tetto e la costruzione del nuovo e grandioso soffitto ligneo vengono condotti dal 1563 al 1565. Mentre i lavori alle pareti, ovvero la

Giorgio Vasari e aiuti, *Apoteosi di Cosimo I*, 1564-1565. Firenze, Palazzo Vecchio, soffitto del Salone dei Cinquecento.
Nel tondo di mezzo, come ricorda il Vasari nei *Ragionamenti*, si trova «la chiave e conclusione di quanto è in questo palco, ed in queste facciate,

La Sala delle Carte geografiche

ed in tutta questa sala». Il duca è rappresentato dall'artista «nel mezzo, circondato da tante segnalate vittorie», «trionfante e glorioso, coronato da una Firenze con corona di quercia». Mentre due putti sorreggono a destra, la corona ducale e a sinistra la croce dell'Ordine cavalleresco di Santo Stefano – fondato dal duca nel 1561, per contrastare l'espansionismo islamico nel Mediterraneo – e l'onorificenza del Toson d'Oro ricevuta dall'imperatore nel 1545

■ Giorgio Vasari e aiuti, *Trionfo di Cosimo a Montemurlo*, 1559 ca. Firenze, Palazzo Vecchio, Quartiere di Leone X, Sala di Cosimo I.
Dipinto nel riquadro centrale del soffitto della Sala dedicata a Cosimo I, nel Quartiere degli dei terrestri della illustrissima famiglia Medici, posta fra quella dedicata a Lorenzo il Magnifico e quella di Giovanni dalle Bande Nere, il *Trionfo* si riferisce alla vittoria delle truppe medicee sui fuoriusciti fiorentini, appoggiati dai francesi, il 1° agosto 1537, presso Montemurlo. La vittoria sui fuoriusciti fiorentini, capitanati da Filippo Strozzi, è il primo grande successo politico del giovane Cosimo, eletto duca di Firenze appena sette mesi prima. In questo affresco il duca indossa la lorica degli antichi imperatori romani ed è coronato di lauro da una Vittoria, mentre gli sconfitti sono raffigurati come i prigionieri resi schiavi e condotti a Roma durante i trionfi. Baccio Baldini, nella sua *Vita di Cosimo de' Medici*, ricorda che quando «menarono i prigioni di più importanza innanzi al Duca», questi, rivolgendosi allo Strozzi, disse: «Filippo, sì come voi avete cominciato la guerra con grand'animo, con il medesimo ancora sofferite la cattiva fortuna vostra».

muratura delle finestre bifore sui lati lunghi della Sala e la realizzazione dei grandi affreschi con gli episodi delle guerre di Pisa e di Siena, proseguono fino al 1571. Frattanto, nel 1565, al fine di rendere l'ambiente della Sala Grande il più adeguato possibile ai festeggiamenti per le nozze di Francesco, figlio primogenito ed erede di Cosimo, con Giovanna d'Austria sorella dell'imperatore Massimiliano II d'Asburgo, il Vasari aveva completato anche la costruzione dell'Udienza, iniziata oltre vent'anni prima da Baccio Bandinelli.

Nei medesimi anni, conclusa la progettazione del complessivo programma decorativo del palazzo, riferito alle storie dipinte, nei soffitti, come sui muri, si era passati

alla realizzazione di un ciclo mitologico, nel Quartiere degli Elementi, dedicato agli «Dei celesti dell'Olimpo»[15], fra il 1555 e il 1558[16]. E di cicli storici: nel Quartiere di Leone X, dedicato agli «Dei terrestri della illustrissima famiglia Medici»[17], fra il 1555 e il 1562; nel Quartiere di Eleonora, con le eroine della storia romana, ebraica, greca e medievale fiorentina a rappresentare le virtù della duchessa, fra il 1561 e il 1562; nel Palco della Sala Grande, dove sono narrate le *Storie di Fiorenza,* concluso nel 1565; nelle pareti della Sala Grande, con gli affreschi delle guerre contro Pisa e contro Siena, terminati nel 1571. Infine, di un ciclo geografico, nella Sala delle Carte che doveva costituire la conclusione e il compimento dell'intero progetto decorativo-celebrativo, i cui lavori si avviano nel 1563 per concludersi nel 1586.

In ognuna di queste sale, riccamente decorate, il richiamo all'antico è sempre presente, e non certo con elementi estrinseci, ma come significati strutturali dell'iconografia storico-celebrativa. Si pensi, a questo proposito, all'Apoteosi di Cosimo I, dipinta dal Vasari al centro del soffitto dell'attuale Salone dei Cinquecento che costituisce «la chiave e conclusione di quanto è in questo palco, ed in queste facciate, ed in tutta questa sala»[18]. In questo tondo di mezzo, il duca è assiso su una nuvola, vestito come un imperatore romano, circondato da ventiquattro putti che sostengono i ventuno scudi delle corporazioni delle Arti fiorentine e quelli della città e del popolo fiorentini, mentre viene incoronato – con un serto di quercia – da una fanciulla, che impersona la città di Firenze. La gloria di Cosimo si fonda sul prestigioso passato repubblicano della città, perché è a questo che alludono i putti intorno al duca recanti gli scudi delle Arti, le corporazioni che avevano governato Firenze, prima dell'avvento del principato mediceo, al tempo dell'edificazione delle «mura maternali» del Palazzo. Ma la gloria personale del duca viene illustrata attraverso un passato ben più antico, derivato, ancora una volta, dalla romanità: nella corona di quercia che rimanda ai trionfi dei condottieri dell'antica Roma; nel mantello rosso, il *paludamentum*; nella corazza dei legionari, la *lorica*. In queste vesti, sebbene circondato dalle Arti fiorentine, Cosimo è Ottaviano Augusto,

Giorgio Vasari e Cristofano Gherardi, *Le primizie della terra offerte a Saturno*, 1556 ca. Firenze, Palazzo Vecchio, Quartiere degli Elementi, Sala degli Elementi.

Questa prima stanza «dell'ultimo cielo di questo palazzo, dove in pittura oggi abitano le origini delli Dei celesti», come scrive il Vasari nei *Ragionamenti*, corrisponde esattamente a quella di Leone X nel sottostante Quartiere dedicato agli Dei terrestri che ne godono del benefico influsso. Il grande affresco dedicato a Saturno che riceve le primizie della terra si trova sulla parete di sinistra rispetto alla porta d'ingresso al Quartiere e raffigura una scena mitologica che si svolge nell'isola di Sicilia riconoscibile sullo sfondo per la presenza del monte Etna e delle isole di Lipari e di Vulcano che ardono. Al centro del dipinto è Saturno, il dio della seminagione, fondatore e protettore dell'agricoltura italica, attorniato da uomini e donne che gli offrono le primizie della terra. Ai suoi piedi, il Capricorno «segno e ascendente del duca Cosimo» tiene fra le zampe la palla medicea che può essere riferita anche al mondo, mentre in mare, immersa fino alla vita, una figura femminile di spalle

primo *imperator* romano e *pater patriae*. E per queste stesse ragioni con la lorica romana sono scolpite le statue dello stesso Cosimo, del padre suo Giovanni, del predecessore Alessandro e del figlio Francesco nell'Udienza della Sala Grande, della quale già si è detto.

Altre numerose esemplificazioni potrebbero essere riportate per argomentare ulteriormente quanto si sta sostenendo, ma è tempo di occuparsi della Sala delle Carte. Tuttavia, è opportuno far rilevare ancora, seppur brevemente, che il soggetto della decorazione delle Sale del Quartiere di Leone X – ciascuna delle quali è dedicata a un membro illustre della famiglia Medici: Cosimo il Vecchio, Lorenzo il Magnifico, Cosimo I, Giovanni dalle Bande Nere, Papa Leone X, Papa Clemente VII – è un'altra rappresentazione figurata di quell'unica genealogia familiare che era già stata messa in scena nell'Udienza della Sala grande. Malauguratamente, con l'eccezione delle sale di Leone X, di Clemente VII e della cappella dei Santi Cosma e Damiano, oggi tutte le altre sono occupate da uffici dell'Amministrazione comunale, il che non solo non consente di poter vedere alcuni fra gli ambienti più belli del Palazzo, ma nemmeno di cogliere la corrispondenza che intercorre fra gli *Dei terrestri* della famiglia Medici e gli *Dei celesti* dell'Olimpo, dei quali gli *Dei terrestri* godono il benefico influsso. Le storie degli dei olimpici sono raffigurate nel Quartiere degli Elementi che si trova nel piano più alto del Palazzo, in quasi perfetta corrispondenza volumetrica con il Quartiere di Leone X. In base a questa corrispondenza, Cosimo I è posto sotto l'influsso di Giove, il sommo fra gli dei.

regge con le braccia una testuggine e la vela. La testuggine con la vela, l'impresa adottata dal duca Cosimo I all'epoca della guerra contro Siena, era corredata dal motto *festina lente*

▬ Giorgio Vasari, *Infanzia di Giove*, 1555-1556. Firenze, Palazzo Vecchio, Quartiere degli Elementi, Sala di Giove. Al centro del palco intagliato del soffitto della Sala di Giove si trova la grande tavola dedicata all'infanzia del re degli Dei, cui corrisponde, nel sottostante Quartiere di Leone X, la Sala di Cosimo I. Sottratto alla crudeltà paterna, Giove venne allevato in un antro segreto dell'isola di Creta, grazie alle cure delle ninfe Melissa e Amaltea e suggendo il latte di una capra che rimanda al Capricorno. Un segno zodiacale che fu creato da Giove per riconoscenza, aggiungendo a questa capra «dal mezzo indietro, la forma d'una coda di pesce» con sette stelle sopra le corna, corrispondenti alle tre virtù teologiche e alle quattro morali. Il segno del Capricorno – secondo il Vasari – è assegnato dagli astrologi alla grandezza dei principi illustri come loro ascendente «come fu di Augusto, così è ancora del duca Cosimo nostro, con le medesime sette stelle»

La Sala delle Carte geografiche: un libro del Tolomeo spartito sulle ante degli armadi della stanza principale di Guardaroba

Al termine del percorso lungo il secondo piano della residenza ducale, dopo la Sala dei Gigli, si giunge in quella delle Carte geografiche, la cui configurazione decorativa fu ideata fra il 1562 e il 1563, dal duca stesso, congiuntamente al Vasari e con il contributo di frate Miniato Pitti, dopo che il Vasari aveva *murato* una sorta di loggia – adiacente alla Sala dei Gigli – che era stata realizzata da Battista di Marco del Tasso, come punto di arrivo della scala che metteva in comunicazione il piano terreno con il secondo piano del Palazzo. Questa sorta di loggia o di *ricetto* viene trasformata dal Vasari nella prima Sala della Guardaroba, il cuore della corte medicea, dove venivano depositati e conservati tutti i beni mobili della famiglia e della corte.

È importante far rilevare come, fin dall'inizio, la Sala delle Carte sia caratterizzata, al pari del Palazzo, da una natura duale, essendo, infatti, contestualmente: Sala della Guardaroba («Sua eccellenzia con l'ordine del Vasari, sul secondo piano delle stanze del suo palazzo ducale, ha di nuovo murato a posta et aggiunto alla guardaroba una sala assai grande, et intorno a quella ha accomodata di armari alti braccia sette con ricchi intagli di legnami di noce, per riporvi dentro le più importanti cose e di pregio e di bellezza che abbi sua eccellenza»)[19] e Sala delle Carte geografiche («questi ha nelle porte di detti armari spartito dentro agl'ornamenti di quegli cinquantasette quadri d'altezza di braccia due incirca e larghi a proporzione, dentro a' quali sono con grandissima diligenzia fatte in sul legname a uso di minii dipinte a olio le tavole di Tolomeo misurate perfettamente tutte, e ricorrette secondo gli autori nuovi e con le carte giuste delle navigazioni, con somma diligenzia fatte le scale loro da misurare, et i gradi dove sono in quelle, e' nomi antichi e moderni»)[20]. Ed è dal modificarsi, nel corso del tempo, degli equilibri fra queste due funzioni che non solo si definisce la storia della Sala, ma si evidenziano anche taluni dei più complessivi mutamenti di ruolo del Palazzo ducale, durante un lungo e articolato processo che lo porterà a divenire un Palazzo *vecchio*.

Per tracciare le dinamiche di questa storia che prende le mosse negli anni 1562-1563, ancora in età cosimiana, e prosegue durante i granducati di Francesco I (dal 1574 al 1587) e di Ferdinando I (1587-1609) – che ereditano il potere dal padre – appare opportuno, dapprima, verificare come si presenta oggi, all'interno del Museo, questa Sala che mantiene ancora la doppia denominazione di Sala delle Carte geografiche e della Guardaroba. I visitatori del museo, attualmente, vedono:

53 tavole geografiche, delle quali 30 realizzate dal frate domenicano Egnazio Danti e 23 dal frate olivetano Stefano Bonsignori;

un grande globo terreste, del diametro di 2 metri e dieci, realizzato da Frate Egnazio Danti, che occupa il centro della Sala.

Il progetto originario della Sala viene descritto da Giorgio Vasari nelle Vite degli Accademici del Disegno, dove il tutto è attribuito, senza ombra di dubbio alcuno, al volere del duca: «Questo capriccio et invenzione è nata dal duca Cosimo per mettere insieme una volta queste cose del cielo e della terra giustissime e senza errori e da poterle misurare e vedere, et a parte e tutte insieme come piacerà a chi si diletta e studia questa bellissima professione…»[21]. Questo *capriccio et invenzione del duca Cosimo* prevedeva:

la realizzazione di 53 tavole geografiche – da collocarsi sulle ante degli armadi della sala – che riprendevano, aggiornandole, le tavole della *Geographia* del Tolomeo: «… questi ha nelle porte di detti armari spartito dentro agl'ornamenti di quegli cinquantasette quadri d'altezza di braccia due incirca

Sala delle Carte geografiche o della Guardaroba, 1562-1587. Firenze, Palazzo Vecchio.
Ecco come si presenta oggi la Sala delle Carte geografiche in Palazzo Vecchio, con al centro il grande globo terrestre realizzato dal frate domenicano Egnazio Danti e sulle ante degli armadi 53 tavole geografiche, delle quali 30 realizzate dal frate domenicano Egnazio Danti e 23 dal frate olivetano Stefano Bonsignori. Si può dire che i visitatori del museo possono vedere, in questa sala, tutto il mondo come era conosciuto nella seconda metà del Cinquecento

e larghi a proporzione, dentro a' quali sono […] fatte in sul legname a uso di minii dipinte a olio le tavole di Tolomeo…»[22];

la raffigurazione delle costellazioni celesti nel soffitto: «… del palco, quale tutto di legname intagliato, et in 12 gran quadri dipinto per ciascuno quattro immagini celesti, che farà 48, e grandi poco men del vivo con le loro stelle…»;

la realizzazione delle immagini della flora e della fauna, tipiche dei territori rappresentati nelle mappe, sugli zoccoli degli armadi: «… è poi ordinato nel basamento da basso in altretanti quadri attorno a torno, che vi saranno a dirittura a piombo di dette tavole tutte l'erbe e tutti gli animali ritratti di naturale secondo la qualità che producano que' paesi»;

la collocazione, sulle cornici degli armadi, dei busti degli imperatori e dei principi che avevano governato le diverse terre e dei ritratti di trecento uomini illustri degli ultimi cinque secoli: «Sopra la cornice di detti armari, ch'è la fine, vi va sopra alcuni risalti che dividono detti quadri che vi si porranno alcune teste antiche di marmo di quegli imperatori e prìncipi che l'hanno possedute»; «sono sotto in dette facce 300 ritratti naturali di persone segnalate da 500 anni in qua o più dipinte in quadri a olio tutti d'una grandezza e con un medesimo ornamento intagliato di legno di noce, cosa rarissima».

Sulla parete della Sala, di fronte alla porta di ingresso, era stato collocato l'orologio dei pianeti, realizzato da Lorenzo della Volpaia: «… a sommo dirimpetto alla porta principale, nel qual mezzo s'è posto l'oriolo con le ruote e con le spere de' pianeti che giornalmente fanno entrando i lor moti: quest'è quel tanto famoso e nominato oriolo fatto da Lorenzo della Volpaia fiorentino».

Mentre l'ospite del duca, avvicinandosi alla Sala delle Carte, avrebbe potuto vedere scendere dai due riquadri al centro del soffitto due grandi globi: uno terrestre che si sarebbe poggiato a terra sul suo treppiede e uno celeste che sarebbe rimasto sospeso sopra quello terrestre: «Nelli due quadri di mezzo del palco larghi braccia quattro l'uno, dove sono le immagini celesti, e' quali con facilità si aprono senza veder dove si nascondano, in un luogo a uso di cielo saranno riposte due gran palle alte ciascuna braccia tre e mezzo, nell'una delle quali anderà tutta la terra distintamente, e questa si calerà con un arganetto che non vedrà fino a basso e poserà in un piede bilicato che ferma si vedrà ribattere tutte le tavole che sono a torno ne' quadri degli armari et aranno un contrasegno nella palla da poterle ritrovar facilmente. Nell'altra palla saranno le 48 immagini celesti accomodate in modo che con essa saranno tutte le operazioni dello astrolabio perfettissimamente».

È evidente che confrontando quanto ci mostra l'oggi con questa descrizione emergono differenze enormi, in quanto il progetto originario era di così grande ambizione e di una complessità pressoché enciclopedica tanto da essere stato, recentemente, definito «molto ambizioso, se non addirittura visionario»[23]. Appare inoltre evidente che negli intendimenti del duca – *capriccio e invenzione* – la sala avrebbe costituito la sua più compiuta celebrazione, poiché tutto questo meraviglioso apparato era finalizzato a simboleggiare quel dominio del cosmo sul mondo terreno, che – anche attraverso i nomi Cosmo/Cosimo – rendeva esplicito come la perfezione con cui Dio ha ordinato l'intero Universo sia privilegio riservato a chi direttamente da Dio riceve il diritto a governare. Aspetto questo che emerge anche dalla collocazione centrale nella Sala dell'Orologio dei pianeti, ideato e costruito da Lorenzo Della Volpaia nel 1510[24]. che rappresenta il computo del tempo, scandito «con le ruote e le spere de' pianeti che giornalmente fanno entrando i loro moti» cui avrebbero corrisposto i movimenti delle costellazioni celesti raffigurate nel soffitto. Il che evidenzia come nel progetto cosimiano la rappresentazione dello spazio, attraverso le tavole di geografia, fosse indissolubilmente collegata al tempo. Ed è per tutte queste ragioni che il progetto della Sala costituiva il compimento di tutto il piano architettonico e decorativo del Palazzo ducale.

Va inoltre fatto osservare come anche nel progetto della Sala delle Carte geografiche occupi un ruolo di assoluto rilievo quell'influenza dell'antico della quale si è cercato di mostrare la preminenza concettuale nelle realizzazioni artistiche in Palazzo ducale. Infatti, le carte geografiche «fatte in sul legname a uso di minii dipinte a olio», ovvero dipinte sulle ante di quegli armadi di Guardaroba, nei quali vanno riposte «le più importanti cose e di pregio e di bellezza che abbi sua eccellenza», siano «le tavole di Tolomeo misurate perfettamente tutte, e ricorrette secondo gli autori nuovi»[25]. Questo significa che sulle ante degli armadi di Guardaroba il duca Cosimo decide di far illustrare le pagine della *Geographia* di Claudio Tolomeo, lo scienziato vissuto ad Alessandria d'Egitto nel II secolo d.C. e autore, fra l'altro, di quella *Geographia* che è stata definita la vera e propria Bibbia geografica del Rinascimento. Poche opere, infatti, hanno conosciuto nel XV e XVI secolo un successo simile, dapprima sotto forma di manoscritto, in seguito a stampa[26]. Nonostante l'opera fosse stata tradotta in arabo dal IX secolo, era rimasta, fino all'inizio del XV secolo, sconosciuta in Occidente, dove il primo manoscritto tolemaico viene portato a Firenze da Manuele Crisolora[27], un letterato bizantino, che vi si era stabilito per insegnare la lingua greca. Pochi anni più tardi, il fiorentino Palla di Noferi Strozzi fa venire altre opere greche, fra le quali vi è anche almeno un'altra copia del Tolomeo; mentre Jacopo d'Angelo da Scarperia, segretario di papa Alessandro V, nel 1409, ne donerà la traduzione latina al pontefice. Dunque, è da Firenze che la *Geographia* tolemaica entra nella cultura occidentale e di qui si diffonde rapidamente fra gli studiosi di tutta Europa, divenendo la solida base di partenza su cui costruire la nuova geografia dell'età delle scoperte. Come evidenzia Giovanna Lazzi, in questo stesso volume, nella biblioteca di Cosimo il Vecchio e di Lorenzo il Magnifico erano presenti – e di grande pregio artistico – codici e volumi della *Geographia* del Tolomeo. Codici e volumi che erano quindi entrati a far parte della biblioteca di Cosimo I, il quale era, peraltro, un appassionato cultore di storia e di geografia.

In questa sede, ritengo particolarmente degno di nota osservare che la scelta del duca Cosimo di realizzare una Sala dedicata alle Carte geografiche attraverso le quali rappresentare tutto il mondo conosciuto nella seconda metà del XVI secolo si fondasse sull'impianto della *Geographia* del Tolomeo, ovvero – ancora una volta – sull'*auctoritas* degli antichi, proprio come la reggia ducale era stata fondata sulle «mura maternali» del Palazzo dei Priori. Tuttavia, è bene ricordare che «… per la geografia del Rinascimento, Tolomeo costituisce il punto di partenza, la solida base su cui si può costruire la nuova geografia […] Sarebbe inesatto vedere in Tolomeo solo un retroterra, un'influenza fra le altre: Tolomeo è parte integrante della geografia del Rinascimento»[28]. Il che si realizza aggiungendo alle edizioni di Tolomeo carte moderne d'Europa e, dopo il 1508, carte d'America. Nel progetto della Sala delle Carte geografiche del Palazzo ducale di Cosimo si intende dunque attuare, esattamente, quanto avveniva in Italia e nel resto dell'Europa, come appare evidente da quanto scrive il Vasari «… le tavole di Tolomeo misurate perfettamente tutte, e ricorrette secondo gli autori nuovi e con le carte giuste delle navigazioni, con somma diligenzia fatte le scale loro da misurare, et i gradi dove sono in quelle, e' nomi antichi e moderni». Le carte del Tolomeo dovevano essere – contestualmente – ricorrette secondo gli autori «nuovi» e proporre i nomi «antichi» e quelli «moderni». Ne segue che oltre le 27 tavole tolemaiche dei tre continenti a lui noti – Europa, Asia e Africa – nella Sala delle Carte geografiche del Palazzo ducale se ne sarebbero effettivamente realizzate altre 26 *nuove*, delle quali: 1 tavola d'Europa; 4 tavole d'Asia; 8 tavole d'Africa; 9 tavole d'America e 4 tavole delle terre polari.

In questa scelta di dare forma, sulle ante degli armadi della nuova e principale Sala del Quartiere di Guardaroba, a un libro figurato del Tolomeo, Cosimo percorre la strada della modernità peculiare della società rinascimentale – coniugare l'eredità della cultura classica con le nuove scoperte – in questo confermando pienamente il *modus operandi* dei suoi illustri antenati e del mondo a lui coevo delle corti italiane ed europee.

Nel paragrafo precedente si è proposta una sintetica cronologia della progressione dei lavori vasariani nel Palazzo, dalla quale emerge la celerità estrema che ne caratterizza tutti i cantieri, ma non è così per la realizzazione del progetto della Sala delle Carte geografiche che ne costituisce una vera eccezione. Se si escludono i lavori architettonici e di muratura che al momento dell'ideazione del progetto sono già conclusi, tutto il resto, ovvero la realizzazione dei grandi armadi lignei di Guardaroba, per non parlare delle mappe, procede con una lentezza tanto notevole, quanto assolutamente sconosciuta ai lavori coordinati dal Vasari. Gli armadi lignei affidati al mastro legnaiolo Dionigi di Matteo Nigetti vengono terminati, probabilmente, nel 1571, mentre delle mappe – che il duca aveva affidato al cosmografo domenicano Egnazio Danti – nel 1575 ne erano state prodotte soltanto 30 delle 53 previste. L'intero *corpus* delle carte viene concluso nel 1586, ben ventitré anni dopo la definizione del progetto, dal frate olivetano Stefano Bonsignori

che aveva sostituito il Danti come cosmografo al servizio di Francesco I de' Medici.

Frattanto nel corso di questi decenni, nell'ambito della cultura geografica si era determinato un significativo mutamento rispetto al ruolo del Tolomeo nella geografia del Rinascimento: «le carte di Tolomeo, che nella prima metà del secolo XVI costituivano un progresso, una novità, passano progressivamente di moda; man mano che il secolo avanza, le carte moderne divengono sempre più numerose e le carte originali formano solo una sorta di atlante retrospettivo...». Tra le edizioni che segnano il crepuscolo del Tolomeo, si segnalano quella di Gerhard Kremer, noto come Mercatore, del 1578 – che accorda ormai a Tolomeo un mero valore storico – e il *Theatrum orbis terrarum* dell'Ortelio del 1570 che costituisce il primo atlante interamente moderno[29].

Dilatando in misura così ampia i tempi di realizzazione delle tavole di geografia, la loro attualità, dal punto di vista meramente cartografico, si smarrisce via via, mentre dal momento della definizione del complessivo progetto della sala – fra il 1563 e il 1565 – il quadro di riferimento politico e culturale che aveva costituito la ragion d'essere più generale dell'intero Palazzo ducale si era andata radicalmente modificando. Ed è proprio in questi cambiamenti che si può trovare la risposta alla lentezza nell'esecuzione e all'abbandono dell'impianto originario. Quest'ultimo, infatti, smarrisce gran parte del proprio significato, allorquando la legittimazione del governo di Cosimo si realizza, pienamente, per le vie politiche: dapprima, nel 1565, con il matrimonio del figlio Francesco con la sorella dell'imperatore d'Asburgo che sancisce l'alleanza politica dei Medici con l'impero e, definitivamente, nel 1570, con l'incoronazione di Cosimo a granduca di Toscana, da parte del papa Pio V, a Roma. Inoltre, l'anno prima del matrimonio imperiale, Cosimo – l'11 giugno del 1564 – aveva conferito al figlio Francesco la reggenza dello Stato. Si trat-

Claudio Tolomeo, *Geografia*, 1452-1465 ca. Firenze, Biblioteca Medicea Laurenziana, Plutei 30.2, seconda tavola d'Europa: la Spagna, c. 72v-73r.
Il maestoso codice tolemaico, da attribuirsi a Piero del Massaio, appartenne a Lorenzo di Pier Francesco de' Medici e poi al granduca Cosimo I, come dimostano le note di possesso. Le carte sono incorniciate da un listello d'oro, come quelle che si attaccavano alle pareti

ta di un primo e parziale passaggio di consegne che scaturisce dal concorso di due fattori: il compimento del processo di consolidamento dello Stato e del sistema delle alleanze nazionali e internazionali e i gravi, recenti, lutti che avevano colpito Cosimo: nel 1561 la morte della figlia Lucrezia – che era andata in sposa ad Alfonso II d'Este, sulla base del programma politico di forti alleanze matrimoniali – ma, soprattutto, nel 1562 i decessi, in rapida successione, dei figli don Garcia e Giovanni e della moglie Eleonora, alla quale il duca era molto legato.

Va, infine, sottolineato come dal 1564, in conseguenza della reggenza, il principe Francesco aveva assunto la cura delle iniziative artistiche. Ed è proprio in questo ambito che, rapidamente, si delinea un sostanziale mutamento di rotta fra la politica culturale di Cosimo e quella di Francesco il quale non rileva alcuna necessità di proseguire a investire tempo, ingegno e denaro in quella produzione artistica prevalentemente celebrativa che nel Palazzo ducale avrebbe dovuto culminare, appunto, nella macchina cosmica della Sala delle Carte. Agiscono certamente nel determinarsi di queste scelte le diversità d'interessi e di gusto fra Cosimo e Francesco – ben evidenziate nelle opere di Paola Barocchi e di Luciano Berti[30] – ma sarebbe fuorviante sottostimare il peso del nuovo scenario politico nazionale e internazionale all'interno del quale lo Stato granducale di Toscana vi è pienamente riconosciuto. Entrambe queste ragioni motivano i rallentamenti nei tempi di realizzazione dei diversi lavori affidati a Giorgio Vasari in Palazzo, a partire dal 1565, non a caso l'anno del matrimonio di Francesco con Giovanna d'Austria. Come mostra il grafico dei lavori vasariani in Palazzo, il numero degli ambienti in cui si lavora dal 1565 al 1574 – anno di morte di Cosimo I e del Vasari – si riduce drasticamente. Vengono concluse nel 1571 le pareti della Sala Grande, affrescate con le scene delle guerre contro Pisa e Siena, si realizza lo Studiolo di Francesco, dal 1570 al 1575 e si procede, seppur senza urgenze, con la costruzione degli armadi, la pittura delle mappe e la fabbricazione del grande globo terrestre per la Sala delle Carte. Successivamente, fra il 1581 e il 1582, viene realizzato anche il Camerino per la granduchessa Bianca Cappello, sposata da Francesco in seconde nozze.

Che i rallentamenti dei lavori della Sala delle Carte siano da ascriversi, soprattutto, al principe emerge da uno scambio di lettere del 1565 fra Francesco e il depositario Agnolo Biffoli che gli aveva ricordato la richiesta vasariana di stanziare una grossa somma per «finire il palco della guardaroba, dove viene l'appamondo»[31], alla quale il reggente rispondeva negativamente «perché ci è tempo assai, et non importa niente per ora»[32]. Ne consegue che il palco venne iniziato soltanto due anni dopo, nel 1567. Al contrario, Cosimo I, per quanto impedito da una grave infermità, continuava a seguire personalmente i lavori di cosmografia di Frate Egnatio, fino a chiedere, il 2 luglio del 1571, che il Danti lasciasse il convento di Santa Maria Novella per stabilirsi in Palazzo Pitti[33] proprio perché potesse lavorare con continuità alla pittura delle carte. Frattanto, in quegli stessi anni – dal 1564 al 1574 – si assiste al grave deteriorarsi del rapporto fra Francesco I e Giorgio Vasari che dell'arte celebrativa di matrice storica voluta da Cosimo I era stato l'interprete magistrale. Nonostante il Vasari avesse tentato in un'opera letteraria, i *Ragionamenti* – iniziati nel 1558 e pubblicati postumi nel 1588 –, di intessere un dialogo con Francesco proprio sui contenuti della decorazione del Palazzo ducale, nella realtà, questo dialogo non gli fu mai dato di averlo, mentre l'ultimo decennio della vita dell'artista appare caratterizzato in Firenze da una rapida eclissi, dovuta a dissapori e contrasti sempre crescenti con Francesco che culminano nel suo allontanamento dalla direzione della fabbrica degli Uffizi, nel 1570[34].

Divenuto granduca nel 1574, alla morte del padre – cui segue dopo pochi mesi anche quella del Vasari – Francesco I persegue con determinazione il suo obiettivo, teso ad affermare un'arte capace di rappresentare la varietà dei suoi molteplici interessi e del reale che lo porta a realizzare quella sorta di enciclopedia del meraviglioso, rappresentata dalla sala ottagona della Tribuna degli Uffizi, la cui edificazione si realizza, fra il 1584 e il 1587, su progetto e con la direzione di Bernardo Buontalenti. «Ricetto di cose rare e preziose» e vero e proprio scrigno e cuore della neonata Galleria degli Uffizi, significativamente, la realizzazione della Tribuna comporta la distruzione – per ordine dello stesso Francesco – dello «Scrittoio» o «Studiolo» nel Palazzo ducale, la precedente «guardaroba di cose rare et preziose», incentrata sul «maritaggio» fra Natura e Arte, progettata e allestita fra il 1570 e il 1575 da un anziano Vasari e da un nutrito stuolo di pittori e scultori, in gran parte dell'ultima generazione. L'ambiente dello Studiolo di Francesco I[35] – contiguo all'appartamento granducale nel Palazzo – era rivestito di armadi intagliati dal legnaiolo Dionigi di Matteo Nigetti, lo stesso artefice di quelli della Sala delle Carte, e dotati anch'essi di sportelli dipinti, in questo caso con storie e allegorie che alludevano agli oggetti conservati al loro interno.

Ritornando allo specifico della Sala delle Carte geografiche, Francesco – dopo aver rallentato dei lavori ai quali non ascriveva alcuna priorità, morto Giorgio Vasari e rimosso, nel 1575, anche il cosmografo del padre, frate Egnazio Danti – in quello stesso anno aveva tuttavia richiesto l'assegnazione del frate olivetano Stefano Bonsignori per «… dare perfettione a certe tavole di Cosmografia per il mio palazzo, incominciate pure da un altro religioso…»[36]. Le 23 tavole che dovevano ancora essere realizzate verranno concluse dal Bonsignori solo nel 1586, dopo undici anni, il che ci porta a concludere che la Sala in quegli anni avesse assunto, nei fatti, la funzione di un ambiente di Guardaroba. Questo mutamento di funzione della Sala caratterizzato dal prevalere della guardaroba, rispetto ai contenuti cosmografici, è dimostrato soprattutto dalla mancata collocazione del grande globo terrestre eseguito dal Danti entro il 1570 e che era stato concepito come complementare alle carte spartite sugli armadi: queste ultime, infatti, avrebbero dovuto essere «ribattute» sulla sua superficie. Il grande globo, invece, per volontà di Francesco I viene collocato in una sala di Palazzo Pitti che nel 1587 – come risulta dall'inventario redatto alla morte del granduca – era appunto denominata Sala dell'«appamondo»[37].

Conseguentemente, alla morte di Francesco I nel 1587, l'opera enciclopedica descritta nel progetto vasariano che avrebbe dovuto essere «la maggiore e la più perfetta»[38], era ridimensionata alle sole mappe collocate sulle ante degli armadi di Guardaroba, mentre il passaggio da frate Egnazio Danti a frate Stefano Bonsignori – come cosmografo e realizzatore delle tavole di geografia – aveva modificato sostanzialmente anche il contenuto visivo e narrativo delle carte stesse. Le mappe volute da Francesco I corrispondono anch'esse al mutamento di politica culturale e di gusto del nuovo committente come si evidenzia anche nell'espressione «dare perfezione a certe carte», da lui utilizzata nella lettera dianzi citata. Si segnala, per questa via, contestualmente: l'abbandono del progetto paterno e l'esistenza di un interesse specifico di Francesco per la Sala delle Carte, anche se appare orientato piuttosto nella direzione di esprimere magnificenza e preziosità. Forse, è possibile ipotizzare che in questa difforme Stanza delle Carte cui

Camerino di Bianca Cappello, 1581. Firenze, Palazzo Vecchio. Dalla porta che è celata dalla carta dell'Armenia nella Sala delle Carte geografiche si accede, ancora oggi, a una terrazza costruita dal Vasari fra il 1565 e il 1566 che conduce fino alla Cappella di Eleonora di Toledo. Nel 1581, al centro di questa terrazza il granduca Francesco I fece edificare su progetto dell'architetto Bartolomeo Ammannati un Camerino, quale Scrittoio privato della seconda moglie del granduca, Bianca Cappello

Francesco I dà compimento, le due vocazioni del luogo – sala di cartografia e di guardaroba – in realtà, siano nuovamente una sola come nel progetto originario, ma questa unitarietà si realizza secondo modi, forme e contenuti totalmente difformi da quelli cosimiani, essendo le mappe elemento decorativo raro e prezioso di uno degli ambienti principali del Quartiere della Guardaroba, nel quale talune sale potevano fungere, occasionalmente, anche da *mostra*, luoghi di ostensione.

Non è dunque casuale che la Sala non assuma mai la propria denominazione dalle carte geografiche, come emerge dagli inventari di Guardaroba: nel 1570 è indicata come «la stanza nuova dell'oriolo»[39], nel 1574 «stanza dell'horologio»[40], nel 1587 «stanza seconda o principale della Guardaroba»[41], nel 1608 «stanza degli argenti»[42], nel 1637 «stanza delli armadi delli Argenti»[43]. Ed è per queste ragioni – davanti al silenzio ostinato delle fonti e dei racconti dei contemporanei – che per non poco tempo si è dubitato che le carte geografiche fossero state davvero montate sulle ante degli armadi, ipotizzando che la loro presenza nella Sala potesse essere il frutto di un intervento molto più tardo rispetto al Cinquecento, quando non molto recente, come avviene per la collocazione in Palazzo del grande globo del Danti che pare realizzarsi solo negli anni Cinquanta del Novecento[44]. Ma le cose non stanno così. È molto probabile che le carte di Egnazio Danti siano state montate già nel 1565, quando dodici tavole risultano pronte per la parete di fronte all'ingresso e, sicuramente, prima del 1574 poiché nell'inventario realizzato dopo la morte di Cosimo la stanza viene descritta come «stanza di sopra della Guardaroba, dove è l'horologio et nelli Armarii, pitture et Tavole di Geografia»[45]. Tuttavia, anche se montate sugli armadi, le mappe sembrano apparire, agli occhi dei loro

Antonio di Annibale da Campogiallo, *Grottesche*, 1581. Firenze, Palazzo Vecchio, volta del Camerino di Bianca Cappello. La volta del Camerino è affrescata con bizzarre e raffinate grottesche, affini a quelle del Corridoio degli Uffizi, realizzate da Antonio di Annibale da Campogiallo e non da Tommaso di Battista del Verrocchio, al quale si devono gli affreschi, irrimediabilmente rovinati, che decoravano le pareti del terrazzo vasariano, a simulare un giardino pensile. Ancora oggi il Camerino presenta una piccola finestra, nascosta dal traforo della montatura, dalla quale si può osservare – non visti – il Salone dei Cinquecento

contemporanei, come *opache*. Un'opacità alla quale potrebbe avere contribuito anche quella stessa forma tolemaica delle rappresentazioni cartografiche, così fortemente voluta da Cosimo I. Nel progetto originario Cosimo-Vasari, la forma tolemaica prescelta smembra l'ecumene nelle tante tavole che stanno sugli armadi, rendendo oggettivamente difficoltosi l'individuazione e il riconoscimento dei diversi paesi. Una difficoltà che è ulteriormente accresciuta dalla mancata collocazione, nella Sala, di quel globo sul quale avrebbero dovuto ricomporsi i continenti – come in una tavola sinottica – secondo quanto scrive il Vasari: «si vedrà ribattere tutte le tavole che sono a torno ne' quadri degli armari et aranno un contrasegno nella palla da poterle ritrovar facilmente»[46].

La ricostruzione di questa storia che riguarda – nel medesimo tempo – gli esiti del progetto cosmografico di Cosimo I e Giorgio Vasari e le funzioni attribuite alla Sala delle Carte o della Guradaroba nel loro rapporto con il Palazzo ducale, si arricchisce nel 1587 di un altro episodio che appare di un qualche significato. Il 27 ottobre 1587 Antonio Lupicini, un eclettico *ingegnere* al servizio dei Medici chiamato a svolgere svariati e anche importanti incarichi[47], per un tempo molto lungo, indirizza a Ferdinando de' Medici, fratello di Francesco, morto la settimana prima, una lettera. In questa, dopo aver dichiarato in apertura di essere pienamente informato di sei progetti che il duca Cosimo avrebbe voluto realizzare negli ultimi anni della sua vita e avendo precisato in chiusura di non avere fatto «noto più oltre al Gran Duca fra[nces]co per ché lo vedevo poco incrina-

▬ Giorgio Vasari, *Cesare che scrive i Commentari,* 1560. Firenze, Palazzo Vecchio, Quartiere di Leone X, Scrittoio attiguo alla camera del signor Giovanni. In questo piccolo ambiente che, al tempo del duca, era fornito di armadi e deschi per scrivere, di una finestra di vetro e di un pavimento in terracotta bianca e rossa, oggi non resta che il soffitto ovale con *Cesare che scrive i Commentari*. Nella scelta del soggetto è chiaro il riferimento al duca Cosimo I che viene identificato al condottiero romano per le sue brillanti e vittoriose imprese militari

to a simile inpresse», mentre «ora che per Divina Grazia vegho rinovare in V. A. S. e medesimi desideri e concetti che aveva il Gran Duca Cosimo suo Padre», gli «è parso d'obligo… (poiché dalla natura non son dotato di molta eloquenza) farli noto il tutto con questi pochi verssi»[48], ovvero descrivendo sinteticamente i progetti stessi. Fra questi, il quinto progetto «era la fabricha d'una stanza a similitudine delle 4 parte dì questa machina, dove s'aveva a vedere tutti e fatti più famosi di Alesandro Mangnio, di Caio Cesare et d'altri valorosi guerrieri, insieme con le calamità di Troia, Cartagine e d'altre distrutione simile; e nella base di dette storie s'aveva dimostrare tutte le spezie delli animali teresti di ciascheduna provincia, e nel fregio de l'architrave si ~~aveva~~ [*sic*] vedeva tutti e ritratti de' personaggi più famosi che di presente n'è fatti la magior parte; e nel pavimento si aveva commettere uno spartimento proporzionato alla soffitta, nella quale s'era resoluto farvi diversse storie morali. Così mostro le dette pitture con tratenimento gustoso, e non credendo vedere altro in detta stanza, a un dato cenno si eclissava le dette storie e si scopriva ~~di~~ [*sic*] la Cosmografia di tutta la machina con il medesimo Ordine che dimostra Tolomeo; e nello scoprissi s'aveva aprire la sofltta [*sic*] e calare le teoriche de' pianeti in formma circholare, e posavano sopra un piede che u[s]civa del pavimento, dal quale veniva fuora uno appamondo tereste e uno celeste di 3 bracia e mezo l'uno di diamitro, che di già se n'era fatto uno che la dipinsse frate egniatio, et il modello di questo conposto lo tengho apresso di me»[49].

Pur nella difficoltà di dare un senso pieno ai molti elementi della sintetica descrizione del Lupicini, sembra verosimile sostenere che questo quinto progetto potrebbe

Giovanni Stradano, *Alessandro visita Diogene*, 1559-1561. Firenze, Palazzo Vecchio, Tesoretto del duca Cosimo I.

La volta del Tesoretto – uno scrittoio del duca Cosimo ricavato nello spessore della muraglia e destinato a contenere oggetti preziosi e antichità posti negli armadi in pietra lungo le pareti chiusi da ante in legno elegantemente modanate – presenta decorazioni fra le più raffinate del palazzo, con cornici e timpani ricurvi in pietra serena e stucchi dorati entro i quali si inseriscono le pitture. Fra queste, si trova un *Alessandro che visita Diogene* realizzata dallo Stradano, probabilmente come allegoria della filosofia. Ad Alessandro il Grande in Palazzo Vecchio saranno dedicati altri due dipinti nello Studiolo di Francesco I

essere un'altra, diversa versione della Sala delle Carte geografiche, per i riferimenti «all'appamondo terrestre dipinto da frate Egniatio»; per tutte «le spezie delli animali terrestri di ciascheduna provincia»; per la «machina di cosmografia con il medesimo Ordine del Tolomeo»; per la soffitta che «s'aveva aprire». Si tratta di elementi o, forse, per meglio dire, di lacerti che rimandano chiaramente all'originario progetto della Sala delle Carte. Ma sono confusi e come ibridati con l'evocazione di raffigurazioni delle imprese guerresche di Alessandro il Grande, di Caio Giulio Cesare e di altri valorosi guerrieri che riguardano le distruzioni di città famose, quali Troia e Cartagine. Queste imprese – sormontate, come le carte nel progetto originario, da tutti i ritratti de' personaggi più famosi «che di presente n'è fatti la magior parte» – «a un dato cenno», imprecisato, si sarebbero eclissate scoprendo la «Cosmografia di tutta la macchina». La lettera non fornisce elementi per sostenere che il Lupicini faccia riferimento per la sede della realizzazione di queste sue idee – a dir poco visionarie – alla Sala della Guardaroba in Palazzo Vecchio o ad altro luogo, né si è rinvenuta alcuna risposta di Ferdinando che possa fornire ulteriori elementi. Tuttavia, sia che il Lupicini pensasse alla Sala del Palazzo ducale o no, appare, in ogni caso, interessante sottolineare come, anche in questa confusa proposta, del progetto originale di Cosimo si fosse smarrito il senso complessivo e, quindi, il ricordo potesse dare luogo sia all'emergere di sue singole parti, per un verso, e, per l'altro, a una sorta di ibridazione fra l'impianto originario di macchina cosmica con le raffigurazioni di uomini illustri e delle loro *res gestae*. Rilevato che il binomio Alessandro-Cesare si riferisce alle *Vite Parallele* di Plutarco – un'opera della

quale erano presenti nella biblioteca medicea diversi esemplari[50] – appare evidente un richiamo all'arte storico-celebrativa di Cosimo I della quale, evidentemente, il Lupicini sembra valutare come ancora possibile un interesse nel nuovo granduca Ferdinando, in quanto caratterizzato a suo parere da «e medesimi desideri e concetti che aveva il Gran Duca Cosimo suo Padre»[51].

Non stupisce l'assenza di risposta di Ferdinando che, per la somiglianza con il padre nella concretezza, difficilmente poteva avere interesse per un tale guazzabuglio. Ma, mentre la proposta del Lupicini non viene presa in alcuna considerazione, Ferdinando – riconnettendosi agli interessi geografici di Cosimo I e attualizzandoli al proprio tempo – porta a compimento nel 1589 il progetto del Terrazzo delle matematiche nella Galleria degli Uffizi, nel quale fa rappresentare, esattamente, i territori dello Stato edificato, appunto, dal padre, dal dominio vecchio a quello dello Stato di Siena, a cura di Ludovico Buti, con l'assistenza di frate Stefano Bonsignori. Ricordato, inoltre, che Stefano Bonsignori si era anche occupato, negli ultimi anni, del completamento e della pubblicazione, nel 1584, della *Corografia della Toscana*, già iniziata dal Danti, occorre sottolineare come Ferdinando faccia restaurare da Antonio Santucci delle Pomarance il grande globo terrestre di frate Danti che necessitava di cure strutturali, ma anche di aggiornamenti. Ed è questo – l'aggiornamento dal punto di vista delle nuove conoscenze geografiche – l'aspetto più significativo. Il globo, infatti, e verosimilmente a causa delle sue straordinarie dimensioni, spesso citate nelle fonti coeve, non conosce quella sorta di opacità e precoce oblio che ha caratterizzato le mappe della Sala della Guardaroba e, pertanto, si reputa doveroso mantenerlo aggiornato con le nuove conoscenze geografiche che continuano a incrementarsi copiose. Lo stesso Santucci – autore, fra il 1589 e il 1593, anche di una grande sfera armillare, commissionata dal granduca Ferdinando I, per

Ludovico Buti, *Pianta del Dominio senese*, 1589. Firenze, Galleria degli Uffizi, Sala delle Matematiche.
Il 24 luglio 1589 il pittore Ludovico Buti chiede di essere pagato «per avere dipinto a olio sul muro e toco d'oro sul terazzo della Galleria in una facciata lo Stato vechio di Firenze e ne l'altra lo Stato di Siena e ne pilastro l'isola de l'Elba». Come modello per realizzare gli affreschi dei domini fiorentino e senese il Buti utilizza le due carte che Stefano Bonsignori aveva allegato nel 1584 alla *Vita di Cosimo de' Medici* di Aldo Manuzio il Giovane. L'anziano cosmografo olivetano – morirà quello stesso anno – partecipa direttamente alla decorazione della Sala delle Matematiche, come ricorda ancora il Buti: «tutte le letere sono scritte per mano di don Stefano girografo di Sua Altezza Serenissima»

essere collocata anch'essa nel Terrazzo delle matematiche – ricorda gli interessi scientifici del duca Cosimo «E per uso di simili cose [il calcolo delle altezze e delle misure] la felice Memoria del gran Duca Cosimo fece fabrichare questi bellissimi istrumenti per il diletto che ne avea di sì nobile e piacevole scientia…»[52].

Ed è nel Terrazzo delle matematiche dove erano esposti orioli da giorno e da notte variamente dimostrativi, astrolabi, regoli, bussole, quadranti, sfere, carte geografiche e libri sulla strumentazione, in parte distribuiti nello «stanzino degli strumenti matematici», secondo un allestimento che privilegia, in linea con il gusto del tempo, l'accumulo e l'effetto d'insieme[53], che trova collocazione il grande *Globo* del Danti, trasferitovi da Palazzo Pitti fra il 1593 e il 1595, ad aggiungersi alla *Sfera armillare* del Santucci. Mentre nel palco del Terrazzo, seguendo la tendenza al riuso delle opere d'arte e degli arredi, già presente anche in Francesco – come evidenziato nello smantellamento dello Studiolo del Palazzo ducale per riutilizzarne parti nella Galleria degli Uffizi – Ferdinando fa inserire e riadattare da Ludovico Buti tele di Jacopo Zucchi risalenti agli anni Settanta e provenienti da un soffitto in Palazzo Firenze, la sua residenza romana da cardinale.

Considerazioni conclusive

Nel 1589, il granduca Ferdinando fa realizzare, nella Sala dei Gigli del Palazzo ducale, un nuovo portale monumentale in marmi bianchi e policromi, con grande timpano arcuato, che viene appoggiato all'originaria porta aperta dal Vasari, al momento della trasformazione della loggia del Tasso in Sala di Guardaroba. Il portale monumentale – probabilmente anch'esso proveniente da altra sede[54] – non solo nasconde parte del quattrocentesco grande affresco parietale di Domenico Ghirlandaio raffigurante i santi Zanobi, Eugenio e Crescenzio[55], ma soprattutto sembra costituire la conclusione del Palazzo ducale in quello che viene definito il *Salotto dei Gigli*. Infatti, mentre la porta vasariana stabiliva una continuità fra la Sala dei Gigli e la nuova Sala di Guardaroba destinata a divenire delle Carte geografiche, il portale monumentale voluto da Ferdinando I – peraltro del tutto incongruo stilisticamente con l'ambiente dei Gigli – ne stabilisce la discontinuità e sembra sancire la separatezza fra le sale monumentali del Palazzo cosimiano e la Sala di Guardaroba: il Palazzo ducale pubblico termina, probabilmente, nel *Salotto dei Gigli*.

Eppure, Ferdinando I riprende, in maniera significativa, progetti di contenuto geografico, ma questi progetti si realizzano altrove e, precisamente, nella Galleria degli Uffizi. Questo spostamento di luogo – che prosegue quanto aveva già attuato il fratello Francesco – significa forse che il Palazzo ducale di Cosimo sia già divenuto *vecchio*, come taluni sostengono, in conseguenza di un trasferimento della corte nel Palazzo di Pitti? Questa valutazione non appare confortata da quanto si può riscontrare nei fatti. Acquistato da Eleonora di Toledo nel 1549, il Palazzo di Pitti è «infatti mirato alla creazione di una residenza suburbana: prova ne sia che ancora nel 1599 Giusto Utens lo include nella propria galleria di ville»[56]; fra il 1551 e il 1570 viene ampliato e ammodernato da Bartolomeo Ammannati, mentre su un iniziale progetto del Tribolo, poi aggiornato dai successori, viene sistemata la retrostante collina di Boboli «con sontuosissimi e grandissimi giardini, pieni d'artifitiose grotte, di fontane, di statue, di prati, di viali, di domestiche coltivazioni, e finalmente di tutte le cose più mirabili e dilettevoli che l'humano artifizio possa immaginarsi»[57]. Anche per il Palazzo di Pitti è lo stabilizzarsi del potere mediceo, di cui si è detto, che comporta un mutamento degli obiettivi nella direzione di realizzarvi la reggia, la cui edificazione, tuttavia, comporta interventi complessi, tanto che il «palazzo rimane un organismo in fieri, un cantiere aperto ancora per molti anni»[58].

Pur non essendo questa la sede per affrontare con precisione le dinamiche riferite ai tempi e alle modalità del trasferimento della corte medicea dal Palazzo ducale a quello di Pitti – che sembrano richiedere ulteriori e specifici studi – tuttavia è possibile evidenziare alcuni aspetti che appaiono di un certo interesse, grazie a un primo spoglio di documenti effettuato da Massimo Marcolin e Valentina Zucchi. Dall'inventario di Guardaroba del 1570 risulta che il duca Cosimo I, pur avendo a Pitti una «camera dove suole dormire», dormiva anche in Palazzo ducale e, precisamente, nella Sala di Ester, «camera del re asuero dove dorme S.A.». Nell'inventario successivo, del 1574, alla morte di Cosimo, nel Palazzo ducale si ritrovano: una stanza nel Quartiere degli Elementi «dove sta i' letto di Sua Altezza quando tonat a' cielo»[59] e una «saletta delle figure dove habita il gran Duca» vicina alla «camera del canto delle stanze del Gran Duca che riesce in piaza». Ci si riferisce al granduca Francesco e il Quartiere è quello al primo piano che era stato del padre Cosimo. Nell'inventario del 1587 si trova un riferimento alle «stanze del Cardinale», ovvero il Quartiere di Leone X nel Palazzo ducale occupato dal Cardinale Ferdinando nei propri soggiorni fiorentini. Come pure, nell'inventario del Palazzo di piazza, redatto fra il 1595 e il 1597, il granduca Ferdinando I e la moglie Cristina di Lorena risiedono nel Quartiere di Eleonora: «le stanze di lor Altezze Serenissime» vicino alla «Cappella di Santo bernardo», mentre l'abitazione del Gran Principe Cosimo è in quello che era stato l'appartamento del principe Francesco, nel Mezzanino dei Quartieri nuovi. Analoga situazione – ovvero registrazioni di appartamenti o stanze occupati per residenza in entrambi i palazzi – riguardano altri membri della famiglia, cortigiani e anche gli ospiti illustri della corte. Sembra pertanto possibile ipotizzare che fino a quando il Granducato è nelle mani dei figli di Cosimo I, non avvenga una sostituzione tout court del Palazzo ducale con Palazzo Pitti come sede della corte, come già osservato da Paola Barocchi che attribuisce all'età di Cosimo II una precisa scelta di Palazzo Pitti.

Si deve, al contrario, proporre per gli anni in oggetto l'affermarsi di un'estensione – se così si può dire – del Palazzo ducale anche agli ambienti del Palazzo di Pitti e della Galleria degli Uffizi che dà luogo a una sorta di grande Palazzo esteso sui tre siti, collegati fra loro dal celebre Corridoio vasariano[60]. Oggi, il *gran corridore* – compiuto dal Vasari dal marzo al settembre 1565, affinché potesse essere pronto per le nozze fra Francesco I e Maria Giovanna d'Austria, avvenute nel dicembre dello stesso anno – separa il museo di Palazzo Vecchio, di proprietà comunale, dalla Galleria degli Uffizi e dalla reggia di Pitti, di proprietà dello Stato e di pertinenza del Ministero per i Beni e le Attività Culturali, ma durante il governo di Cosimo I e dei suoi figli il corridore unificava tre palazzi che costituivano il centro del potere mediceo e all'interno dei quali si transitava, agevolmente, dagli uni agli altri. E in questo senso, appare degno di nota che nel 1591, quando Francesco Bocchi descrive, nelle *Bellezze della città di Firenze,* il corridoio «che congiugne due palazzi superbissimi», continui ad attribuire al Palazzo di piazza la residenza ducale: «Appresso col disegno di Giorgio Vasari è stato fatto un Corridore, come piacque al Gran Duca Cosimo, di regia magnificenza, il quale nascendo dal palazzo dove fa residenza il Gran Duca, con un superbo arco di volta si congiugne col piano della Galleria e scendendo a basso all'altro piano cammina tutto lo spazio sopra gli edifizi nuovi e seguendo suo viaggio lungo Arno, con altiera vista passa sopra il Ponte Vecchio [...] e penetrando poscia alcuni privati edifizi riesce a vista della chiesa di Santa Felicita e si conduce alla fine al bellissimo Palazzo de' Pitti»[61].

Se quanto si è sostenuto fin qui, seppure in prima approssimazione, appare dotato di senso, si può ritenere che Ferdinando I, nel realizzare il Terrazzo delle matematiche nella Galleria degli Uffizi, stesse stabilendo una continuità con gli interessi geografici e cosmografici del padre, mentre continuava a ignorare totalmente quei *desiderata* espressi nel progetto originario del 1562-1563 disattesi, fin dall'avvio della realizzazione della Sala delle Carte, per le ragioni che si è cercato di evidenziare.

Tornando alla natura duale della Sala delle Carte geografiche o della Guardaroba, appare chiaro che il volto dominante della Sala sia divenuto rapidamente quello di Guardaroba. Una Guardaroba che nel corso degli anni guadagnerà all'interno del Palazzo ducale sempre nuovi spazi, estendendosi durante il XVII ma, soprattutto, il XVIII secolo, in tutti gli ambienti del Palazzo ducale che in quei tempi sarà davvero divenuto *vecchio*, avendo smarrito il senso e il significato delle sue architetture e dei suoi decori. Ma esiste un'eccezione in questo processo di opacizzazione che non riguarda più le sole mappe della Sala omonima, ma si è esteso all'intero palazzo ducale. Si tratta dell'attuale Salone dei Cinquecento il quale, proprio per le sue straordinarie dimensioni, non smarrisce mai la propria pertinenza e non diviene mai parte di quella Guardaroba estesa che aveva occupato tutti gli altri ambienti del Palazzo che era stato la reggia del duca Cosimo.

▬ Baccio d'Agnolo (attr.), *Mostra dell'accesso alla Sala delle Carte*, Firenze, Palazzo Vecchio, Sala dei Gigli.
Nel 1589 la porta cui si accede alla Sala delle Carte geografiche da quella dei Gigli viene impreziosita, per ordine del Granduca Ferdinando I, con la sovrapposizione di due colonne corinzie di marmo verde *mischio* che sostengono un imponente frontone circolare in marmo bianco con un timpano di marmo rosso.
Nel 1510 l'architetto Baccio d'Agnolo aveva decorato le tre porte che si affacciavano sulla sala nuova voluta dal Savonarola per ospitare il Maggior Consiglio della Repubblica con mostre di marmo, preziose inquadrature architettoniche.
Secondo Gabriele Morolli, quella che incornicia la porta di accesso alla Sala delle Carte geografiche potrebbe essere una di quelle realizzate da Baccio d'Agnolo all'interno della sala savonaroliana

1 Con questo matrimonio Cosimo I «si era così imparentato con una delle consorterie (gli Alba Toledo) più potenti della monarchia, sia sullo scacchiere italiano che nei giochi di corte. Fu questo un elemento non secondario del suo rafforzamento in un mondo come quello dominato dalla Spagna, il cui tessuto connettivo era fondato sulle parentele e sulle clientele» (ELENA FASANO GUARINI, *La fondazione del Principato: da Cosimo I a Ferdinando I (1530-1609)*, in Ead., *Storia della Civiltà toscana*, vol. III. Bagno a Ripoli: Le Monnier, 2003, p. 12.

2 «anche sotto il profilo numerico la corte dell'età cosimiana è infatti un nucleo ancora assai contenuto: partendo – secondo alcune fonti, ma i dati sono discordanti – da solo 7 servitori nel 1549 essa raggiunge un massimo di 168 effettivi […] nel 1564. Qualsiasi altro principe italiano ne annovera un numero assai più elevato» (MARCELLO FANTONI, *La Corte del Granduca. Forma e simboli del potere mediceo fra Cinque e Seicento*. Roma: Bulzoni, 1994, p. 30).

3 Archivio di Stato di Firenze (ASF), Mediceo del Principato, f. 10, c. 113, lettera di Cosimo I de' Medici in Firenze a don Pedro Alvarez de Toledo, marchese di Villafranca e viceré di Napoli in Napoli il 14 maggio 1540.

4 Cfr. PAOLA BAROCCHI, GIOVANNA GAETA BERTELÀ, *Collezionismo mediceo. Cosimo I, Francesco I e il cardinale Ferdinando. Documenti (1540-1587)*. Modena: Panini, 1993.

5 GIORGIO VASARI, *Ragionamenti*, Giornata prima, Ragionamento primo, Firenze: Filippo Giunti 1588.

6 Ivi, p. 1.

7 Per una illustrazione della complessa situazione politica, diplomatica e militare del giovane duca negli anni di avvio del proprio governo si vedano ELENA FASANO GUARINI, *op. cit.*, pp. 6-14, nelle quali l'autrice riprende, già nel titolo del paragrafo, la definizione di governo «in su' trespoli» e ROBERTO CANTAGALLI, *Cosimo I de' Medici Granduca di Toscana*. Milano: Mursia, 1985.

8 Il Concilio – indetto da papa Eugenio IV – si avviò nel gennaio 1438 in Ferrara e si trasferì a Firenze nel gennaio 1439. Si veda *Firenze e il concilio del 1439*, Atti del Convegno di studi (Firenze, 29 novembre - 2 dicembre 1989), a cura di Paolo Viti. Firenze: Olschki, 1994.

9 «Omnium rerum vicissitudo est, nulla potentia perpetuo manet. Fuerunt Itali rerum domini, nunc Turchorum incohatur imperium», in *La caduta di Costantinopoli*, a cura di Agostino Pertusi, II, Milano: Fondazione Lorenzo Valla, 1976, p. 65.
Enea Silvio Piccolomini, divenuto papa Pio II dal 1458 al 1464, tentò, ma senza alcun successo di organizzare una "crociata" dei principi occidentali contro i Turchi.

10 Cfr. GIOVANNI RICCI, *Ossessione turca. In una retrovia cristiana dell'Europa moderna*. Bologna: Il Mulino, 2002. L'autore precisa nell'introduzione che «per turco si intendeva non tanto il suddito ottomano in senso stretto, quanto colui che è della setta maomettana» (p. 8).

11 GEORGES GUSDORF, *Origini delle scienze umane*. Genova: EGIG, 1992, p. 335.

12 ETTORE ALLEGRI, ALESSANDRO CECCHI, *Palazzo Vecchio e i Medici*. Firenze: Spes, 1980. Il testo rappresenta, ancora oggi, la più completa disamina storico-artistica del Palazzo ducale di Cosimo I.

13 *Ragionamenti*, cit., Giornata prima, Ragionamento primo, p. 4.

14 ASF, Mediceo del Principato, *Carteggio Universale*, f. 497a, lettera di Giorgio Vasari a Cosimo I de' Medici del 3 marzo 1563.

15 *Ragionamenti*, cit., Giornata seconda, Ragionamento primo, p. 37.

16 Con l'eccezione del Terrazzo di Saturno, che viene decorato fra il 1560 e il 1565.

17 *Ragionamenti*, cit., Giornata seconda, Ragionamento primo, p. 37.

18 Ivi, Giornata terza, Ragionamento unico, p. 90.

19 GIORGIO VASARI, *Le vite dei più eccellenti pittori, scultori e architettori*, Firenze 1568, Degl'accademici del disegno pittori, scultori et architetti e dell'opere loro e prima del Bronzino, tomo II.

20 Ivi, tomo II, p. 878.

21 *Ibidem*.

22 Il Vasari parla di 57 riquadri ma, in realtà, enumera solo 53 tavole di geografia (14 tavole ciascuna per Europa, Asia e Americhe e 11 tavole dell'Africa); nel computo totale Giorgio Vasari conteggia anche «quattro palle in prospettiva», raffiguranti i due emisferi terrestri e i due celesti, da porre negli sguanci della porta d'ingresso.

23 In ANGELO CATTANEO, *La Cosmografia di Cosimo*, in *I Medici e le scienze*, a cura di Filippo Camerota e Mara Miniati. Firenze: Giunti, 2008, p. 147.

24 Cfr. la scheda I.4.1 *Lorenzo Della Volpaia*, in *I Medici e le scienze*, cit., p. 95.

25 GIORGIO VASARI, *Le vite*, cit., tomo II, p. 878.

26 Cfr. NUMA BROC, *La geografia del Rinascimento. Cosmografi, cartografi, viaggiatori. 1420-1620*. Modena: Panini, 1996, p. 5.

27 Cfr. ANGELO CATTANEO, op. cit., pp. 67-71

28 Ivi, p. 9.

29 Ivi, p. 10.

30 Si vedano PAOLA BAROCCHI, GIOVANNA GAETA BERTELÀ, *op. cit.* e LUCIANO BERTI, *Il principe dello Studiolo*. Pistoia: M&M, 2002.

31 ASF, Mediceo del Principato, f. 514, c. 114.

32 ASF, Mediceo del Principato, f. 222, c. 296v.

33 Il 21 luglio 1571 Cosimo I scrive al padre generale dell'Ordine domenicano a Roma: «Frate Egnatio Danti perugino mi ha servito et mi serve del continuo d'opere di cosmographia dove che per tali servitii mi bisognerebbe alcuna volta haverlo apresso». Nella lettera il granduca propone che il suo cosmografo possa almeno «habitare in certe stanze separate nel medesimo convento» (ASF, Mediceo del Principato, f. 238, c. 2r). Non si conosce la risposta del padre generale, ma evidentemente questi decide di soddisfare la richiesta concedendo che frate Egnazio possa trasferirsi nella stessa residenza ducale. Il 23 settembre dello stesso anno, infatti, il Danti scrive una lettera a Polidoro Castelli a Bologna; in calce la data e il luogo in cui la missiva è scritta: *Da Pitti li 23 settembre 1571* (la lettera è riportata integralmente in GIROLAMO TIRABOSCHI, *Storia della letteratura italiana*, tomo VII, parte II, dall'anno MD fino all'anno MDC, Venezia 1824, capo II, XXX, pp. 686-687).

34 Quanto all'assegnazione delle murature sarebbe sorto il 14 agosto del 1570 un ennesimo dissidio fra il Vasari e il principe Francesco, fautore di un cottimo per i pilastri e le mura del salone a cui l'aretino era nettamente contrario «considerando alli tanti vani et aperture che vi sono sotto». Il Medici, che non amava essere contraddetto, faceva rescrivere perentoriamente dal suo segretario Concino: «Sua Altezza vuole che si dieno a cottimo a ogni modo et quando ordina una cosa vuole essere ubbidito, chè ben conosce il fine dell'architetto». Questo scontro dovette essere la cagione di un allontanamento temporaneo del Vasari dalla fabbrica nel 1570, attestata dalla percezione di soli cinquantadue scudi, corrispondenti a quattro mesi di servizio alla fabbrica, registrata nelle *Ricordanze*, in luogo degli usuali centocinquanta della provvisione annuale degli Uffizi. Cfr. ROLAND LE MOLLÉ, *Giorgio Vasari. L'uomo dei Medici*. Milano: Rusconi, 1998, p. 444.

35 L'attuale allestimento dello Studiolo di Francesco I in Palazzo Vecchio risale al 1910 e si deve principalmente a Giovanni Poggi, con la collaborazione di Alfredo Lensi, direttore dell'Ufficio Belle Arti, cfr. GIOVANNI POGGI, *Lo Studiolo di Francesco I in Palazzo Vecchio*, in «Marzocco», XV, n. 50, 11 dicembre 1910. Non sono mancate critiche alla disposizione dei dipinti scelta dal Poggi, per esempio a opera di Scott Jay Schaefer e Francesco Gandolfo. I più aggiornati contributi all'interpretazione del progetto decorativo sotteso allo Studiolo si devono a Valentina Conticelli.

36 ASF, Mediceo del Principato, f. 245, c. 44r.

37 ASF, Guardaroba Medicea, Inventario di Palazzo Pitti, f. 126, c. 119v.

38 GIORGIO VASARI, *Le vite*, cit., tomo II, p. 878.

39 ASF, Guardaroba Medicea, Inventario della Guardaroba di S. A., marzo 1570, f. 73, c. 52 ss.

40 ASF, Guardaroba Medicea, Inventario delle Robe della Guardaroba disopra gia del GranDuca Cosimo Felice M.a et hoggi del ser.o Gra Duca Francesco de Medici prese in consegna, giugno 1574, f. 87, c. 30r.

41 ASF, Guardaroba Medicea, In-

ventario generale della Guardaroba della E. M. del Ser.o Grand Duca di Toscana Franc.o Medici secondo, novembre 1587 - gennaio 1588, f. 126, c. 68r.

42 ASF, Guardaroba Medicea, Giornale generale delle Robbe di Guardaroba, febbraio 1608, f. 289, c. 39 ss.

43 ASF, Guardaroba Medicea, Inventario della Guardaroba, settembre 1637 - agosto 1638, f. 521, c. 3.20r.

44 Secondo la documentazione conservata presso l'Archivio Storico del Comune di Bologna, il globo viene restaurato dal restauratore e fonditore Bruno Bearzi e collocato nella Sala prima della fine del 1958. Ringrazio Serena Pini per avermi segnalato questi documenti.

45 ASF, Guardaroba Medicea, f. 87, Inventario delle Robe della Guardaroba disopra gia del GranDuca Cosimo Felice M.a et hoggi del ser.o Gra Duca Francesco de Medici prese in consegna, giugno 1574, c. 30r.

46 *Le vite...*, cit., p. 878.

47 Antonio Lupicini, ingegnere, ma anche fabbro di Corte, realizza, fra il 1567 e il 1569, fra l'altro, «il piede e fornimento» del globo terrestre di Egnazio Danti.

48 ASF, Miscellanea Medicea, f. 513, inserto 22, c. 95-96, lettera di Antonio Lupicini al cardinal Ferdinando de' Medici del 27 ottobre 1587.

49 *Ibidem.*

50 Nell'inventario della biblioteca nel 1553 risultano presenti: una copia manoscritta in greco; una traduzione in italiano; tre diverse edizioni in latino (una del 1516, un'altra del 1535 pubblicata a Basilea, una terza senza indicazione di data). Si veda ASF, Guardaroba medicea, f. 30 e 34.

51 Cfr. FILIPPO CAMEROTA, *La Stanza della Cosmografia*, in *I Medici e le scienze*, cit., pp. 229-233.

52 ANTONIO SANTUCCI, *Trattato di diversi Istrumenti Matematici che si conservano al presente nella Guardaroba del Gran Duca di Toschana. Presi in disegno in questo libro con le loro operazioni*, 1593, Biblioteca Marucelliana, Manoscritto C82, c. 4v.

53 PAOLA BAROCCHI, GIOVANNA GAETA BERTELÀ, *op. cit.*, pp. 104 ss.

54 Secondo Gabriele Morolli si tratta di una delle porte realizzate intorno al 1510 da Baccio d'Agnolo per la Sala del Maggior Consiglio savonaroliana. Cfr. GABRIELE MOROLLI, *Gli archi-*

tetti dell'ultima Repubblica: Michelozzo, i da Maiano, il Cronaca, Antonio da Sangallo, Baccio d'Agnolo, in *Palazzo Vecchio: officina di opere e di ingegni*, a cura di Carlo Francini. Cinisello Balsamo: Silvana, 2006, p. 87.

55 Secondo Ettore Allegri, che cita Alfredo Lensi, le due figure ai lati di san Zanobi sarebbero san Lorenzo e santo Stefano. Nella parte inferiore dell'affresco, recuperata proprio dal Lensi nel restauro del 1908, c'è una scritta che identifica la figura di sinistra in EVGENIVS DIACONVS. Le due figure a fianco del santo vescovo di Firenze dovrebbero dunque essere i santi diaconi Eugenio e Crescenzio. Sandro Botticelli, fra il 1495 e il 1500, dedicherà una tavola delle sue *Storie di San Zanobi* al miracolo di un bambino resuscitato da san Zanobi per mezzo dei diaconi Eugenio e Crescenzio. Cfr. SILVIA MALAGUZZI, *Botticelli*. Firenze: Giunti, 2004, p. 116.

56 Cfr. MARCELLO FANTONI, *La Corte del Granduca. Forma e simboli del potere mediceo fra Cinque e Seicento*. Roma: Bulzoni, 1994, p. 27.

57 Cfr. GIOVAN BATTISTA CINI, *Vita del Serenissimo signor Cosimo de Medici*, 1611, p. 522.

58 Cfr. MARCELLO FANTONI, *op. cit.*, p. 28.

59 Si tratta della Sala di Giove nel Quartiere degli Elementi: forse il granduca Francesco vi dormiva nelle giornate di cattivo tempo.

60 «Fra interruzioni e riprese, la corte si va espandendo assai lentamente nella direzione di un vasto e articolato recinto. Proprio la reggia fiorentina spicca in questo senso per l'originale fisionomia conferitagli dal celebre corridoio sopraelevato, che – per allacciare un complesso palatino ancora sostanzialmente bicefalo – arriva a fondere in un unicum senza soluzione di continuità la prima residenza cosimiana, gli Uffizi e, dall'altro capo di Ponte Vecchio, la chiesa di Santa Felicita e Palazzo Pitti, fino, per continuare oltre, attraverso il giardino di Boboli, alla Fortezza michelangiolesca del Belvedere. Nell'orazione per le esequie di Cosimo I, Pier Vettori, non manca di elencare l'edificazione del Gran corridore fra le principali imprese del primo granduca» (MARCELLO FANTONI, *op. cit.*, p. 27).

61 FRANCESCO BOCCHI, *Le bellezze della città di Fiorenza*, 1591, pp. 56-57.

Mondi celesti e terrestri nei libri medicei

Giovanna Lazzi

Marco Marchetti da Faenza, *Ercole sorregge il globo di Atlante*, Firenze, Palazzo Vecchio, ricetto d'accesso alla Sala degli Elementi dalla scala. Ercole che sostiene il mondo sulle spalle, come spiega il Vasari, è il simbolo dell'«aiuto de' principi nel governo loro» cioè della gravosa missione del principe nel governo dello Stato

"che senza e' libri non si poteva fare nulla"

La conoscenza della Terra e la sua collocazione nel sistema del cosmo è problema scientifico e filosofico, come bene avevano intuito gli antichi e come riproposero gli umanisti sottoponendo al vaglio delle nuove conoscenze la cultura grecoromana.

Nell'età del Rinascimento lo studio dei classici è il segno di un nuovo metodo di ricerca che coinvolge tutti i campi, sintomo e frutto di una curiosità che spinge all'indagine scientifica nell'accezione moderna. La scienza non si fonda soltanto sugli spogli e i recuperi dei testi quanto sulla ricognizione diretta degli assetti ambientali e sociali, sulla modellazione geometrica dello spazio e sulla sua misurazione[1].

L'idea di poter rappresentare l'universo, racchiudendolo in pochi segni sulla superficie di una carta, è sempre apparsa suggestiva e stimolante. Alla base del lavoro a tavolino di un geografo c'è di solito un viaggiatore – sia esso navigatore, esploratore, mercante, avventuriero o pellegrino – che ha voluto tramandare la propria esperienza[2]. Le carte nautiche anteriori al Cinquecento sembra siano state disegnate e miniate per ornamento o studio, a differenza di quelle usate per la navigazione, di facile esecuzione ma anche di facile deperibilità per l'uso frequente e spesso in condizioni disagevoli.

Non è un caso che Cosimo de' Medici, giunto al potere giovanissimo, dopo un travagliato inizio di governo, quando ormai le cose dello stato si andavano stabilizzando grazie alla sua abile e spregiudicata politica, sentisse il bisogno di dedicare una stanza della sua dimora ufficiale alla conoscenza del mondo e tornasse a riprendere in mano proprio quella *Geografia* di Tolomeo che, anche a Firenze, aveva avuto larga fortuna e di cui si conservavano splendidi esemplari nelle collezioni di famiglia. La decisione d'intervenire nel Palazzo di piazza, trasformando quella che era stata l'icona della libertà repubblicana in residenza personale, simbolo di un potere ormai accentrato in una sola persona, coincide con la caduta di Siena (1555) e l'affermazione di un regime politico-culturale incontrastato.

Per la realizzazione del grandioso programma celebrativo, che esaltasse il potere mediceo in linea con la tradizione della famiglia ma anche della cultura della città, era necessario racchiudere all'interno di uno spazio delimitato tutto l'universo e tutto lo scibile. I libri diventano un apparato indispensabile per la conoscenza di forme e figure, nonché elemento prezioso e di facile consultazione e divulgazione, stante l'agevole formato.

L'idea di squadernare le magnifiche tavole, che splendevano nei maestosi manoscritti, sulle pareti del Palazzo già del Popolo e della Signoria, ora sovrana dimora del figlio di Giovanni dalle Bande Nere, prendeva corpo non solo nella fertile mente del committente ma cominciava a materializzarsi in un progetto ardito, che coniugava il sapere di ieri con il potere di oggi. Si veniva immaginando, anzi costruendo, una particolarissima *Wunderkammer* dove il mondo intero si apriva ad accogliere il signore; tutta la realtà, i regni terrestri e celesti, venivano incontro a colui che il destino aveva già designato al potere con un nome presago e significativo che evocava, con suggestiva assonanza, il Cosmo.

Sotto il segno del Capricorno

Entrare nella sala delle carte geografiche di Palazzo Vecchio è come camminare tra le pagine di un atlante e non solo virtualmente: se questa era l'intenzione di chi ha pensato questo ambiente eccezionale, per seguire in tutte le loro diramazioni i percorsi suggeriti e tracciati è necessario proporre un parallelo con i libri veri che potevano circolare in quel momento o, comunque, potevano essere a disposizione di Cosimo de' Medici e degli intellettuali della sua cerchia.

L'idea programmatica della stanza era grandiosa: un volume famoso e amato, quintessenza della conoscenza del mondo, si apriva sulle pareti. Nei fregi e negli zoccoli altri libri, un'intera enciclopedia, venivano citati attraverso figure emblematiche, legate all'antica tradizione degli erbari e dei bestiari con l'aggiornamento delle conoscenze scientifiche e indicavano l'esplorazione nel campo della natura. Gli uomini illustri, simbolo della *virtus* e della sapienza, sorvegliavano dall'alto. Nello stesso ambiente l'investigazione sull'uomo si fondeva in un insieme armonico con la conoscenza del creato ed ecco che dal soffitto scendevano due grandi globi, uno terrestre e uno celeste; l'universo intero veniva incontro all'unico sovrano e, nella stanza dedicata alla conoscenza, tutto si completava, riprendendo, con sottile ma scoperta allusione politica, il noto omaggio cortigiano che giocava sull'ambiguità del termine Cosmo e Cosimo.

Il mondo era lì per Cosimo… sotto l'egida della cultura.

Il potere rappresentato

L'interazione dei globi con i paesaggi, nella Sala di Ercole, ad esempio, testimonia l'intenzione allegorico-politica di cui si nutre il programma decorativo. Vasari nei suoi *Ragionamenti* dichiara: «la palla del mondo posta in su le spalle di Atlante, il quale non è altro che l'aiuto de' principi nel governo loro, fatti simili a Dio nella pietà, nella clemenza, nella giustizia e nelle altre virtù, le quali membra fortissime sostengono la palla del mondo».

Ogni personaggio, ogni divinità, ogni episodio vanno dunque letti alla luce di un disegno più vasto in cui tutto si incasella e trova la sua giusta collocazione. L'apparato figurativo, che si dispiega sulle pareti, non fa che rendere visibile una precisa *ratio* che aveva guidato il duca e i suoi intellettuali nella concezione dell'iconografia e che i pittori traducevano in immagini. La base concettuale del progetto era dimostrare che il sovrano – Cosimo de' Medici – incarnava la quintessenza del perfetto principe e assommava nella sua persona le virtù degli eroi degli antichi, la saggezza dei letterati, il valore dei grandi condottieri per il bene del popolo, di cui era padre, signore e guida.

Acquista, così, nuovo significato la tradizione medievale dei grandi mappamondi disegnati, che, esposti nelle principali chiese, significavano il rispetto dell'ortodossia delle Scritture, anche da parte delle discipline scientifiche e geografiche, dove la conoscenza del mondo non poteva essere disgiunta dall'ossequio alla fede.

Già nel Quattrocento le rappresentazioni delle città e degli spazi amministrativi obbedivano non solo ad esigenze militari e civili ma anche ad un intento di abile ed efficace propaganda politica[3], promozione e celebrazione della famiglia egemone. Le dimore principesche si fregiavano di pareti affrescate con gallerie cartografiche, come quelle dei Gonzaga a Mantova, o le dipendenze territoriali della Terraferma fatte dipingere nella sala delle udienze del Palazzo dei Dogi a Venezia fino dal 1460, o le grandi carte commissionate persino dal papa Innocenzo VIII al Pinturicchio sui muri dei palazzi vaticani[4]. Gli elementi decorativi mettevano in evidenza la raffinata cultura della committenza se non, direttamente e più brutalmente, il potere e la ricchezza del signore attraverso l'immagine delle terre da lui controllate. Coltissime e distillate allegorie venivano allestite dagli intellettuali della corte attingendo al mondo classico dei miti e degli eroi, a cui i nuovi semidei terreni venivano equiparati.

Non è da meravigliarsi se anche ai libri viene affidato un messaggio, lo stesso che gli affreschi e le decorazioni della nuova dimora venivano restituendo agli occhi come immagine del nuovo corso cosimiano. Anzi, che cosa meglio di un volume poteva assolvere alla funzione di trasmissione di idee e ideali? Piccolo e maneggevole, prezioso e bellissimo, un libro era l'oggetto privilegiato per questa missione. Un atlante, ad esempio, contiene carte che consentono di percorrere tutto il mondo, raggiungendo le terre più lontane, ormai sempre meno misteriose grazie alle scoperte che stavano sempre più spalancando all'uomo del Cinquecento le porte del sapere, rendendolo davvero padrone dell'universo. Si accresceva la conoscenza della terra ma anche la consapevolezza delle potenzialità individuali e collettive, con sempre maggiori prospettive non solo di ulteriori cognizioni ma anche di aperture verso nuovi mercati e terre di conquista. Si modificava sostanzialmente tutto l'asse della vita dell'uomo, che poteva spingersi ben oltre le colonne d'Ercole, senza la tema del peccato di *ubris* che aveva macchiato il "folle volo" di Ulisse, ormai superato dalla nuova conciliazione tra lettere e fede. E mentre sempre più consapevolmente si delineano i contorni del continente nuovo, il *mundus novus* di Amerigo Vespucci, ecco che la raccolta delle carte non è più soltanto uno strumento ma acquista un valore aggiunto, passando nelle mani dei pittori destinati a nobilitare quello che doveva avere un mero scopo funzionale. Gli artisti attingono a repertori collaudati e tornano alla pittura di storia e di mitologia, ripetendo e riprendendo i soggetti tanto amati dai signori, quelli stessi che riempivano i soffitti e le pareti dei loro palazzi e costituivano il raffinato canovaccio per le mascherate e le rappresentazioni teatrali. E sono probabilmente i soliti che eseguivano, in affiatata équipe, le fitte decorazioni delle dimore della classe agiata, immortalando i patroni attraverso le loro gesta, dipinte assieme a quelle degli avi e degli eroi.

Un'incursione anche rapida tra le biblioteche delle grandi famiglie dimostra come a ricchezza si accompagna spesso cultura, all'astuzia del mercante non manca il gusto più o meno indotto del sapiente. Verso la fine del XV secolo anche il Tolomeo assume quella particolare caratteristica tipica della decorazione libraria; l'omaggio alla committenza si risolve in un linguaggio distillato, che si esplica in immagini colte e raffinate, dove la celebrazione del presente si adombra sotto le glorie del passato. Il mondo classico viene rivisitato non solo dall'acribia della speculazione umanistica ma anche dallo studio attento dai modelli e dal vero, soprattutto dopo la riscoperta della Domus Aurea, che costituì una vera meta di pellegrinaggio per gli artisti e un vero serbatoio di motivi decorativi, subito trasferiti nella glittica, nell'architettura e nelle bordure dei codici.

Il maestoso manoscritto (Firenze, Biblioteca Nazionale Centrale, Cl. XIII. 16), commissionato da Camillo Maria Vitelli, si impone per le straordinarie dimensioni e per la accuratissima fattura: convergono in un'unica,

Firenze, Biblioteca Nazionale Centrale, Cl. XIII. 16, Tolomeo, *Geografia*, frontespizio. La maestosa pagina iniziale del Tolomeo eseguito nella bottega di Gherardo e Monte di Giovanni, per il condottiero Camillo Maria Vitelli, esalta, attraverso le citazioni dall'antiquaria, le virtù del capitano, equiparandolo ai grandi del passato

superba opera, l'eleganza del copista Niccolò Mangona, la maestria esecutiva della accreditata bottega di miniatori ruotanti intorno a Gherardo e Monte di Giovanni, la perizia tecnica di un noto cartografo quale Enrico Martello. Le citazioni dall'antico, le monete, le medaglie consentono, secondo una consuetudine iconografica collaudata a Firenze, la celebrazione del committente equiparandolo ai grandi del passato, delle cui virtù civili e militari risulta il diretto erede[5].

La suggestione delle scoperte recenti era davvero grande e, comunque, in Italia molte erano le botteghe specializzate nella produzione di questi libri speciali. La Firenze del Quattrocento aveva visto fiorire un'intensa attività con i connotati dell'opera d'arte; accanto a abili cartografi lavoravano finissimi miniatori, che realizzavano volumi meravigliosi, vanto delle biblioteche dei signori che facevano a gara a commissionarli[6]. Non solo il Martello, ma anche la bottega dei Rosselli aveva prodotto opere egregie. Francesco Rosselli, in particolare, era anche orafo, oltre che miniatore raffinato, e questa sua capacità poliedrica, comune a molti artisti della feconda galassia fiorentina, gli consente di impegnarsi nella pagina illustrata con una portata innovativa e di grande eleganza. Gli intrecci metallici delle sue bordure sono quasi un marchio di fabbrica e il tratto è fermo e inciso come di bulino. Ma l'interesse cartografico affiora in molte occasioni tra cui, particolarissima, la eccezionale lettera dell'incipit del *Trattato della Pratica della Mercatura* di Francesco Balducci Pegolotti, dove, disegnato con tecnica lenticolare, a malapena visibile se non ad un esame attento, appare una sorta di planisfero delle terre emerse, in allusione alla diffusione dei traffici e all'importanza delle vie dei commerci (Firenze, Biblioteca Riccardiana, Ricc. 2441). Una analoga soluzione iconografica era stata adottata anche nel lussuoso codice della *Geografia* di Strabone, tradotta da Guarino veronese (Firenze, Biblioteca Medicea Laurenziana, Plut. 30.7), dove, nella maglia

▬ A sinistra, Firenze, Biblioteca Riccardiana, Ricc. 2441, Francesco Balducci Pegolotti, *Pratica della mercatura*, frontespizio. Il minuscolo planisfero dipinto nell'iniziale allude all'importanza dei commerci e alle vie di comunicazione.
A destra, Firenze, Biblioteca Medicea Laurenziana, Plut. 30.7, Strabone, *Geografia*, c. 1r. La terra, racchiusa nell'anello diamantato mediceo, vuole rappresentare la potenza della casata capace di dominare il mondo

ogivale dell'iniziale I, ancora in un'originale soluzione orafa, compare la scena della *traditio* al papa Niccolò V, l'umanista Tommaso Parentucelli, assai comune nei codici di dedica soprattutto se indirizzati ad un pontefice; ma nel *bas de page*, in luogo dello stemma, spicca l'anello diamantato mediceo che racchiude un mappamondo. L'originale architettura della decorazione, in virtù di questa ardita distribuzione degli elementi, trasmette una allusione forte al potere della casata committente, quasi che il simbolo personale del capofamiglia potesse racchiudere il mondo intero, riunito sotto la sua guida.

L'idea del possesso dell'universo attraverso la conoscenza è dunque già *in nuce* nell'ambiente laurenziano e attende soltanto di essere elaborata in un percorso più organico e articolato in tempi più maturi. Il disegno della Sala delle Carte sembra suggestivamente ricollegarsi a questi temi umanistici sviluppandoli e ampliandoli.

Tolomeo o della Geografia

Quando si parla di carte geografiche nel Rinascimento, Tolomeo è il primo nome che viene in mente: la sua è una vera e propria fortuna editoriale, specialmente riguardo la monumentale opera geografica, che già nel 1475 viene data alle stampe a Vicenza da Hermann Liechtenstein, e che, nel corso del Quattrocento, assume dimensioni maestose quasi da collezione, producendo volumi difficilissimi da maneggiare ma di enorme impatto visivo.

Nello splendido codice greco, vanto della raccolta dei Montefeltro (Biblioteca Apostolica Vaticana, Urb. greco 82), è stato identificato il famoso esemplare portato in Italia, anzi a Firenze, dal Crisolora e appartenuto agli Strozzi, di cui seguì e condivise la sorte dell'esilio. Vespasiano testimonia con entusiasmo e con acuta analisi l'arrivo dei manoscritti in città: «Venuto Manuello [Crisolora] in Italia […] mancavano i libri che senza' libri non si poteva fare nulla. Messer Palla [Strozzi] mandò in Grecia per infiniti volumi di libri, tutti a sue spese: la Cosmographia di Ptolomeo con la pictura fece venire insino da Costantinopoli, le Vite del Plutarco, et infiniti libri degli altri»[7]. Era estremamente chiaro alle coscienze degli intellettuali quale fosse la via da seguire, quella che poi sarebbe stata seguita e che evidentemente anche il duca Cosimo avrebbe fatto sua.

La tradizione vuole che le carte di quel volume siano state inizialmente tracciate personalmente da Tolomeo e al medesimo Crisolora si deve la traduzione latina, portata a termine da Jacopo Angeli da Scarperia e dedicata al papa Alessandro V (1409-1410), tramandata da un gran numero di esemplari, molti dei quali di alta qualità o almeno di buona fattura. Proprio per la sua consistenza, infatti, il Tolomeo non è un manoscritto frugale, anzi, di necessità, costoso e destinato ad una élite sociale. Nei volumi che – numerosissimi – si sono susseguiti nel corso dei secoli, si assiste ad un continuo processo di aggiornamento, che raggiunge il suo apice proprio a partire dal Quattrocento con le scoperte dalla portata rivoluzionaria.

Negli anni Sessanta del Quattrocento impiantarono bottega a Firenze Niccolò Germano, astrologo e matematico, oltre che cartografo, e Piero del Massaio, sull'onda dell'interesse cartografico e del commercio librario che faceva capo al grande imprenditore Vespasiano da Bisticci. Nelle *Vite* il manager – acuto osservatore dei suoi tempi – narra dell'attività di Domenico Buoninsegni e Francesco Lapaccini, che attuarono la conversione in latino delle tavole di Tolomeo. La storia del Massaio è tutta fiorentina e si colloca nella fedeltà alla tradizione, inserendo come unica novità una raccolta di piante di regioni e città moderne. Non dimentichiamo che fiorentino era Amerigo Vespucci, uomo chiave tra vecchio e nuovo, che dimostra con chiarezza la svolta epocale della conoscenza della terra maturata ai suoi tempi[8], quando si può, a ragione, delineare l'immagine reale del nuovo mondo e, di conseguenza, ridisegnare in modo definitivo i contorni del globo.

Gli esemplari sontuosi, usciti dalle officine fiorentine della seconda metà del Quattrocento, mostrano il nuovo approccio anche alla raccolta geografica, dove forte è il senso estetico. In codici di lusso, di dedica a personaggi famosi o che facevano parte di biblioteche di colti mecenati, come i Medici o i Montefeltro (Biblioteca Apostolica Vaticana, Urb. Lat. 274-275), la carta diventa un oggetto anche da ammirare e non solo da studiare o da consultare. Nei planisferi dominano le facce dei venti, che soffiano tra le nuvole con le guance gonfie nello sforzo, laddove l'antica visione antropomorfa, erede della mitografia greca, acquista il senso naturalistico dell'osservazione della realtà. Accanto agli uomini, dominatori o dominati, sovrani assoluti o selvaggi delle foreste, compare una fauna composita e multiforme. I leoni sorvegliano i confini del deserto come volevano i Romani, i grifoni guardano l'ingresso ai monti dell'Oriente, come raccontava Isidoro da Siviglia, le lotte tra le belve e gli animali mostruosi o pericolosi, come serpenti e draghi, rappresentano le difficoltà dei viaggi e i rischi di avventurarsi in terre sconosciute e ostili. Sono questi i *topoi* della tradizione, codificati dalla letteratura e dai cicli figurativi connessi; simile è, ad esempio, lo scenario che si presenta in Egitto a Pompeo fuggiasco, descritto nella *Farsaglia* di Lucano e nella tragedia di Seneca e tradotto in immagini spesso di potente realismo[9].

Le carte sono incorniciate con listelli aurei, quasi pronte per essere attaccate al muro, proprio come accadeva nelle dimore signorili o negli studioli umanistici. Nell'inventario di Lorenzo de' Medici sono registrate opere come «Uno quadro dipintovi una Italia», uno con la Terrasanta, la Spagna, Roma, un mappamondo ecc. La netta prevalenza è per le carte dell'Italia ed è interessante notare che alcune sono ancora a Palazzo Medici nel 1531, quando viene redatto l'inventario di Alessandro[10], passando, cioè, attraverso le note e disastrose vicende delle due cacciate dei Medici, i tumulti e le atrocità dell'assedio. Il gusto non era cambiato e l'attenzione all'argomento non era venuta meno.

Le biblioteche degli umanisti erano ricche di volumi di interesse geografico: il Niccoli ne possedeva parecchi[11] e un Tolomeo era anche in casa Vespucci, nella collezione del dotto Giorgio Antonio, zio di Amerigo. Piero de' Medici aveva commissionato una raffinata Silloge, che si distingue per l'elegante decorazione di mano di Francesco d'Antonio del Chierico, a segno che anche un testo di questa particolare tipologia può diventare un libro di lusso[12].

Nella magnifica pagina d'apertura della *Geografia* di Francesco Berlinghieri (Milano, Biblioteca Nazionale Braidense ms. AC XIV 44) – altro splendido esemplare mediceo, ormai nella piena maturità dell'età laurenziana – Attavante distilla un linguaggio figurativo di cui aveva già dato prova nei grandi corali e poi nella serie dei codici umanistici. Le maglie d'oro dell'acanto classico si intrecciano lasciando aprire tondi e ovali, oltre all'anello diamantato, mentre nella candelabra si innestano, con elegante evidenza, i segni personali dei signori. Sono proprio le microscene che concentrano il significato dell'immagine: all'autore nello studiolo immerso nel suo lavoro, in obbedienza a modelli accettati, fanno riscontro le operazioni tipiche del geografo, quali il disegno di una carta, il lavoro al mappamondo, la sfera armillare. E dall'altro lato ecco gli accenni più chiari alla cultura egemone e all'accademia platonica: due dotti sono intenti in conversazione all'ombra del lauro laurenziano, con Firenze ben chiara sullo sfondo, secondo un canone celebrativo della città frequente nei manoscritti medicei. Di sotto, un saggio appare ai due scendendo dal cielo in uno sfolgorare di raggi, citazione dell'iconografia di Dio che illumina David in preghiera. Ma questa è un'iniziazione laica e intellettuale: Tolomeo rivela la scienza geografica al Berlinghieri, colto in un momento di *societas* culturale con un amico, forse quel Marsilio Ficino con il quale aveva scambi e contatti letterari, poi si unisce ai due, secondo il concetto umanistico della trasmissione del sapere dagli antichi ai dotti moderni, dando vita ad un consesso di saggi, una profana trinità della cultura[13]. Un identico apparato iconografico viene riproposto nel codice quasi gemello approntato per Federico da Montefeltro. Il conio del raffinato lessico spetta dunque alla città di Lorenzo, dove la circolazione delle idee e della loro trascrizione visiva era facilitata dai fitti inter-

■ Milano, Biblioteca Nazionale Braidense, ms. AC XIV 44, Francesco Berlinghieri, *Geografia (Septe giornate della geographia)* frontespizio. Nelle piccole scene marginali la raffinata mano di Attavante riesce a condensare il messaggio umanistico della trasmissione del sapere che proviene da Tolomeo e si riversa sui suoi traduttori e interpreti

scambi di modelli e di contatti tra le botteghe. Ma il frontespizio urbinate (Biblioteca Apostolica Vaticana Urb. Lat. 273) è per qualche verso ancora più intrigante perché la tradizionale immagine dell'autore nello studio è sostituita dal grifagno profilo del destinatario, inciso come in una moneta secondo lo stile oreficeresco del raffinato miniatore. L'intento celebrativo della casata per il tramite del colloquio e della citazione dall'antico è ancora più evidente nell'altro Tolomeo (Biblioteca Apostolica Vaticana Urb. Lat. 277), che Francesco Rosselli minia per il signore di Urbino durante il lungo arco di tempo in cui lavora quasi esclusivamente per lui, intorno all'ottavo decennio del secolo. Il ricorso alle monete romane e alle figure allegoriche classiche è un evidente messaggio dell'utilizzo

dell'antiquaria in funzione encomiastica, ma l'accostamento alle sculture di Benedetto da Majano nella lunetta della Sala dei Gigli di Palazzo Vecchio è ancora più intrigante. Il risalto plastico dei putti, che sterza dall'oreficeria alla scultura l'interesse del miniatore, è, da una parte, la testimonianza della straordinaria unità delle arti e del colloquio e gli scambi tra le botteghe, dall'altra la prova del valore eccezionale attribuito a quella straordinaria stanza, in cui si concentravano le energie degli artisti e si riassumevano le idee dei letterati. Il corredo dei cammei e delle monete si dispiega ancora nell'altro bellissimo Tolomeo rosselliano, dove il linguaggio archeologico si è ormai robustamente impiantato nella pagina, debitore della scultura in marmo (Paris, Bibliothèque Nationale Lat. 8834).

A sinistra, Firenze, Biblioteca Medicea Laurenziana, Plut. 84.1, Aristotele, *Opera*, con commento di Giovanni Argiropulo, frontespizio, c. 2. A destra, Firenze, Biblioteca Medicea Laurenziana, Plut. 71.7, c. 2. Nei manoscritti medicei è evidente l'intento di celebrare il signore attaverso il suo ritratto, realizzato secondo i canoni delle monete e delle medaglie, mettendolo idealmente sullo stesso piano degli imperatori romani

Il dialogo con l'antico

Il dialogo con l'antico e il peso della cultura classica in senso celebrativo sono ormai accreditati anche nel linguaggio figurativo d'occasione, anzi proprio in quel versante conoscono un coerente utilizzo. Ed è ancora un codice mediceo, un bellissimo Aristotele (Biblioteca Medicea Laurenziana, Plut. 84.1) che intriga per la sua valenza semantica[14]. Un graffiante ritratto di Cosimo il Vecchio, realistico nell'acuto profilo e prepotente nel rosso della veste del magnate e nel berretto alla capitanesca, atto a sottolineare rango e potere, fa da contraltare all'Argiropulo. Nella sua squillante gamma cromatica, contrasta con il monocromo delle medaglie degli uomini illustri, utilizzati come nei Tolomeo miniati dal medesimo Rosselli, evidenziando la scansione cronologica e ribadendo l'utilizzo del colore come elemento simbolico ben conosciuto dagli artisti. Il monocromo viene talvolta impiegato proprio per distinguere i piani dell'etica e della storia: basta pensare alle virtù e ai vizi ricompresi nella sfera della morale e fuori dal tempo nella Cappella degli Scrovegni di Giotto, rigorosamente monocromi di contro alla cromia degli affreschi dove si narra una storia, per quanto sacra. Il potere è oggi nelle mani di colui che viene rappresentato in tutto il realismo di un'effigie riprodotta dal vero, che si fa subito notare nella violenza della vivace tavolozza, ma il medesimo taglio di profilo e la posizione nel clipeo rendono evidente la diretta filiazione e l'equiparazione con gli antichi. Il *Pater Patriae* è uomo vivo e reale, tuttavia figlio ed erede ideale delle virtù dei grandi del passato, raffigurati nella astratta lucentezza delle monete e dei cammei di contro alla evidenza fotografica del signore presente.

La sequela dei cammei imperiali delle bordure, nell'ordine studiato che è stato collegato alla Sala dei Gigli di Palazzo Vecchio[15], dimostra come l'iconografia miniata possa esprimere più liberamente la presa di potere da parte dell'oligarchia medicea, stante la sua diversa destinazione e la sua più limitata circolazione.

La raffinata pennellata di Francesco Rosselli e il suo tratto deciso e netto imprimono una preziosa intonazione orafa alla prima pagina del laurenziano Plut 71.7, dove il clipeo marginale diventa una moneta. Il ritratto, che, già nell'altro esemplare, aveva mantenuto il taglio medaglistico del ben delineato profilo, qui si trasforma in un aureo degno di un imperatore e ben si presta a sottolineare il legame del Medici con l'antichità romana, di cui Firenze è erede diretta, avendo raccolto e fatto rivivere lo spirito degli antichi, con i quali, alla fine del percorso, l'immagine del signore presente si può ormai sovrapporre.

La *Laudatio urbis Florentiae* di Leonardo Bruni aveva già gettato le basi intellettuali per quella celebrazione della città che costituisce, per i Medici, uno degli elementi di propaganda politica e che consente loro di presentarsi come i nuovi Cesari, anzi i nuovi Scipioni che, senza attentare alla libertà cittadina, pure si adoperano per il benessere del popolo. Già nella prima metà del Quattrocento, il Bruni[16] lanciava l'idea di una città che raccogliesse l'eredità del mondo classico, mentre si faceva strada la convinzione che Firenze, che aveva ospitato il Concilio e sancito l'unione, seppur effimera, delle due Chiese, potesse raccogliere anche l'eredità di Bisanzio. Gli affreschi del Gozzoli del 1459[17], mentre celebravano la ricorrenza del ventennale, mettevano in rilievo anche il ruolo della città e della famiglia egemone, attraverso la riunione sulle rive dell'Arno della doppia eredità dei due imperi, quello di Roma e quello della appena caduta Costantinopoli.

Stava, poi, alla seconda generazione degli umanisti rendere vivo il concetto della profonda unione con l'antico anche dei governanti, prima avvicinati alla figura di Scipione, ancora in un momento dichiaratamente repubblicano, e poi, scopertamente, agli imperatori. La sequela dei medaglioni imperiali, incastonati nelle bordure dei codici come nelle paraste dipinte, doveva evocare la *virtus* e la cultura tramite le quali si governava il mondo e che rivivevano nella *pietas* e nel valore dei nuovi signori, nuovi Achille, nuovi Enea e nuovi Cesare. Le cornucopie, le patere, i festoni carichi di frutti, sempre occhieggianti dalle allusive fronde dell'alloro mediceo, sono i complementi apparentemente secondari, ma pur sempre potentemente espressivi di una precisa ideologia politica e di una presa di potere di chi si proclama difensore delle libertà dello stato: un potere che viene assunto in modo discreto e strisciante senza offendere popolo e magnati e tuttavia concreto e ostentabile.

La decorazione dei manoscritti, ancor più dei dipinti o delle sculture, trasmette in modo inequivocabile questa ormai raggiunta supremazia. La medaglia aurea di Cosimo, al pari di quella dell'imperatore romano, è già il suggello di un comando di fatto anche se non ancora di diritto, che intanto viene dichiarato nel privato, sui muri del palazzo o nelle pagine di un codice. Nel linguaggio della propaganda i Medici altro non sono che l'espressione, in tempi moderni, di quelle virtù degli antichi che avevano fatto grande Roma e assicurato un impero al suo popolo. Nel bellissimo frontespizio i dotti greci guardano, dagli angoli, il rivivere della sapienza classica sulle rive dell'Arno in omaggio a quegli studi che Cosimo aveva patrocinato istituendo la cattedra di greco, affidata a dotti di chiara fama, quali il Trapezunzio e il Crisolora.

Nelle fastose pagine miniate, tra le coppie di putti marmorei, nel loro piglio scultoreo da sarcofago, emergono, dai medaglioni, volti severi e pensosi di filosofi e dotti, elemento di collegamento e tramite con l'antico. La sapienza del passato ritorna a vivere e fruttificare in virtù dei nuovi signori, presenti tramite i loro ritratti realizzati con vivo sapore realistico, che timbrano i luoghi deputati delle bordure. L'impostazione formale è la solita delle maestose carte dei corali, dove quei medesimi medaglioni ospitano le austere figure dei profeti, garanti del legame tra Vecchio e Nuovo Testamento e sicuro modello per coniare la nuova iconografia del frontespizio umanistico dell'età laurenziana, perfettamente sovrapponibile anche quanto a valenza interpretativa. Il problema del rapporto tra lettere e fede, che poteva esser sentito ancora lacerante dal primo Umanesimo, alla luce del tentativo di conciliazione ficiniana sembra trovare la giusta ricomposizione e pacificazione. I frontespizi dei manoscritti delle opere dedicate dal filosofo a Lorenzo, che Attavante, Littifredi e gli altri miniano nell'ultimo decennio del secolo, rendono visibile il legame con il mondo classico e la sua straordinaria portata.

In una gloria di putti festanti, il *Pater Patriae* domina dall'iniziale, ancora abbigliato con le vesti alla civile dei fiorentini, garantendo il rispetto della giustizia nella densa pagina di Mariano del Buono (Biblioteca Medicea Laurenziana, Plut. 77.24). A fronte della ieratica nobiltà delle virtù severe e dignitose nelle formelle marginali, il profilo deciso del signore si mostra nell'aspetto più tradizionale attribuito agli imperatori romani, quello di amministratore della giustizia, garantendo il bene, il bello e il giusto. A questi concetti volevano riferirsi il diamante a punta incastonato nell'anello d'oro e la quantità di motti che i Medici avevano scelto per sé. In quest'ottica si può ricomprendere anche il più enigmatico segno del falcone che stringe negli artigli l'anello, come l'aquila la lepre, alludente, nell'iconografia liturgica, al trionfo del divino sull'umano, da interpretare probabilmente in senso civile, come garanzia di giustizia e quindi anche di benessere e di pace a tutto il popolo.

Le sei teste dei Cesari sorvegliano gli uomini illustri anche a Palazzo Vecchio. La Sala dei Gigli può ben reggere il confronto e il parallelo con più di un libro, consentendo seducenti corrispondenze. Si è ipotizzato, infatti, un sottile controllo mediceo anche sull'apparato figurativo prettamente repubblicano e, a distanza di meno di un secolo, poco lontano da quei muri, un Medici avrebbe potuto a buon diritto manifestare il suo potere ormai acquisito, utilizzando, però, suggestivamente, gli stessi parametri culturali.

La teoria dei sapienti nella stanza dedicata alla conoscenza conclude così un percorso culturale e politico che ancora una volta ripercorre la linea tracciata dagli avi della famiglia, in cui si inserisce in perfetta coerenza e fa riflettere che la nuova sala si aggancia alla decorazione dell'Udienza, quasi a chiudere un cerchio, pur nel mutare dei tempi. Gli intellettuali della corte avevano sempre a disposizione una biblioteca spettacolare fornita di tutto quanto potevano desiderare. Colpisce nella libreria di Cosimo I la presenza di tanti greci e latini, che avevano fatto la parte del leone già nelle grandi raccolte umanistiche quattrocentesche, e che adesso, con il classicismo imperante, per quanto certamente più accademico e di maniera, ancora si presentavano come fonti ufficiali e ben accreditate a cui attingere con sicurezza.

Firenze, Biblioteca Medicea Laurenziana, Plut. 77.24, frontespizio, c.1. Giovanni Nesi, De moribus. Le virtù personificate, alla maniera classica, fanno da riscontro al profilo di Cosimo il Vecchio, per esaltarne le qualità politiche e morali

Gli atlanti riccardiani e il cosmo di Cosimo

L'idea della Sala delle carte geografiche, che Cosimo vuole nel suo Palazzo, nasce da un preciso collegamento con le tavole dei Tolomeo miniati. La biblioteca dell'amato avo Lorenzo ne conteneva esemplari splendidi, uno dei quali il duca portava sempre appresso: uno di quei libri meravigliosi fissa le sue pagine sulle pareti della sala offrendole tutte insieme allo studio e allo stupore. Un volume prodotto da Piero del Massaio

Firenze, Biblioteca Riccardiana, Ricc. 3616, Francesco Ghisolfo, *Atlante nautico*, c. Ir e nella stessa pagina legatura. La dedica a Francesco de' Medici si presenta consona al linguaggio cortigiano coniato nell'ambito mediceo, che gioca sulla consonanza del termine Cosmo e Cosimo con evidente intento celebrativo

(Firenze, Biblioteca Medicea Laurenziana, Plut. 30.2) reca la nota di possesso di Loren-zo di Pierfrancesco de' Medici ("Liber Laurentii Petri Francisci de Medicis n. 1") e quel-la di Cosimo ("Dell'Illustrissimo et excellentissimo S. Duca di Firenze Cosmo de' Medi-ci"). È un codice all'antica che riporta la traduzione di Iacopo Angeli, seguendo fedel-mente i modelli greci. La decorazione, di scuola fiorentina vicina al così detto Maestro di Fiesole, conferma una datazione tra il 1455 e il 1460. Le tavole sono racchiuse in corni-ci sormontate da un cartiglio toccato prospetticamente in azzurro, con intitolazione in rosso, vicine a quelle da parete. È suggestivo pensare che sia proprio questo il Tolomeo tanto caro a Cosimo, modello per l'apparato sontuoso poi realizzato da Ignazio Danti, che doveva costituire una sorta di palcoscenico celebrativo dove l'unico attore protagonista era il duca.

Tra i molti esemplari di interesse geografico di ambito mediceo appare assai parti-colare un volume di carte nautiche, custodito da una legatura artistica di strabiliante ese-cuzione, donato dai Martelli a Francesco de' Medici (Firenze, Biblioteca Riccardiana, Ricc. 3616). La dedica in oro è affidata ad una, apparentemente, enigmatica frase che, con raffinata erudizione, gioca sui termini e sull'uso disinvolto delle lingue dell'antichità classica, il greco e il latino: «Te Cosmo Cosmu Cosmon Francisce donamus quia mune-re dignus es» («Ti doniamo il Cosmo, o Francesco, ornamento del Cosmo – e di Cosimo»). La dedica ricorda l'iscrizione in greco diventata celebre – «Kosmos Kosmou Kosmos» – che timbrava, con autorità, l'arco trionfale eretto a chiudere i solenni appa-rati dell'entrata del duca nella ormai sottomessa Siena, il 28 ottobre 1560. Il cortigiano testimone dell'evento Anton Francesco Cirni così la interpretava: «significano che il Duca Cosimo honora il mondo e'l mondo lui, o vero, che'l mondo è di Cosimo et egli di lui»[18].

Le carte vengono attribuite per la parte nautica, sulla base di un sonetto contenu-to alla fine del codice, a Francesco Ghisolfo, che si sarebbe ispirato alle raccolte prodotte a Venezia nella fiorente officina di Battista Agnese, da cui uscirono oltre 70 atlanti tra il 1536 e il 1564. È da ricordare che almeno un altro atlante di Battista Agnese, datato Venezia 12 febbraio 1543 nella sottoscrizione (Biblioteca Medicea Laurenziana, Med. Pal. 245), apparteneva alla libreria di Cosimo I, timbrato del suo stemma. Accanto all'atlan-te Martelli, anche fisicamente nella stessa biblioteca fiorentina, si conserva un altro manoscritto analogo (Ricc. 3615), a cui è stato aggiunto lo stemma mediceo di un car-dinale forse Giovanni, che vestì la porpora nel 1560 e morì nel 1562, o Ferdinando, che fu eletto nel 1563.

L'allegoria delle stagioni della prima carta del Ricc. 3615 consente di avvicinare la decorazione alla mano di uno dei pittori della cerchia vasariana che operano in Palaz-zo Vecchio, impegnati, soprattutto, nella decorazione degli ambienti con le raffinate grottesche dalla pennellata rapida e sicura, fresca e veloce[19]. I disegni acquerellati del-l'atlante si devono, presumibilmente, ad un'unica personalità, che opera palesemente in ambiente mediceo. Nella folta galassia di artisti della cerchia vasariana potrebbe essersi formato anche quel pittore a cui è stato affidato l'incarico di nobilitare le carte nautiche con la bella decorazione della pagina di apertura, riproponendo quel connu-bio tra miniatori e cartografi, solo in rari casi coincidenti in una stessa persona, che si era verificato in occasione dell'allestimento degli splendidi codici di Tolomeo nel corso del Quattrocento[20].

In virtù del palese intervento di aggiornamento e modifica dello stemma, che defi-nisce la destinazione a persona diversa da quella a cui originariamente il manufatto era dedicato, viene da pensare che anche questa raccolta abbia avuto una vita complicata e, per renderla degna del nuovo signore, il cardinale Medici, sia stata decorata nell'am-bito della fertile fucina vasariana, impegnata in quegli anni nei quartieri del Palazzo di Sua Eccellenza. La comunanza di ambiente, soprattutto per la particolare postura e l'im-pianto monumentale delle figure, si riscontra già ad una rapida occhiata alle parti deco-rative della dimora del duca. Nel 1555-1560 Marco da Faenza interpretava le allegorie dello Scrittoio di Calliope con personaggi di ampio respiro e con vivaci grottesche. Le figure femminili mantengono il movimento caratteristico della maniera vasariana, la torsione del busto e delle gambe, anche quando sono sedute. E i putti dai capelli mossi e quasi scarmigliati, gli occhi piccoli e acuti, l'aria arguta sembrano vicini al giocoso Autunno, mentre le stagioni conservano la classica eleganza delle dee. Nel 1555-1557 vengono dipinte le quattro stagioni nella Sala di Opi (detta anche Rea o Cibele), ma l'iconografia dei personaggi allegorici, a sua volta attinta da modelli di lunga tradizione, non viene tradita neanche nelle sale successive, ove si notano interventi di mani diverse e di artisti di estrazione anche non italiana, come lo Stradano. Soprattutto i disegni preparatori, tra cui in particolare quello attribuito al medesimo Vasari con la dea Opi sul carro trainato dai leoni, per il profilo, l'anatomia e la postura non è lontana dalle avvenenti allegorie acquerellate[21].

Nella ricchissima serie di grottesche, che decorano le volte dei corridoi e delle scale, sono frequenti le figure sdraiate, languide e ben tornite al tempo stesso, mentre le personificazioni dei segni zodiacali – i Gemelli ad esempio – sembrano parenti dei putti della cerchia vasariana che giocano nel Palazzo di Sua Eccellenza. E così l'immagine dell'Acquario, mollemente sdraiato e sciolto, può ricordare quelle divinità fluviali che ancora lo Stradano dipinge nel soffitto della Sala di Penelope (1561-1562), in una interpretazione meno ufficiale del più accademico classicismo vasariano[22], dove, ancora con una assonante suggestione iconografica, le belle figure reggono la cornucopia o l'otre grondante d'acqua. È evidente che negli anni intorno al 1560-1565 matura quel gusto artistico e quell'apparato iconografico che appare consono alle aspettative del duca, in linea con le sue scelte e i suoi indirizzi politico-culturali. Nel 1563 Ferdinando diventa cardinale e

▬ Firenze, Biblioteca Riccardiana, Ricc. 3615, Francesco Ghisolfo, *Atlante nautico*, c. 1.
Nelle pagine seguenti, Sala di Opi, dettaglio delle quattro *Stagioni*.
La consonanza stilistica ed iconografica tra la decorazione dell'atlante e quella degli ambienti del Palazzo dimostra l'unitarietà delle arti e l'importanza assegnata ai libri quale veicolo di trasmissione di idee

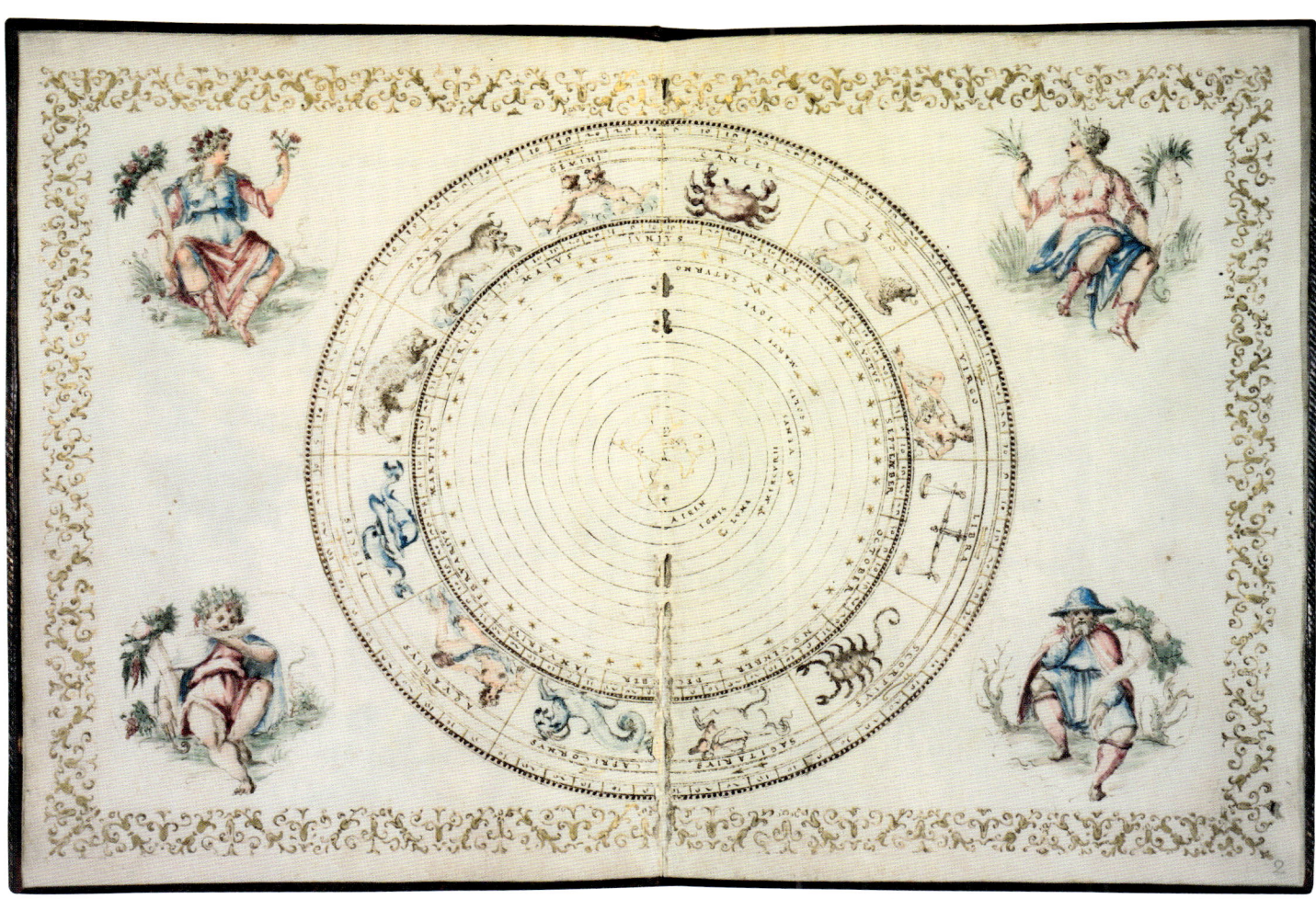

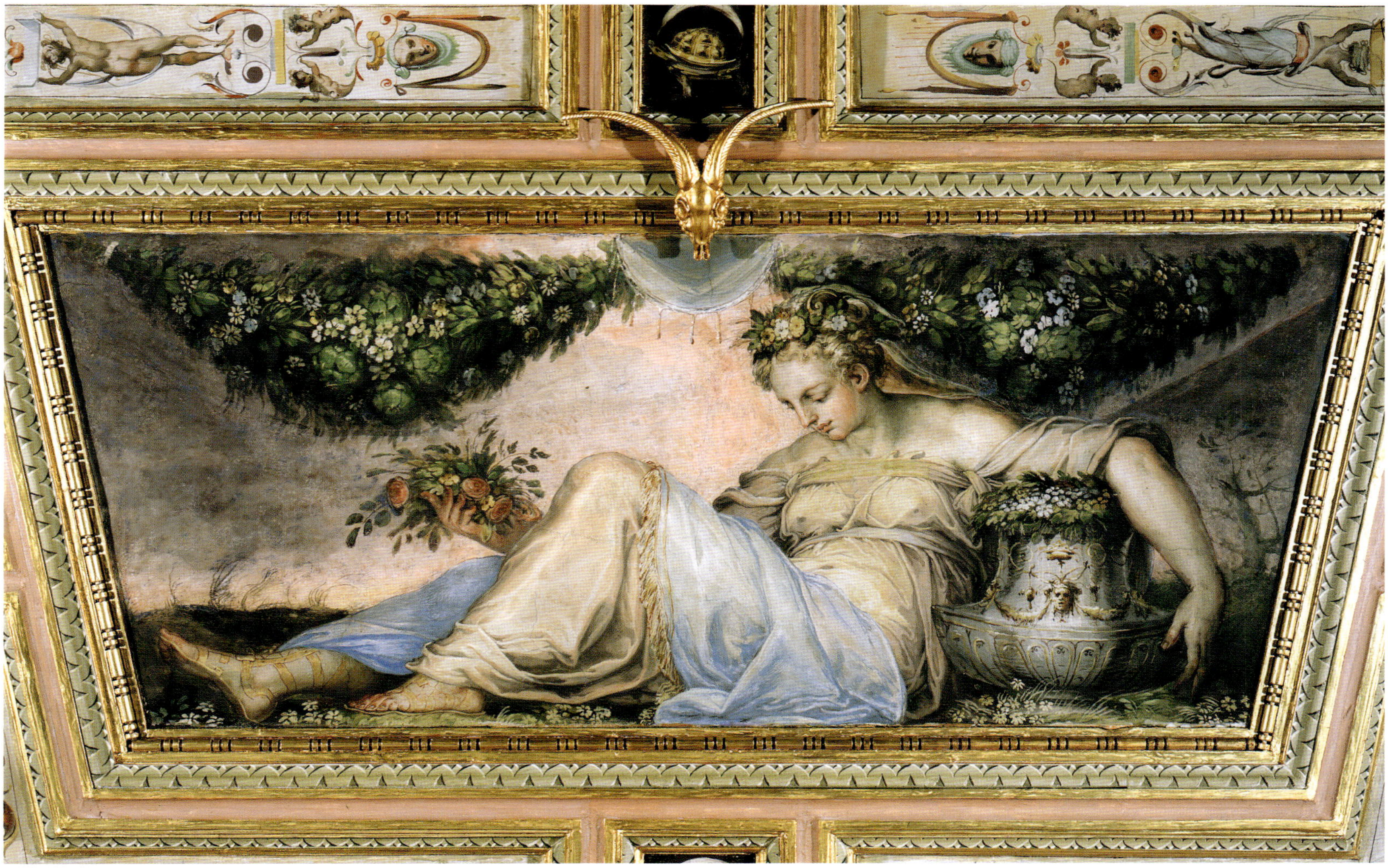

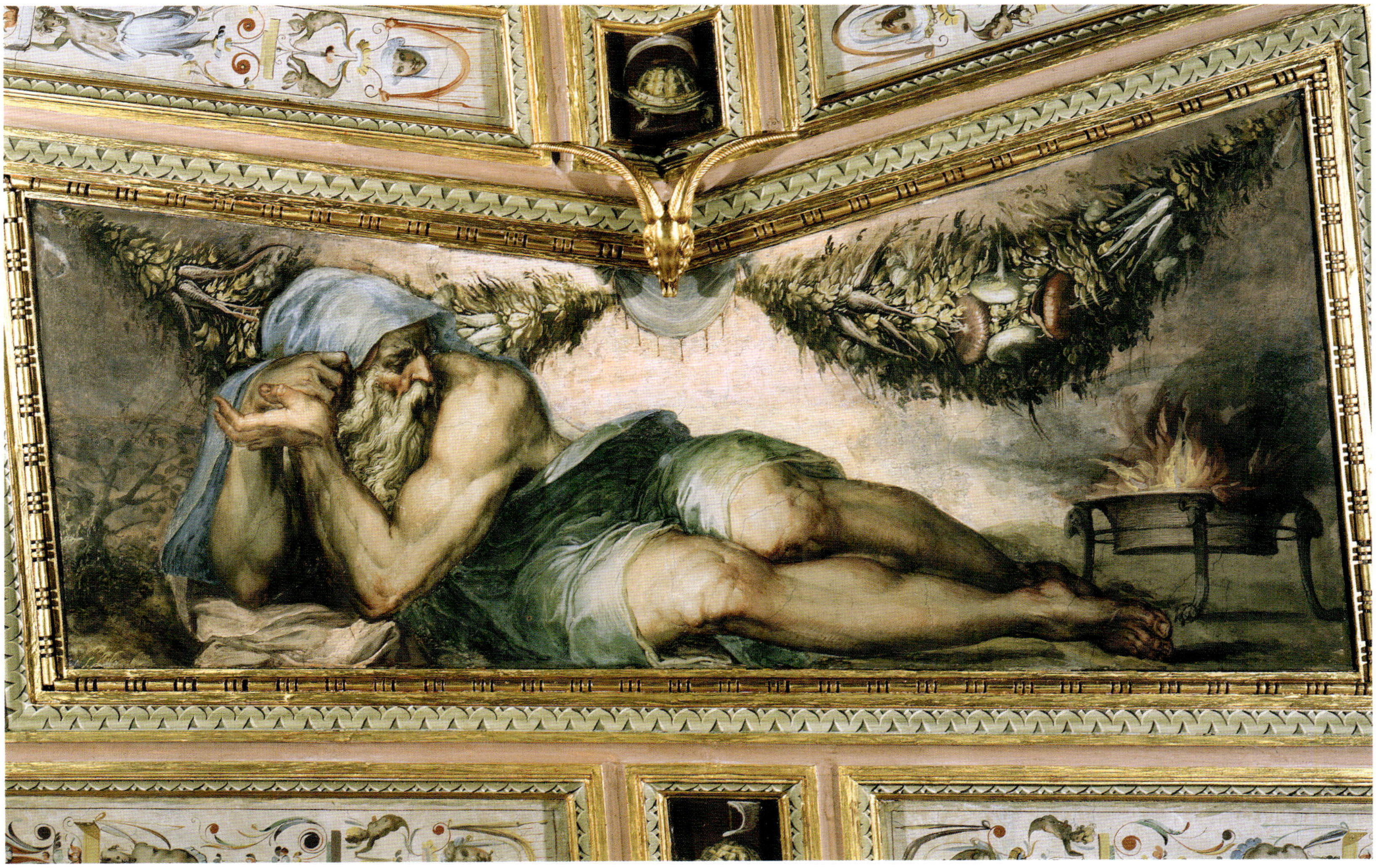

Egnazio Danti viene chiamato a Firenze per eseguire le tavole degli armadi della Sala delle Carte geografiche, la cui architettura intellettuale era, quindi, del tutto definita. Nel 1564 Francesco prende la reggenza e l'anno successivo celebra il suo fastoso matrimonio. Sembra possibile, per una suggestiva consonanza di date, che in questo ambiente e in questo momento sia stata approntata la decorazione dell'atlante destinato al cardinale, il più bello e originale dei due, che costituirà il modello per quello più tardo oggi conservato a San Marino in California[23].

Un altro esemplare ghisolfiano (Oxford, Bodleian Library, ms. Broxb. 84. 4/R. 1598), appartenuto probabilmente a Vincenzio Borghini, è palesemente legato, per la presenza dello stemma inquartato dei due sposi, al matrimonio tra Giovanna d'Austria, nipote di Carlo V, e Francesco de' Medici, figlio di Cosimo, celebrato nel marzo 1565. I festeggiamenti nuziali ebbero luogo a Firenze solo dopo l'arrivo della coppia (16 dicembre 1565) e proprio Don Vincenzio Borghini, priore dello Spedale degli Innocenti, che già aveva ideato il solenne fasto degli apparati per le esequie di Michelangelo appena un anno prima (1564), venne incaricato dell'allestimento. Ancora una volta si avvalse di Giorgio Vasari e dei pittori della sua cerchia, tra cui, oltre il vecchio Bronzino, Michele di Ridolfo del Ghirlandaio, Marco da Faenza, il Macchietti, il Poppi, Maso da San Friano.

Il 21 febbraio 1566, ultimo giovedì di carnevale, sfilava per le strade di Firenze la mascherata della Genealogia degli Dei, lo scenografico corteggio dei carri ispirato alla celebre opera di Giovanni Boccaccio, pubblicata in versione italiana nel 1553, da cui Borghini trasse non solo il titolo ma anche la disposizione e l'ordine del corteo[24]. Forse, però, anche le raccolte riccardiane sono, per qualche verso, connesse all'avvenimento o vicine cronologicamente, almeno per quanto riguarda l'apparato decorativo. Anzitutto il gioco raffinato della dedica è perfettamente consono alla letteratura cortigiana elogiativa nei confronti di Cosimo, come dimostrano tutte le rime che accompagnano le mascherate, dove si gioca sul parallelo Cosmo / Cosimo, riprendendo un'immagine ben codificata nell'ambiente della corte, sia sul piano letterario che iconografico. Inoltre, la presenza dei quattro carri nella carta di apertura – ancora nell'esemplare Martelli – è abbastanza inusitata e contrasta con il fare compendiario della decorazione, stereotipa e comune ad altri atlanti ghisolfiani. Colpisce, infatti, non solo la teatralità della resa dei carri e delle figure ma anche la diversità tra il raffinato utilizzo del monocromo nelle quattro figurazioni e la stesura del colore nelle figurette degli dei e dei segni zodiacali, certamente da ascrivere ad un'altra mano.

In entrambi i casi i costumi delle divinità e anche delle stagioni ricordano quegli abiti all'antica e i calzaretti, di cui parlano le descrizioni delle feste, che notano i dettagli dell'armatura alla maniera greca degli dei, che brandiscono l'asta o pungente. L'invenzione delle divinità sui carri sembra in debito proprio degli apparati, come quelli appunto allestiti a Firenze nel 1565, frutto, comunque, di una cultura avvezza a queste messe in scena[25].

La presenza delle stagioni nella pagina di apertura dell'atlante Ricc. 3615 rientra di diritto non solo nel gusto della corte di Cosimo ma anche nella delicata simbologia legata allo scorrere dell'anno e quindi del tempo, sul quale come Giove, sommo Dio, anche il signore esercita, per qualche verso, il suo dominio.

Anche nel Palazzo la presenza delle Stagioni, addirittura frammentate nei mesi dell'anno, suggerisce la scansione del tempo, il divenire del mondo guidato dall'ordine divino, come la società civile, lo Stato, è mantenuto in armonia e in prosperità dal buon governo del sovrano. Ognuna delle quattro figure regge, infatti, nella mano la cornucopia dell'abbondanza.

L'iconografia delle Stagioni, che rimane costante fino al Rinascimento, dove il tema conosce una vasta e rinnovata fortuna, soprattutto nella decorazione delle dimore della classe agiata, è certamente in debito con l'antichità e si lega al tema gentile delle Ore, secondo la descrizione di Ovidio nell'episodio di Fetonte, rispettato anche nella carta d'apertura dell'atlante: «A destra e a sinistra (del Sole) appariva il Giorno, il Mese, l'Anno, i Secoli, le Ore disposte a uguali intervalli, la Primavera novella, cinta da corona di fiori, l'Estate nuda, recante un serto di spighe, l'Autunno arrossato per l'uve pigiate e l'Inverno ghiacciato, con gli ispidi capelli canuti» (Metamorfosi II, 25-30).

Nella sottile alchimia intellettuale che sostiene la decorazione del Palazzo, il Tempo si collega all'idea del potere; la mitografia fornisce il serbatoio a cui attingere per il repertorio delle immagini, l'antico garantisce la base della cultura su cui innestare l'idea nuova dello stato governato dal sovrano lungimirante, che indirizza il timone lungo le nuove rotte ma con la sicurezza della tradizione.

Cosimo non farà in tempo a vedere completato il suo progetto grandioso; la morte lo coglierà nel 1574, dopo aver realizzato la grande aspirazione di ricevere la corona granducale, che assicurava continuità alla sua dinastia e consegnava lo stato ai Medici, nella pienezza dell'ufficialità.

È, comunque, evidente la consonanza di intenti e di linguaggio espressivo in diversi luoghi e su supporti e con tecniche diversi, a dimostrazione di un programma intellettuale condiviso e ormai codificato dall'impronta unificatrice della volontà del Duca. Non è secondario che si possa pensare proprio all'intervento di un pittore nell'apparato decorativo degli atlanti. I bellissimi volumi di Tolomeo avevano registrato la partecipazione dei miniatori più noti del Quattrocento ma erano nati in un clima unitario, rispondente alle esigenze culturali e politiche. Vasari e la sua cerchia dominano ora la scena e sono loro che certamente intervengono, magari a vari livelli, su questi nuovi libri, che conservano tale pregio e dignità da poter essere ancora considerati un dono importante e prezioso.

Nell'armonia delle sfere

L'unione e la corrispondenza tra terra e cielo, mappamondo terrestre e celeste è assai chiara e usuale, per motivi di ordine religioso e cultural-filosofico. È nota l'importanza attribuita alle corrispondenze planetarie nell'oroscopo personale, all'influenza degli astri sulla vita umana, al centro di una polemica che aveva infiammato le discussioni teologiche e letterarie della fine del Quattrocento ed era diventata terreno di scontro violento soprattutto con la riforma luterana[26]. Nella corte cosimiana più di un fermento ai limiti dell'ortodossia era certamente penetrato e ne danno conto elementi intriganti del linguaggio visivo, oltre alla costruzione intellettuale dell'intero programma iconografico.

Il granduca rimane fedele alla tradizione di famiglia nella elaborazione del modello del principe a cui uniforma la propria immagine, in linea, tuttavia, con il corso dei tempi. Nel ritratto del Vasari nella Sala di Leone X, ad esempio, il signore in armi inalbera sul cimiero i due gemelli, in figura di putti che si abbracciano, mentre, in basso a destra, compare il capricorno, riassumendo così il destino astrologico del sovrano. Infatti Cosimo era nativo dei Gemelli ma soleva firmare col simbolo del Capricorno, il suo ascendente. Era stato il Magnifico ad iniziare questa tradizione. Lorenzo era nato il primo gennaio 1449, e da allora la famiglia Medici si pose sotto la protezione del Capricorno, considerato la costellazione del potere essendo il segno dell'imperatore Augusto e di Carlo V, alla cui politica il Granduca era fortemente legato[27].

Ma l'oroscopo personale non è certamente l'unico legame tra terra e cielo. Alla speculazione intellettuale e alle credenze tradizionali, il Medici unisce sempre la base scientifica, adeguandosi alla modernità nel creare gli strumenti dell'indagine tecnica.

Nella seconda metà del XVI secolo furono costruite a Firenze almeno quattro sfere armillari, alcune commissionate da Cosimo I, sotto la guida dell'architetto e astronomo Antonio Lupicini. Concepiti sulla base di attente osservazioni, questi modelli geocentrici erano formati da cerchi variamente disposti e mobili. Si trattava, però, di meri artifi-

Firenze, Biblioteca Riccardiana, Ricc. 3615, la sfera armillare raffigurata nell'Atlante mediceo si accosta alle sfere realizzate per Cosimo I nello stesso periodo

Firenze, Biblioteca Medicea Laurenziana, Sfera armillare

ci geometrico-matematici con cui calcolare e predire le posizioni sempre mutevoli dei pianeti, indispensabili per l'applicazione dell'astrologia alle decisioni riguardanti lo Stato e i singoli individui[28]. La più antica, di quelle conservate attualmente presso la Biblioteca Laurenziana, presenta un basamento con due fauni attergati, già attribuiti ad Antonio Briosco detto il Riccio; nelle altre tre, eseguite prima del 1574, gli orafi Bernardino e Giovanni di Antonio Cafaggi curarono le incisioni dei segni zodiacali. È suggestivo confrontare questi oggetti con l'apparato decorativo degli atlanti riccardiani dove per consuetudine la sfera armillare, poggiante su un basamento decorato, occupa la prima pagina. Nel Ricc. 3616 due grifoni affrontati la sorreggono, in piena armonia con la segnaletica araldica che richiama ad ogni momento i Martelli, la famiglia committente; nel Ricc. 3615 il sostegno è costituito da due sfingi attergate che sembrano direttamente ispirate alle sfere cosimiane, in particolare alla più antica con i due fauni, notevolmente belli nella plastica torsione del busto e nella flessione delle gambe.

Ancora una volta – e non è solo suggestione – alziamo gli occhi ai soffitti e agli elementi decorativi di Palazzo Vecchio e, tra le tante grottesche, notiamo eleganti stucchi realizzati, sembra, su disegno di Bartolommeo Ammannati. Due creature mostruose dai seni prominenti e le zampe artigliate fanno guardia allo stemma mediceo nella sala dedicata al padre del principe, l'ardimentoso capitano Giovanni dalle Bande Nere, un ambiente che la critica dispone cronologicamente tra il 1556 e il 1559.

Ancora una volta, dunque, il Palazzo rappresenta il contenitore eccellente dei modelli iconografici, specchio di gusto e di cultura e ancora una volta i segni riportano alla dimora di Cosimo e al suo ambiente.

Il mondo della natura come parte del sapere enciclopedico

La ricerca dei manoscritti antichi che riconducessero alle basi della scienza in una sorta di spasmodica fame culturale si estendeva a tutte le branche del sapere. L'interesse degli umanisti era stato ovviamente indirizzato verso lo studio dei classici soprattutto in quelle *summae* enciclopediche come la *Naturalis Historia* di Plinio, di cui Cosimo il Vecchio aveva fatto acquistare a Lubecca un magnifico esemplare della fine del XII secolo (oggi Biblioteca Medicea Laurenziana, Plut. 82.1), poi volgarizzato da Cristoforo Landino, mentre un Plinio «vetustissimo» del X secolo era passato per le mani del Niccoli e di Poliziano (Biblioteca Riccardiana, Ricc. 488). La fortuna della *Historia naturalis* fu enorme nel Quattrocento, attestata anche da varie edizioni a stampa in epoche

Firenze, Biblioteca Medicea Laurenziana, Plut. 82.1. Plinio, *Naturalis Historia*, c. 2v. Il magnifico esemplare della fine del XII secolo fu acquistato a Lubecca per volere di Cosimo il Vecchio, seguendo un diffuso interesse degli umanisti per la grande opera enciclopedica

assai precoci fino dal 1469. È quasi commovente, poi, riflettere sul fatto che uno splendido testo medico in greco, fatto a Costantinopoli nel X secolo (Biblioteca Medicea Laurenziana Plut. 74.7), veniva acquistato a Candia nel 1492 per un Lorenzo de' Medici ormai morente[29].

Testi antichi, come la *Topografia cristiana* di Cosma Indicopleuste (Biblioteca Medicea Laurenziana, Plut. 9.28) risalente all'XI secolo, dove a c. 1r tre cani azzannano un lupo mentre David pascola le greggi del padre, già comprendono l'idea della *summa,* oltre a opere canoniche come le *Etimologie* di Isidoro. Il ricorso più immediato è naturalmente alla "letteratura" specializzata, come appunto i bestiari. Esemplari come l'*Acerba* (Biblioteca Medicea Laurenziana, Plut. 40.52) della fine del Trecento, prodotto sicuramente nell'Italia settentrionale, e il Ciriaco d'Ancona (Biblioteca Medicea Laurenziana, Ashb. 1174) appartenuto ai Pandolfini, realizzato alla fine del Quattrocento, che aveva suscitato la curiosità degli umanisti per quei disegni dell'elefante e della giraffa visti come insolite singolarità, dimostrano l'interesse naturalistico, circolato non solo attraverso i bestiari medievali, ma anche testi di edificazione morale come il *Fior di virtù* o le stesse *Favole* di Esopo, una delle opere più note e amate anche nel Quattrocento.

Lo stesso vale per gli erbari, che ancora costituiscono una branca importantissima del sapere enciclopedico medievale, dove la pianta è raffigurata solo sommariamente dal punto di vista botanico e invece ampiamente valutata per le sue virtù mediche e spirituali. Dopo i grandi codici come il Dioscoride di Vienna (Österreichische Nationalbibliothek, Med. gr. 1) del 512 e altri pochi esemplari antichi rimasti quali il *De materia medica* del IX secolo (Biblioteca Medicea Laurenziana, Plut. 73.41), la rinnovata sensibilità umanistica si fa sentire anche in questo versante, in una diversa attenzione alle specie e alla loro morfologia. Le piante mantengono spesso forme antropomorfe o zoomorfe in allusione al loro utilizzo, ma il rapporto con la natura è ormai profondamente mutato riflettendosi di necessità anche sull'approccio alla botanica.

Dopo il primo ricettario stampato a Firenze il 21 gennaio 1498 per la Compagnia del Drago, in cui l'unico elemento decorativo è la vignetta della Madonna con il Bambino, protettrice dell'Arte dei Medici e Speziali, la sontuosa edizione dei Giunti del 1567 si pone in sintonia perfetta con la politica di Cosimo, tendente alla sistemazione anche giuridica delle arti e della sanità pubblica. Il bellissimo frontespizio, chiaramente in debito con il gusto vasariano, unisce ai fastigi architettonici le figure dei due santi Cosma e Damiano, protettori della famiglia Medici oltre che dell'Arte, il dovuto omaggio alla Vergine, in

Firenze, Biblioteca Medicea Laurenziana, Plut. 74. 7. Trattati medici, c.202v. Il sontuoso codice, prodotto a Costantinopoli nel X secolo, fu acquistato a Candia per Lorenzo, quando stava per morire a segno di una precisa volontà del Magnifico di procurarsi tutto quanto poteva testimoniare la scienza antica

SVB TVVM PRAESIDIVM

RICET
TA
RIO
FIOREN
TINO
DI NVOVO ILLVSTRATO

M.D.

LXVII

Ricettario fiorentino, frontespizio. Il frontespizio per la nuova edizione del 1567 che segue quella disadorna del 1499, è chiaramente in debito con il gusto vasariano, ed unisce ai fastigi architettonici le figure dei due santi Cosma e Damiano, protettori della famiglia Medici; i putti speziali e alchimisti alludono alle fasi operative, in linea con la mentalità pragmatica del duca Cosimo

ossequio alla tradizione, e la gloria medicea dello stemma, tra l'affaccendarsi dei putti speziali e alchimisti, che alludono alle fasi operative, in linea con la mentalità pragmatica del duca di unire la teoresi alla prassi. Gli elaborati frontespizi coniati nella stamperia granducale riportano, ancora una volta, la firma più o meno evidente dell'*alter ego* del signore, colui che deve rendere visibile il suo pensiero.

E ancora nel gusto della corte e magari ad opera di un pittore al servizio dello stesso Cosimo, già incoronato granduca, rientra la bellissima coperta di un libretto a stampa, che si presta un'altra volta a rivestire il ruolo di raffinato dono per un'occasione speciale. Il piccolo volume in ottavo contenente la *Florum et coronariarum odoratarumque nonnullarum herbarum Historia* di Dodoens, edita ad Anversa per i tipi di Plantin nel 1569, è infatti rivestito di una preziosa legatura, che lo connota come esemplare di dedica e di circostanza. Il vaso di lapislazzuli richiama subito alla mente gli splendidi manufatti medicei mentre la morfologia degli eroti ben si inquadra nella produzione dei decoratori dell'epoca. Ancora una volta siamo in presenza di un intervento di pittori su un volume e ancora una volta a scopo encomiastico celebrativo, quasi il dispiegarsi di cifre ornamentali che si coniano nell'ambiente di corte e ne improntano tutte le tipologie di oggetti[29].

L'azione di Cosimo si muoveva sempre all'unisono sul doppio fronte del pensare e dell'agire. Al panorama culturale fa sempre riscontro l'economia, la difesa e il potenziamento delle fonti produttive, la creazione di manifatture, la ricerca di risorse oltre che di territori.

Esemplare fu il comportamento del duca nei confronti delle scienze naturali. Nella prima metà del Cinquecento videro la luce, in Europa, una serie di opere che, aggiornando la tradizione medievale, gettavano le basi per uno studio già moderno. Marcello Adriani, Segretario della Repubblica Fiorentina, aveva tradotto il trattato *Della Materia medica* di Dioscoride, oggetto di un famosissimo studio da parte del medico senese Pier Andrea Mattioli. Enorme fortuna ebbe poi il *De historia stirpium* del tedesco Leonhart Fuchs, a cui nel 1540 Cosimo I offrì la cattedra di "Medicamenti semplici" da poco istituita nello Studio pisano, affidata, dopo il suo rifiuto, al medico imolese Luca Ghini. A lui fu assegnato anche il compito di realizzare a Pisa, nel 1544, un Giardino dei Semplici, così detto perché in origine destinato alla coltivazione delle piante medicinali, per soddisfare le esigenze didattiche e di ricerca dell'Università, il più antico orto botanico abbinato ad una struttura universitaria in Europa. Subito dopo, nel 1545, Cosimo I ne fondò un altro a Firenze, in un terreno acquistato dalle suore domenicane, disegnato da Niccolò detto "il Tribolo", che aveva già realizzato altri parchi privati come quello della Villa medicea di Castello, conferendo subito all'Orto grande prestigio.

Ancora una volta Cosimo aveva dimostrato la sua lungimiranza e la sua capacità di realizzazione dei suoi progetti.

Il cielo stellato sopra di noi

Come le carte sono parte integrante di un volume di geografia, così i segni zodiacali e i simboli delle costellazioni costituiscono il corredo obbligatoriamente connesso al libro astrologico. L'equazione appare di particolare interesse se applicata alla stanza delle meraviglie di Cosimo, che ancora di più si conferma come un sistema unitario poggiante su basi univoche.

Firenze, Biblioteca Riccardiana, Stamp.15669, coperta, Robert Dodoens, *Florum et coronariarum odoratarumque nonnullarum herbarum Historia*, Anversa, Plantin, 1569. Il vaso di lapislazzuli della elegante legatura, che richiama gli splendidi manufatti medicei, e la morfologia degli eroti suggeriscono ancora una volta l'intervento di un pittore della corte

La tradizione del computo del tempo attraverso calendari astrologici non era sconosciuta nella Firenze del Medioevo e almeno due esempi eccezionali erano ogni giorno sotto gli occhi dei fiorentini: le tarsie pavimentali, bellissime e notissime, di San Miniato al Monte e del Battistero, entrambi degli inizi del XIII secolo. Sono, tuttavia, abbastanza rari i cieli dipinti quattrocenteschi, ma significativi: forse doveva esserne dotata, nelle intenzioni dei Camaldolesi, la cupola degli Angeli, a cui il Brunelleschi aveva messo mano nel 1434, certamente vollero questa straordinaria decorazione nelle chiese personali due famiglie concorrenti e rivali. Ne risplendono la cupolina della Sagrestia Vecchia di San Lorenzo, con l'impressionante emisfero boreale rappresentato alla latitudine di Firenze il 4 luglio 1442, e la poco più tarda scarsella della Cappella dei Pazzi con la replica della medesima configurazione astrale[30]. Le eleganti figure delle costellazioni, che si muovono sciolte nell'azzurro notturno, si collegano suggestivamente come schema grafico oltre che iconografico, ad un manoscritto prodotto proprio per il Convento

Firenze, San Miniato al Monte, pavimento. Le tarsie marmoree testimoniano il legame tra le congiunzioni astrali e il destino dell'uomo

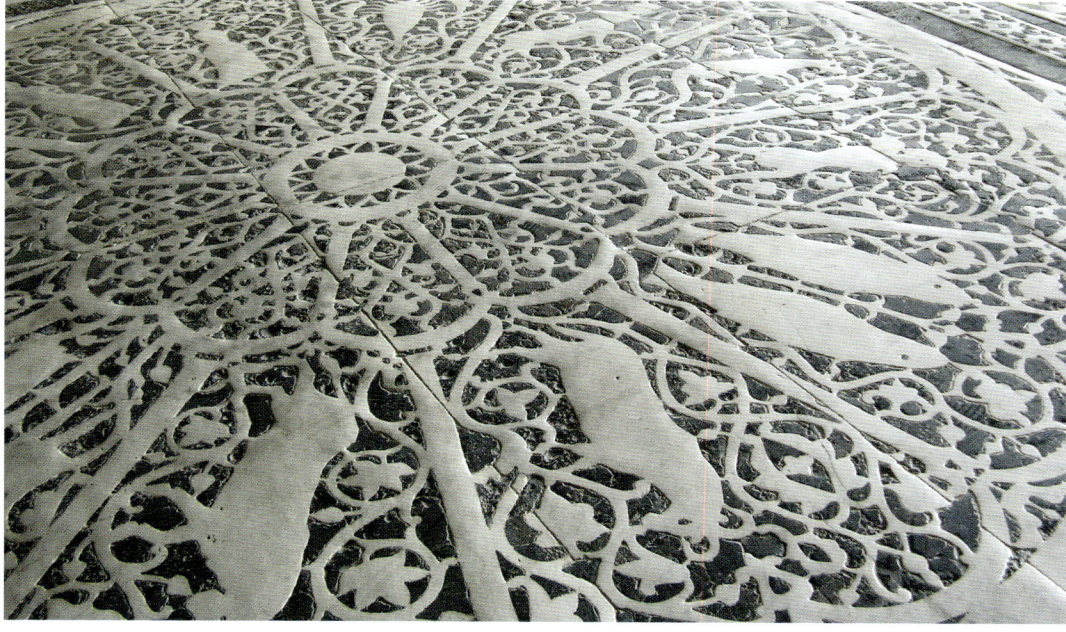

Firenze, chiesa di San Lorenzo, cupolina della Sagrestia Vecchia. Le eleganti figure delle costellazioni riproducono il cielo che si presentava ai fiorentini la notte del 4 luglio 1442

camaldolese di Santa Maria degli Angeli (Firenze, Biblioteca Nazionale Centrale, Conv. Soppr. A. 6. 1147), dove i disegni privi di testo si configurano come un vero prontuario, un album di modelli che raccoglie le figure delle costellazioni extrazodiacali tramandate dalla tradizione di Igino.

Il libro diventa, dunque, anche in questo caso un apparato indispensabile per la conoscenza di forme e figure, nonché elemento prezioso e di facile consultazione e divulgazione, stante l'agevole formato. Il libro "scientifico", che comprende la categoria dell'astrologia, ma anche della geografia, dell'abaco, dell'architettura e della trattatistica in tutte le sue accezioni, si avvale di necessità di un corredo illustrativo assai cospicuo ma anche assai codificato.

Raffigurazioni di pianeti e costellazioni erano circolate, comunque, nell'ambiente umanistico fiorentino, come dimostra il bellissimo manoscritto della metà del Trecento appartenuto a Coluccio Salutati e da lui fittamente postillato, il cui ricco e raffinato apparato figurativo a monocromo rientra nel gusto della cultura fiorentina di quel momento (Biblioteca Apostolica Vaticana Vat. Lat. 3110), mentre un Arato (Biblioteca Medicea Laurenziana, Plut. 28.37), appartenuto a Paolo dal Pozzo Toscanelli, fu acquistato dal Poliziano presso i suoi eredi[31]. Proprio l'attenzione ad un gruppo di codici prevalentemente medicei, miniati negli anni Settanta del Quattrocento, può costituire una postilla interessante: le opere di Arato, Igino o la *Sfera* di Goro Dati esigono il conio di un linguaggio illustrativo specificamente astrologico, che approfondisce il lessico di routine sterzando l'attenzione verso particolari momenti legati all'oroscopo personale, come del resto aveva già suggerito l'indicazione cronologica precisa del cielo affrescato[32].

L'audace allestimento voluto da Lorenzo per il carnevale del 1490, quando sceglie come argomento il trionfo dei pianeti, testimonia non solo l'interesse diffuso per questo tema, ma anche l'avvenuta fusione tra cultura e politica. Il soggetto, davvero inusitato, viene trattato da Baccio Baldini nelle rappresentazioni sui carri carnascialeschi e dal Magnifico medesimo nelle canzoni espressamente dedicate all'occasione, in asse con le dottrine ficiniane, alla cui pericolosità volle assicurare il consenso popolare nel timore della condanna della Chiesa. La *Canzone dei sette pianeti*, che affronta temi morali, suscitò un notevole scalpore tra la gente e si guadagnò il consenso in ambito neoplatonico, come dimostra l'elegia di Naldo Naldi, che esalta il Medici quale raffinato interprete "astrologico": «Primis hic in terras altum deduxit Olympum Primis hic in oculis astra vivenda dedit»[33].

Mentre una ancora più enigmatica ed esoterica interpretazione si dispiega nel fregio policromo di Poggio a Caiano, la rappresentazione voluta da Cosimo nel Palazzo di piazza è ormai scopertamente politica, ma probabilmente questi sono i precedenti ben noti a cui il nuovo signore si andava ispirando. Cosimo stava elaborando un programma di sistema culturale che lo vedeva porsi proprio sulla linea storica della famiglia; lui, figlio di un audace condottiero, diventava figlio spirituale dell'avo più carismatico, Lorenzo, di cui si dichiarava erede diretto. Per questa operazione la grande biblioteca di famiglia offriva una messe ricchissima di fonti e documenti in ogni campo dello scibile.

Tutto il mondo culturale di Cosimo si compendia nelle costruzione della sala delle carte e nell'itinerario decorativo del Palazzo ove trovano dimora gli elementi, lo Zodiaco, le divinità del cielo e della terra, la natura e il soprannaturale, il divino e l'umano, le opere e i giorni[34].

Questa summa intellettuale di natura e storia, di uomini e dei è proprio la sintesi del pensiero del duca. I pittori della sua corte ancora una volta hanno interpretato e reso visibile il parlare e l'intendere.

[1] *Rappresentare e misurare il mondo. Da Vespucci alla modernità*, a cura di Andrea Cantile, Giovanna Lazzi, Leonardo Rombai. Firenze: Polistampa, 2004, p. 11.

[2] MAURO BINI, *Dalla cosmografia classica alla cartografia del Quattrocento* in *Alla scoperta del mondo: l'arte della cartografia da Tolomeo a Mercatore*. Modena: Il Bulino, 2001, pp. 11-64, in part. p. 15.

[3] MONIQUE PELLETIER, *Carte e potere* in *Segni e sogni della terra. Il disegno del mondo dal mito di Atlante alla geografia delle reti*. Novara: De Agostini, 2001, pp. 80-129, in part. pp. 90-93.

[4] PETER BARBER, *Mito, religione e conoscenza: la mappa del mondo medievale* in *Segni e sogni della terra. Il disegno del mondo dal mito di Atlante alla geografia delle reti*. Novara: De Agostini, 2001, pp. 48-79, in part. pp. 56-57.

[5] *Vedere i classici. L'illustrazione libraria dei testi antichi dall'età romana al tardo Medioevo*, a cura di Marco Buonocore. Roma: Palombi, 1996.

[6] MAURO BINI, *op. cit.*, pp. 19-20, 40-41.

[7] PAOLO VITI, *Le Vite degli Strozzi di Vespasiano da Bisticci. Introduzione e testo critico*, «Atti e Memorie dell'Accademia Toscana di Scienze e Lettere "La Colombaria"», XLIX (1984), pp. 75-177, in part. p. 138.

[8] ILARIA LUZZANA CARACI, *Amerigo Vespucci*. Roma: Istituto Poligrafico e Zecca dello Stato, 1996-1999.

[9] *Seneca: una vicenda testuale*, a cura di Teresa De Robertis e Gianvito Resta. Firenze: Mandragora, 2004.

[10] L'inventario di Lorenzo il Magnifico (ASF, Mediceo avanti il Principato, f. 165) è per molta parte pubblicato in EUGENE MUNTZ, *Les Collections de Medicis au XV siècle*. Paris: Librairie de l'art, 1888 e L'inventario di Alessandro (ASF Guardaroba Medicea, f. 2) è pubblicato in GIOVANNA LAZZI, GIOVANNA BIGALLI LULLA, *Alessandro de' Medici e il Palazzo di Via Larga. L'inventario del 1531*, in *Studi su Lorenzo dei Medici e il secolo XV*, a cura di Paolo Viti «Archivio Storico Italiano» (CL) 1992, n. 552, pp. 1201-1233. Per gli altri inventari medicei quattrocenteschi cfr. anche JOHN SHEARMAN, *The Collections of the younger Branch of the Medici* «The Burlington Magazine» X, 117, n. 862, 1975, pp. 12-27.

[11] Ad esempio Plinio (Firenze, Biblioteca Riccardiana, Ricc. 488), Pomponio Mela (Firenze, Biblioteca Medicea Laurenziana, San Marco 341), Tolomeo (la testimonianza è contenuta nel ms. Biblioteca Medicea Laurenziana, Plut. 47.19 in cui si afferma che Cosimo de' Medici, Carlo Marsuppini e il Niccoli studiavano insieme un Tolomeo nella biblioteca di Niccolò Niccoli medesimo; cfr. *Firenze e la scoperta dell'America. Umanesimo e geografia nel '400 fiorentino*. Catalogo a cura di Sebastiano Gentile. Firenze: Olschki, 1992).

[12] Cfr. almeno EUGENIO GARIN, *Umanisti artisti scienziati. Studi sul Rinascimento italiano*. Roma: Editori Riuniti, 1989 e Sebastiano Gentile, in *Firenze e la scoperta dell'A-*

merica. Umanesimo e geografia nel '400 fiorentino. Firenze: Olschki, 1992.

[13] *Firenze e la scoperta dell'America,* cit., scheda 111, pp. 229-234.
Nel Tolomeo di Federico (Biblioteca Apostolica Vaticana, Urb. Lat. 273) è stata riconosciuta la mano del Maestro del Senofonte Hamilton. Cfr. ANNA ROSA GARZELLI, *Miniatura fiorentina del Rinascimento. 1440-1525. Un primo censimento.* Firenze: Giunta Regionale Toscana, La Nuova Italia, 1985, vol. II, fig. 491.

[14] *Miniatura fiorentina del Rinascimento,* cit., vol. I, pp. 176-178.

[15] *Miniatura fiorentina del Rinascimento,* cit.

[16] LEONARDO BRUNI, *Laudatio florentinae urbis,* a cura di Stefano U. Baldassarri. Firenze: Sismel-Edizioni del Galluzzo, 2000. Su Leonardo Bruni cfr. almeno CESARE VASOLI, *Leonardo Bruni,* in *Dizionario biografico degli italiani,* XIV. Roma: Istituto dell'Enciclopedia italiana, 1972, pp. 618-633; *Leonardo Bruni cancelliere della repubblica di Firenze,* Convegno di studi (Firenze, 27-29 ottobre 1987), a cura di Paolo Viti. Firenze: Olschki, 1990; PAOLO VITI, *Leonardo Bruni e Firenze. Studi sulle lettere pubbliche e private.* Roma: Bulzoni, 1992; RONALD G. WITT, *Sulle tracce degli antichi. Padova, Firenze e le origini dell'umanesimo.* Roma: Donzelli, 2005 (ed. orig. Leiden, 2000), pp. 401-453.

[17] *La stella e la porpora. Il corteo di Benozzo e l'enigma del Virgilio riccardiano,* Convegno di studi, Firenze, 17 maggio, 2007, atti in corso di stampa.

[18] ANTON FRANCESCO CIRNI, *La reale entrata dell'Ecc.mo Signor Duca e Duchessa di Fiorenza in Siena con la significatione delle latine iscrittioni e con alcuni sonetti.* Roma: 1560; cfr. anche ANGELO CATTANEO, *La Cosmografia di Cosimo* in *I Medici e le scienze. Strumenti e macchine nelle collezioni granducali,* a cura di Filippo Camerota e Mara Miniati. Firenze: Giunti, 2008, pp. 147-151, in part. p. 149.

[19] Cfr. ALESSANDRO CECCHI, *Pratica, fierezza e terribilità nelle grottesche di Marco da Faenza in Palazzo Vecchio a Firenze.* «Paragone. Arte», 327 (1977),

pp. 24-54; 329, 1977, pp. 6-26.

[20] Per i due atlanti cfr. *Carte di mare,* a cura di Giovanna Lazzi (facsimile dei manoscritti Ricc. 3615 e Ricc. 3616 della Biblioteca Riccardiana di Firenze). Roma: Istituto Poligrafico e Zecca dello Stato, in corso di stampa.

[21] Cfr. anche il disegno, oggi agli Uffizi, per il più tardo soffitto della Sala di Saturno (1560-1566), con le piccole figure alate delle Ore, schizzate dallo Stradano, che riprendono la gestualità e le movenze delle stagioni dell'atlante a segno di un gusto ormai consolidato.

[22] ETTORE ALLEGRI, ALESSANDRO CECCHI, *Palazzo Vecchio e i Medici.* Firenze: Spes, 1980, pp. 203 e sgg.

[23] Si tratta dall'atlante segnato HM 28 conservato nella Huntington Library di San Marino (California, Usa), da considerare come copia del Ricc. 3615, in quanto di sicuro cronologicamente più tardo per ragioni geografiche; l'apparato illustrativo è iconograficamente identico al manoscritto riccardiano, anche se di qualità meno alta.

[24] Cfr. JEAN SEZNEC, *La Mascarade des dieux à Florence en 1565,* «Mélanges d'Archéologie et d'Histoire», (1935), pp. 224-243 e *Mostra di disegni vasariani. Carri trionfali e costumi per la genealogia degli dei (1565),* a cura di Anna Maria Petrioli Tofani. Firenze: Olschki, 1966.
Nella descrizione della Mascherata (cfr. BACCIO BALDINI, *Discorso sopra la Mascherata delle Genealogia degli Iddei de' gentili mandata fuori dall'Ill.mo et Ecc.mo s: Duca di Firenze e Siena il giorno 21 di febbraio MDLXV.* In Firenze: appresso i Giunti, 1565) Galatea chiude il 14 carro, di Oceano e Teti, che segue quello di Nettuno ed è così descritta (p. 100) «Ultimamente venne Galatea figliuola di Nereo dio marino e di Doride Nimpha figliuola dell'Oceano sì come dice Hesiodo nel luogo di sopra detto [Teogonia] la quale l'authore finse una bellissima nimpha ignuda, bianca e tutta piena di schiuma di mare, percioche cosi la descrive questo poeta nel luogo di sopra detto». Il carro di Cibele è il 17 (p. 112) «Dopo al Carro di Plutone venne Cybele Dea della terra, la quale il ritrovator della ma-

scherata finse una matrona con una aconciatura in capo che vi era su una corona di torri, percioche Virgilio nel sexto libro dell'Eneide scrive: "Foelix prole virum qualis berecynthia mater / Invehitur curru Phrygias turrita perurbeis"». Il carro di Giunone è il 12 (p. 78): «Venne dopo il carro di Vulcano quel di Giunone Dea dell'Aria sorella e moglie di Giove e per conseguente regina di tutti gli altr'Iddei». (Cfr. *Le dieci mascherate delle Bufale mandate in Firenze il giorno di Carnovale l'anno 1565 con la descrizione di tutta la pompa delle Maschere e loro invenzioni.* In Fiorenza: appresso i Giunti, 1566). È evidente la parentela con i disegni dell'atlante di medesimo soggetto.

[25] Cfr. *Feste e apparati medicei da Cosimo I a Cosimo II,* a cura di Giovanna Gaeta Bertelà, Anna Maria Petrioli Tofani. Firenze: Olschki, 1969.
Apparati effimeri furono allestiti già in occasione delle nozze di Cosimo e Eleonora nel 1539. Gli apparati del 1565 sono testimoniati dai volumi del Gabinetto Disegni e Stampe degli Uffizi, intitolati *Carri trionfali delle divinità e figure allegoriche addette ai medesimi disegnati da Giorgio Vasari e da suoi discepoli sotto la direzione di monsignore Vincenzo Borghini...,* e dalle raccolte conservate presso la Biblioteca Nazionale di Firenze ove un gruppo di 152 fogli (II. I. 142) replica la serie dei costumi e due soli carri mentre un volume intitolato *Disegni di vestiture per vari oggetti* (C.B. III. 53) contiene 148 fogli con i bozzetti da affidare ai sarti e agli artigiani.

[26] Sul tema dell'astrologia nel Rinascimento sono ancora fondamentali: ANDRÉ-JEAN FESTUGIÈRE, *La révélation d'Hermès Trismégiste, I: L'astrologie et les sciences occultes.* Paris: Lecoffre, 1950; EUGENIO GARIN, *Magìa e Astrologia nella cultura del Rinascimento* in ID. *Medioevo e Rinascimento.* Bari: Laterza, 1954; ERNST CASSIRER, *Individuo e cosmo nella filosofia del Rinascimento,* trad. it. Firenze: La Nuova Italia, 1974-1977 (originale tedesco, Lipsia Teubner, 1927); PAOLO ZAMBELLI, *Astrologia, magia e alchimia nel Rinascimento Fiorentino e europeo,* in *Fi-*

renze e la Toscana dei Medici nell'Europa del Cinquecento: La corte, il mare, i mercanti, la rinascita della scienza, editoria e società, astrologia, magia e alchimia. Firenze: Centro Di, 1980; EUGENIO GARIN, *La Cultura Filosofica del Rinascimento Italiano. Ricerche e Documenti.* Firenze: Sansoni, 1992; FRANCES AMELIA YATES, *Giordano Bruno e la tradizione ermetica.* Bari: Laterza, 1998.

[27] Il segno del capricorno non è propriamente il segno zodiacale né di Carlo V né di Augusto ma per caso del destino è il segno in cui entrambi hanno preso il potere, quindi viene considerato una specie di protettore astrale per i capi di stato.

[28] *Teoriche dei pianeti e teorie dell'universo,* a cura di Mara Miniati. Firenze: Istituto e Museo di Storia della Scienza, 2000; *Catalogue of Orbs, Spheres and Globes,* a cura di Elly Dekker. Firenze: Giunti, 2004.

[29] *Alambicchi di parole: il Ricettario fiorentino e dintorni,* a cura di Giovanna Lazzi, Mino Gabriele. Firenze: Polistampa, 1999.

[30] FRANCO BORSI, *Firenze del Cinquecento.* Roma: Editalia, 1974; ALESSANDRO PARRONCHI, *Il cielo notturno della Sacrestia Vecchia di San Lorenzo.* Firenze: Biblioteca Mediceo Laurenziana, 1979; ISABELLA LAPI BALLERINI, *Il "cielo" di San Lorenzo* in *La linea del sole. Le grandi meridiane fiorentine,* a cura di Filippo Camerota. Firenze: Edizioni della Meridiana, 2007, pp. 29-39 (con bibl. prec.). Nell'album manoscritto le didascalie sono aggiunta posteriore, ma l'apparato iconografico è di grande interesse proprio per la sua struttura di facile consultazione.

[31] SEBASTIANO GENTILE, in *Firenze e la scoperta dell'America,* cit., scheda 69, p. 142.

[32] *Miniatura fiorentina del Rinascimento...,* cit., vol. I, pp. 93-94.

[33] *Per bellezza, per studio per piacere. Lorenzo il Magnifico e gli spazi dell'arte,* a cura di Franco Borsi. Firenze: Giunti, 1991, pp. 161-192, in part. pp. 165 e sgg.

[34] Cfr. GIOVANNA LAZZI, *Nel segno del Capricorno: Dal Tolomeo di Lorenzo al Cosmo di Cosimo* in *I Medici e le Scienze,* cit., pp. 91-95.

Francesco Salviati, *Trionfo di Marco Furio Camillo* 1543-1545. Firenze, Palazzo Vecchio, Sala dell'Udienza. L'affresco rappresenta il trionfo del nobile romano, allora Dittatore, dopo la presa della città etrusca di Veio, caduta nel 396 a.C. a seguito di un assedio durato dieci anni. La scelta di celebrare le sue gesta sulle pareti della sala ove Cosimo concedeva udienza, si spiega col fatto che da sempre i Medici associavano i loro esili e ritorni a Firenze a quelli del patrizio romano, acclamato come secondo fondatore di Roma e, per questo, insignito del titolo di *Pater Patriae* come *post mortem* Cosimo il Vecchio dalla Repubblica fiorentina. Attraverso Furio Camillo si celebrava il giovane Cosimo de' Medici, uomo della provvidenza chiamato in soccorso della patria nel 1537, dopo l'assassinio del duca Alessandro de' Medici

"Exempla Virtutis". Cicli di uomini e donne illustri in Palazzo Vecchio dall'"Aula minor" trecentesca alla Sala delle Carte geografiche

ALESSANDRO CECCHI

Il 15 maggio del 1540, «vilia dello Spirito Santo», come annota il cronista Landucci[1], Cosimo de' Medici, quasi ventunenne e da poco più di tre anni duca di Firenze, prendeva stabile dimora, con la consorte Eleonora di Toledo, la figlia naturale Bia e il suo ancor ristretto seguito, nel turrito palazzo medievale che era stato, dalla sua fondazione nel 1299, al 1532, sede delle Signorie succedutesi al servizio dello Stato fiorentino.

La sua decisione di lasciare il palazzo di Via Larga, l'attuale Palazzo Medici Riccardi[2], traeva fondamento sì da motivazioni di opportunità e di sicurezza, vitale per un regime come il suo, agli esordi e sotto costante minaccia ma, anche, come rileva lo storiografo Adriani, da una precisa scelta politica «volendo mostrare che era principe assoluto, et arbitro del Governo, e torre l'animo a coloro che presumessero, come altre volte era avvenuto, che fusse diviso il governo della Città da quello della famiglia de' Medici»[3].

All'inizio i disagi non dovettero certo mancare in un palazzo che manteneva ancora in molte parti la sua *facies* medievale e quattrocentesca ed era concepito per offrire un soggiorno temporaneo agli otto Priori e al Gonfaloniere di Giustizia che si alternavano in carica ogni due mesi, ad eccezione del quartiere abitato fino al 1512 dal Gonfaloniere perpetuo Pier Soderini, e degli uffici delle diverse magistrature che vi avevano sede[4]. Cosimo si adoperò anzitutto per far sistemare dal legnaiuolo e architetto di fiducia Battista di Marco del Tasso l'appartamento dei Priori, all'ultimo piano, sul cortile di Michelozzo, così da ospitare convenientemente, o il più comodamente possibile, la consorte Eleonora, figlia del Viceré di Napoli, con le sue dame e i suoi servitori spagnoli, abituati agli agi partenopei. Per se il duca riservò le stanze abitate dal Soderini, al primo piano e, per quanto glielo consentivano le preoccupazioni dovute ai suoi nemici, sconfitti sì a Montemurlo nella notte fra il 31 luglio e il 1° agosto del 1537 ma lontani dall'essere debellati, si dedicò, affidandosi al prelato pratese Pier Francesco Riccio, suo fidato maggiordomo maggiore e già suo precettore, a costruirsi un'immagine pubblica che fornisse una legittimazione al proprio potere. E il Riccio, come si è dimostrato[5], poteva godere di una fiducia tale da vedersi affidare una mole di compiti di grande responsabilità che, dopo il suo abbandono della corte, sarebbe stata divisa fra un nutrito stuolo di funzionari. Era inoltre colui che faceva da filtro ai postulanti e decideva chi poteva essere ammesso a corte e presentato al sovrano, fosse un artista, un letterato o un cittadino qualunque. Il suo favore, come ben sapevano i pochi *protégés* della sua "setta" di artisti e come avrebbe sperimentato a sue spese il Vasari, inviso al potente maggiordomo, era determinante per l'ottenimento della protezione di Cosimo, che, negli anni Quaranta del Cinquecento, se ne dovette avvalere anche per l'elaborazione dei programmi iconografici e celebrativi che lo riguardavano. A lui, di certo, a detta di Paolo Giovio, il giovane duca dovette quella che probabilmente fu la sua prima "impresa", ben presto abbandonata perché non ve n'è traccia nella decorazione della residenza ducale. È desunta dall'episodio del ramo d'oro nel VI libro dell'Eneide e costituita da un tronco da cui, appena svelto un ramo, ne nasce un altro, col motto «Uno avulso, non deficit alter», «… volendo intender che, se bene era stata tolta la vita al Duca Alessandro, non mancava un altro ramo d'oro nella medesima stirpe»[6]. Come un novello Gani-

Baccio Bandinelli, *Busto di Cosimo I de' Medici,* 1539-1540 circa. Firenze, Museo Nazionale del Bargello.
Il busto è una delle prime immagini ufficiali del giovane sovrano dopo la sua ascesa al potere nel 1537 e le nozze con Eleonora di Toledo, figlia del viceré spagnolo di Napoli, avvenute due anni dopo. Cosimo, presumibilmente appena poco più che ventenne, si è fatto ritrarre armato "all'antica" come uno di quegli imperatori romani da lui tanto ammirati attraverso la lettura delle fonti antiche

mede, prescelto da Giove e da questi, in forma di aquila, portato in cielo, il duca, volendo alludere al favore imperiale attestato dal riconoscimento del suo titolo, si sarebbe fatto rappresentare dal veneziano Battista Franco, al suo servizio dal 1536 al 1541, nella *Rotta di Montemurlo* della Galleria Palatina, piena di citazioni antiquarie e michelangiolesche e dipinta all'indomani del decisivo evento guerresco. In questi primi, precari, anni, un algido busto marmoreo scolpito da Baccio Bandinelli ad imitazione dei ritratti imperiali romani e oggi al Bargello ci consegna l'effigie del giovane sovrano con un accenno di barba, su un petto loricato, fregiato di una testa di capricorno, allusiva alla sua impresa, adottata secondo il Giovio entro il 1539. Il capricorno viene definito dal Vasari, nei suoi *Ragionamenti*, «segno appropriato dagli astrologi alla grandezza de' principi illustri, ed ascendente loro; come fu di Augusto, così è ancora del duca Cosimo nostro, con le medesime sette stelle…»[7]. Era infatti il segno zodiacale sotto cui Cesare Ottaviano era stato eletto *Augustus* il 16 gennaio del 27 a.C., Lorenzo il Magnifico era nato, il 1° gennaio del 1449, Carlo V d'Asburgo era stato proclamato il 5 gennaio del 1515 nuovo duca di Borgogna e incoronato imperatore a Bologna da papa Clemente VII, il 22 febbraio del 1530, e lo stesso Cosimo era stato eletto duca di Firenze il 9 gennaio del 1537[8]. Il capricorno era accompagnato dal motto «Fidem fati virtute sequemur», «quasi che voglia dire: io farò con propria virtù forza di conseguire quel che mi promette l'oroscopo»[9]. Nella scelta adottata di farsi ritrarre "all'antica", il Medici voleva idealmente richiamarsi alle effigi di quegli uomini illustri della romanità le cui gesta gloriose aveva precocemente imparato ad ammirare nelle sue letture preferite da sempre, a detta del suo biografo Mellini[10] e cioè le *Vite* di Plutarco, di cui possedeva diverse edizioni (fra le quali una del 1516 e l'altra del 1535)[11], e i *Commentarii* di Cesare (in un'edizione risa-

lente addirittura al 1476), cui si aggiungevano le *Deche* di Tito Livio (in un esemplare dato alle stampe nel 1539), le *Storie* di Cornelio Tacito e di Svetonio e di altri autori "moderni", elencati fra i libri e i manoscritti in latino e in volgare nel primo inventario del Palazzo, risalente al 1553[12].

In una fase "militante" come quella dei primi anni di governo, il duca, a fini di propaganda, volle accreditare di sé un'immagine aulica e militare al tempo stesso, attestata, intorno alla metà degli anni Quaranta, dalla serie ufficiale di Ritratti in armatura "todesca", dipinti da Bronzino e bottega, di cui fa parte l'esemplare nella Tribuna degli Uffizi. Cosimo intendeva così presentarsi in Italia e all'Estero come il degno figlio dell'invitto Giovanni dalle Bande Nere, il venerato padre, morto prematuramente a Mantova, per una grave ferita riportata in battaglia, a soli ventotto anni, il 30 novembre del 1526, quando lui aveva appena sette anni. Il condottiero sarebbe divenuto oggetto di un vero e proprio culto, con la celebrazione delle sue gesta nell'apparato per le nozze con Eleonora del 1539, la commissione al Bandinelli del monumento funebre in San Lorenzo, mai ultimato, e della statua nell'Udienza del Salone, e a Tiziano del ritratto postumo, poi eseguito dalla sua bottega, oggi agli Uffizi.

Il desiderio di una legittimazione genealogico-dinastica del proprio potere fu invece all'origine del grandioso progetto, risalente ai primi anni Quaranta del seco-

▬ Agnolo Bronzino, *Ritratto di Cosimo I de' Medici armato*, 1544-1545 circa. Firenze, Galleria degli Uffizi.
Di questo dipinto, in cui il Medici indossa un'armatura "tedesca" di Jorg Seusenhofer, armaiolo ufficiale dell'imperatore Carlo V, si conosce una gran quantità di repliche di mano del Bronzino o, più frequentemente, della bottega, ad attestare il suo successo come ritratto di Stato. Esemplari ne furono inviati a sovrani e pontefici, così come a Paolo Giovio per la sua collezione di ritratti di Uomini Illustri

▬ Francesco Salviati, *Affreschi della Sala dell'Udienza*, 1543-1545, particolare, *Il Capricorno*. Firenze, Palazzo Vecchio, Sala dell'Udienza.
Il Capricorno è una delle due "imprese" adottate dal duca Cosimo I de' Medici prima del 1539, come afferma Paolo Giovio nel suo *Dialogo delle Imprese*. Sarebbe stata quella con maggior fortuna iconografica, a giudicare dal gran numero di sue rappresentazioni. Infatti, sebbene nato sotto il segno dei Gemelli, l'11 giugno del 1519, Cosimo avrebbe adottato questo segno zodiacale, in quanto era quello della sua "rinascita", avvenuta il 9 gennaio del 1537, con l'elezione a duca di Firenze

lo, di realizzare, nella testata nord della Sala già del Maggior Consiglio Repubblicano, un solenne sfondo architettonico alle udienze generali e alle cerimonie ufficiali, sul modello degli archi trionfali romani, con nicchie recanti statue degli uomini illustri della sua famiglia nel Cinquecento. Per quest'impresa il Medici doveva avvalersi di un progetto di Giuliano di Baccio d'Agnolo, capomaestro dell'Opera di Santa Maria del Fiore, i cui scalpellini erano stati in parte distolti dai loro compiti e messi agli ordini del Bandinelli per accelerare al massimo i lavori. Lo scultore, abile nell'assecondare e interpretare i desideri di un sovrano ancora sotto tutela imperiale, vi avrebbe lavorato senza portarla a termine, con le sue maestranze, per quasi vent'anni, realizzando le statue di Giovanni dalle Bande Nere, del duca Alessandro, di Leone X, di Clemente VII e di Cosimo I, esclusa la testa, e non dando nemmeno inizio, verisimilmente per un mutamento di programma, a quelle di Cosimo il Vecchio, di Giuliano duca di Nemours e di Lorenzo duca d'Urbino, previste nel progetto iniziale, come risulta da una sua lettera al duca del 12 ottobre 1554[13].

Poco dopo l'inizio dell'Udienza del Salone, Francesco Salviati, rientrato con molte speranze in patria da Roma, veniva incaricato di preparare «uno schizzo per Sua Excellentia» per la decorazione dell'altra Udienza, quella ch'era stata della Signoria, all'ultimo piano del Palazzo, avvalendosi di un testo con le «opere notabili di Camillo», estratto verosimilmente dalle fonti storiche disponibili nella biblioteca palatina, e fornitogli, su ordine del duca, il 9 ottobre del 1543, dal maggiordomo Pier Francesco Riccio[14].

La scelta per quella sala, destinata da allora in poi a Udienza ducale, di un ciclo volto a celebrare le gesta di Marco Furio Camillo (Roma, circa 446-365 a.C.), il patrizio romano eletto cinque volte dittatore e chiamato dal suo esilio volontario in Ardea in soccorso di Roma assediata dai Galli e costretta a scendere a patti con loro, traeva fondamento dal suo essere stato in più occasioni il salvatore della patria. In più lo si considerava, di fatto, un secondo fondatore di Roma, onorato col titolo di *Pater Patriae* e incluso da sempre in tutti i cicli di Uomini Illustri dell'antichità[15]. Attraverso la rappresentazione degli episodi più salienti della sua vita si veniva a celebrare, in parallelo, il ruolo decisivo e salvifico avuto da Cosimo, chiamato nel momento del bisogno a contrastare le minacce esterne ed interne allo Stato fiorentino nelle travagliate vicende che avevano preceduto e seguito la sua successione ad Alessandro de' Medici, il primo duca, assassinato nella notte dell'Epifania del 1537, dopo appena sei anni di governo.

La figura di Furio Camillo era, del resto, particolarmente cara ai Medici che fin dal Quattrocento vi si erano identificati, al punto che Cosimo il Vecchio, al ritorno nel 1434 dall'esilio doveva essere stato visto come un novello Camillo e, come lui, ma *post mortem*, era stato insignito del titolo di *Pater Patriae*, e i suoi successori, nel 1514, avevano rievocato, in un apparato effimero, il trionfo del vincitore dei Galli e dei Veienti, per festeggiare il loro ritorno dall'esilio nel 1512 e l'elezione di Leone X al pontificato l'anno seguente.

Non va dimenticato inoltre che nel luogo ov'è oggi l'Udienza, prima che Benedetto o, piuttosto, Giuliano da Maiano dividesse con un muro «in falso» in due sale il vasto ambiente corrispondente alla sottostante Sala dei Dugento, era in origine l'*Aula minor* o la "Salecta", realizzata in età comunale mediante un tramezzo ligneo e decorata, entro il 30 dicembre del 1380, con le effigi di cinque poeti, sei monarchi, e undici condottieri e uomini illustri dell'antichità, fra cui lo stesso Camillo, accompagnati da epigrammi composti dal cancelliere Coluccio Salutati, autore del programma.

Questo complesso, perduto, si ispirava al *De Viribus Illustribus*, composto dal Petrarca fra il 1338 e il 1353, e in cui l'autore si era proposto di narrare la storia attraverso le biografie di *Illustres*, a partire dalle epoche più antiche e senza trascurare i re dei Goti, degli Unni, dei Vandali e di altre genti, anche barbare, a costituire una galleria di personaggi resi "illustri" dalla virtù dell'animo e dalle gesta compiute, da additare come fulgidi esempi da imitare nel tempo presente.

Il precedente diretto della decorazione dell'*Aula minor* lo si trovava a Padova, nella

Giuliano da Maiano e Francione, *Tarsie con Dante e Petrarca della porta della Sala dei Gigli*, 1476-1480. Firenze, Palazzo Vecchio, Sala dei Gigli. La porta intarsiata, insieme all'elegante mostra marmorea di Benedetto da Maiano, venne solennemente inaugurata in occasione della festività di San Giovanni Battista, il 24 giugno del 1480. Le figure dei due sommi poeti si richiamano idealmente a quelle ad affresco perdute e già nella preesistente *Aula minor* trecentesca del Palazzo, con altre effigi di uomini illustri. Con quella di Boccaccio, a costituire la triade delle glorie fiorentine, erano state, del resto, intorno alla metà del Quattrocento, incluse nel ciclo degli Uomini e Donne Illustri della Villa Carducci di Legnaia, nei dintorni di Firenze, opera di Andrea del Castagno

LA SALA DELLE CARTE GEOGRAFICHE

Sala Virorum Illustrium affrescata intorno al 1370, tenendo come guida il testo petrarchesco, con le effigi di ventidue eroi romani, accompagnati dai loro *tituli* e da episodi significativi della loro vita, nel palazzo di Francesco da Carrara, Signore di quella città.

Un'eco parziale degli Uomini Illustri della sala fiorentina sarebbe rimasta nelle figure di Dante e Petrarca intarsiate da Giuliano da Maiano e dal Francione nella porta di comunicazione fra l'Udienza e la Sala dei Gigli. In quest'ultima alcuni uomini illustri figurano nell'unico affresco realizzato (dei quattro previsti ad opera del Ghirlandaio, del Botticelli, del Perugino, di Biagio d'Antonio e di Piero del Pollaiolo)[16], fra il 1482 e il 1485 dal solo Ghirlandaio, sulla parete di fronte alla porta. In alto sono, a figura intera, le effigi di sei eroi romani: Bruto, Muzio Scevola e Camillo, a sinistra, Decio, Scipione Africano e Cicerone, a destra. Dovevano esser parte, verosimilmente, di un programma iconografico originario che includeva almeno altri diciotto Uomini Illustri, per complessivi ventiquattro, se non i ventidue già sulle pareti dell'*Aula minor*, da rappresentare sulle quattro pareti del vasto ambiente, poi decorato, per ripiego, a causa della ben nota defezione degli artisti, con una distesa di gigli d'oro di Francia su fondo azzurro, sormontati dal lambello rosso d'Angiò.

La passione di Cosimo I de' Medici per la storia antica e, in particolare, per le gesta e le immagini degli Uomini Illustri, in un'ideale galleria degli antenati, doveva trarre nuova linfa dall'incontro con l'erudito Paolo Giovio (Como, 19 aprile 1483 - Firenze, 11 dicem-

Domenico Ghirlandaio, *San Zanobi fra i santi Eugenio e Crescenzio, due Marzocchi e Uomini Illustri*, particolare, *Bruto, Muzio Scevola e Furio Camillo*, 1482-1485. Firenze, Palazzo Vecchio, Sala dei Gigli.
La terna di Uomini Illustri, in alto a sinistra nell'affresco, corrisponde a quella con Decio Mure, Scipione Africano e Cicerone, dall'altra parte. Include Marco Giunio Bruto (Roma, 85 - Filippi, 42 a.C.), il principale dei senatori congiurati che uccisero Cesare il 15 marzo del 44 a.C. e per questo da sempre visto come il campione delle libertà repubblicane, Muzio Scevola, celebre nella storia romana per avere, secondo la leggenda, nel 508 a.C., tentato di uccidere il re etrusco Porsenna che assediava con le sue truppe la città di Roma e arso su di un braciere la

BRVTVS   SCEVOLA   CAMILLVS

mano destra che aveva fallito il suo
compito, e Furio Camillo, il patrizio
più volte chiamato in soccorso di
Roma, e tanto benemerito da venir
considerato un secondo fondatore
della città

■ Francesco da Sangallo,
Monumento funebre di Paolo Giovio,
1560. Firenze, San Lorenzo, Chiostro.
Il monumento conserva le spoglie del
celebre medico ed erudito, cultore
degli studi storici, legato da sempre
ai Medici e protetto dal duca Cosimo,
celebre ai suoi tempi per la villa-
museo da lui fatta edificare sulle rive
del lago di Como e per la collezione
di ritratti di uomini illustri in essa
esposta, copiata da Cristofano
dell'Altissimo, su incarico del Medici,
nell'arco di tutta la sua vita e oggi
agli Uffizi

bre 1552), singolare figura di medico, letterato e storico, le cui sorti si erano ben presto legate a quelle della famiglia Medici e, in particolare, ai papi Leone X e Clemente VII[17]. Sarebbe stato poi accolto sotto la protezione del duca Cosimo[18], e avrebbe intrattenuto ottimi rapporti col Riccio[19], fino ad essere sovvenuto in Firenze di «una buona casa vicino al Palazzo e un nobile e ricco piatto»[20] dal 1550 alla morte, sopraggiunta due anni dopo. Avrebbe avuto, in riconoscimento dei suoi meriti, l'onore di una sepoltura monumentale nel chiostro di San Lorenzo, con una statua che lo ritrae come vescovo di Nocera dei Pagani, eseguita da Francesco da Sangallo. La sua attività di pubblicista sarebbe stata particolarmente apprezzata dal Medici, come attesta una lettera del segretario di Cosimo Cristiano Pagni al maggiordomo in data 5 maggio del 1548. Nella missiva si informava il Riccio che il «libro delle Vite composte dal Jovio è stato accetto, et già Sua Eccellenza ha cominciato a studiare, et messosi nella vita di Adriano [VI, papa] per discorrere le cose della fiandra et d'Hispagna, la S.V. dica allo stampatore che ci metta un arme pur grande di Sua Eccellenzia: che cosi si giudica hiermattina che la grandezza del libro la ricercassi et che quella che vi è fussi troppo meschina»[21]. Dell'opera, il *De Vita Leonis decimi pont. max. libri quatuor. His ordine temporum accesserunt Hadriani sexti pont.max. et Pompeii Columnae vitae, ab eodem Paulo Iovio conscriptae*, edito nello stesso maggio di quell'anno per i tipi del Torrentino[22], e poi nel febbraio 1550, nel 1551 e nel 1554, la biblioteca cosimiana in palazzo annoverava almeno un'altra edizione[23]. Il Medici possedeva poi, come copia di privilegio, l'edizione torrentiniana del 1549 delle *Pauli Iovii Novocomensis episcopi Nucerini Illustrium virorum vitae*, documentata nel 1553 fra i suoi libri latini, con un altro esemplare, sommariamente descritto[24].

Cosimo era anche il finanziatore di una sala, quella dell'Onore, dedicatagli nel «freschissimo e iucundissimo Museo», edificato dal Giovio fra il 1536 e il 1543 a Borgovico presso Como, su di una penisola presso il lago[25]. L'amena villa che l'ospitava, eretta sul modello di quella pliniana, a giudicare dalla descrizione fornitane dal suo proprietario negli *Elogia* del 1546, era sede di una ricca collezione di antichità e della più importante raccolta di ritratti di uomini e donne famose dall'antichità fino ai suoi tempi, da lui costituita a partire dagli anni Venti ed ospitata in sale dedicate ad Apollo e alle nove Muse. Nella Sala dell'Onore era raffigurata l'impresa cosimiana del Capricorno con il motto «Fidem Fati Virtute sequemur», cui il Giovio accenna in una lettera al Riccio del 10 marzo 1544[26]. Vi figurava, poi, con ogni probabilità, un ritratto armato del Medici di Agnolo Bronzino, donato al Giovio dal sovrano per rappresentarlo nell'illustre rassegna e da identificarsi verosimilmente con l'esemplare di Sydney, replica autografa, a tre quarti di figura, del ritratto nella Tribuna degli Uffizi. Ogni ritratto era corredato di un *Elogium* in latino, e sarebbe stato riprodotto, col corredo del suo testo, negli *Elogia veris clarorum virorum imaginibus apposita, quae in musaeo Ioviano Comi spectantur*, stampati dapprima a Venezia nel 1546 e poi in Firenze, dal Torrentino nel 1552, nella traduzione in volgare dal ferrarese Ippolito Orio, con dedica a Cosimo

I, egli pure incluso nel catalogo[27]. Il 18 gennaio del 1550 il Giovio aveva già comunque spedito da Roma al duca Cosimo il «Catalogo delli Heroi famosi in arme, quali ho con estrema diligentia raccolti in pittura in spatio di piu di 30 anni, et gli faccio sotto li elogij in prosa etc.» e, nella lettera di accompagnamento, lo aveva invitato a «mandar un pittorello a casa mia […] accio ne ricavi quelli più famosi, et che più gli gradiranno, per ornarne una sala a Castello»[28].

Il Medici, che, nell'aprile del 1549, si stava documentando sulle vite degli imperatori romani e aveva dato incarico al Riccio e ai suoi segretari di procurargli tutti i libri necessari[29], avrebbe accolto qualche tempo dopo l'invito e inviato a Como, nel giugno del 1552, il pittore Cristofano dell'Altissimo, coll'incarico di copiare i ritratti della collezione gioviana e spedirli a Firenze in Guardaroba[30].

La morte del Giovio, in Firenze, l'11 dicembre seguente, non doveva far subire alcun rallentamento all'impresa appena iniziata e l'8 agosto del 1553 venivano inviati da Como a Firenze ventiquattro ritratti, seguiti da altri ventisei, pronti il 7 luglio dell'anno seguente[31]. Mentre «Tofano pittore» lavorava a Como[32] a riprodurre in un formato ridotto alla sola testa gli originali a tre quarti di figura, perduti o dispersi nella quasi totalità[33], a Firenze il legnaiuolo Lorenzo Camerini aveva via via preparato le centosessanta cornici a ovoli intagliati e dorati, destinate ai ritratti e in buona parte pervenuteci, per cui veniva pagato il 1° febbraio del 1560[34]. Il 20 settembre del 1554 Cristofano aveva eseguito altri dodici ritratti e il 23 ottobre del 1556 altri venticinque, per un totale di ottantasette. Nel febbraio del 1557 gli si faceva pervenire un elenco di cinquantadue ritratti «c'ha a fare nel Museo Cristofano Pittor per mandarli a Fiorenza»[35].

Mentre i ritratti, ancora senza una destinazione, si andavano accumulando nella Guardaroba di palazzo, il duca, sventata per sempre la minaccia proveniente da Siena con la sconfitta dei fuorusciti fiorentini e dei francesi a Scannagallo presso Marciano, in Val di Chiana, e la conquista della città ribelle e fiera, poteva finalmente promuovere lavori più radicali di riassetto e trasformazione della residenza ducale, grazie all'apporto decisivo di Giorgio Vasari, entrato al suo servizio come pittore di corte ma trasformatosi, ben presto, nel suo factotum. L'aretino fu immediatamente impiegato, dagli inizi del 1555, nella decorazione del Quartiere degli Elementi, ricavato da edifici preesistenti dopo la Sala Grande, secondo l'erudito programma elaborato da Cosimo Bartoli che, come danno conto i *Ragionamenti* vasariani, prevedeva la celebrazione degli Dei celesti nel quartiere citato e dei corrispondenti «Dei terrestri di casa Medici», gli Uomini Illustri della famiglia, nel sottostante dedicato a Leone X, ma con stanze intitolate, oltre che al pontefice, a Cosimo il Vecchio, Lorenzo il Magnifico, allo stesso duca, a Giovanni dalle Bande Nere suo padre e a Clemente VII, in una evidente ripresa del progetto originario per l'Udienza bandinelliana nel Salone.

L'essersi dovuto cimentare con piante e modelli per le esigenze di pianificazione strategica della guerra da poco conclusa – il cui successo si sarebbe attribuito in toto, come documenta uno degli ottagoni del nuovo palco della Sala Grande che ce lo presenta da solo, per suo espresso desiderio, con il modello di Siena – dovette suscitare nel duca Cosimo un interesse per la descrizione esatta e misurata del territorio che si andava ad aggiungere agli interessi geografici della famiglia e, più in generale, dei fiorentini, legati ai traffici mercantili e quindi alle carte per navigare[36], e accresciuti alla fine del Quattrocento dalla scoperta di nuovi mondi. Così, in luogo di un dipinto celebrativo farcito di allegorie mitologiche come la giovanile *Rotta di Montemurlo*, richeggiato dal riquadro col trionfo "all'antica" nella volta della Sala di Cosimo I, quando si trattò di raffigurare la vittoria risolutiva della guerra di Siena, il sovrano inviò sul luogo, nell'estate del 1554, all'indomani dello scontro, il fiammingo Stradano perché ne fornisse una rappresentazione a volo d'uccello, il più possibile esatta e dotata di una scala di riferimento in braccia fiorentine, come attesta il dipinto ritrovato da chi scrive nei depositi delle Gallerie fiorentine. Analogamente il Vasari si sarebbe recato a ritrarre Firenze, in previsione della

Giorgio Vasari e collaboratori, *Lorenzo il Magnifico riceve l'omaggio degli ambasciatori*, 1556-1558. Firenze, Palazzo Vecchio, Quartiere di Leone X, Sala di Lorenzo il Magnifico. La Sala di Lorenzo il Magnifico, al pari delle altre del Quartiere di Leone X, dedicate a quel papa, a Cosimo il Vecchio, a Cosimo I, a Giovanni dalle Bande Nere e a Clemente VII, rientra in un progetto decorativo-celebrativo elaborato dall'erudito Cosimo Bartoli e volto alla celebrazione degli "Dei terrestri di casa Medici" in corrispondenza con gli ambienti del soprastante Quartiere degli Elementi, dedicati agli Dei celesti della mitologia classica. La figura e l'opera di Lorenzo costituivano un modello per il giovane duca e un antenato di cui gloriarsi, anche se apparteneva, a differenza di lui, al ramo principale della famiglia nel Quattrocento

realizzazione, negli anni Sessanta, dell'affresco con l'assedio di Firenze degli anni 1529-1530, nel luogo più alto che trovò, come ebbe a scrivere: «... mi posi a disegnarla nel più alto luogo potetti, ed anco in sul tetto di una casa per scoprire, oltra i luoghi vicini, ancora quelli e di S. Giorgio e di S. Miniato, e di S. Gaggio, e di Monte Oliveto, ma... ancorchè fussi si alto, io non potea veder tutta Firenze...». Si sarebbe servito allora della bussola, traguardando, come precisa «... con una linea per il dritto a tramontana, che di quivi avevo cominciato a disegnare, i monti, e le case, e i luoghi più vicini... e mi aiutò assai che avendo levato la pianta d'intorno a Firenze un miglio... ho ridotto quel che tiene venti miglia di paese in sei braccia di luogo misurato»[37].

Questa esigenza di esattezza e di accurata documentazione geografica e storica, che avrebbe trovato nel Vasari l'esecutore ideale delle direttive ducali, spiega anche l'esecuzione da parte del Camerini, fra il 1554 e il 1560, di modelli delle cittadine conquistate di Monteriggioni e Lucignano e di piante dei luoghi e delle città del dominio come Arezzo, Pisa, Cortona, Bientina, Porto Ercole, Castiglione della Pescaia, Lucignano e Crevole[38], alcune delle quali si andavano modernamente fortificando a cura di architetti militari del valore del Sanmarino[39], fino a rendere lo Stato «fortissimo e (come si disse) a

▬ Giovanni Stradano, *Il duca Cosimo intento ai piani per la guerra di Siena*, 1563-1565. Firenze, Palazzo Vecchio, Salone dei Cinquecento, soffitto. Il sovrano è raffigurato solo, con le virtù della Pazienza, della Vigilanza, della Prudenza, della Fortezza e del Silenzio, nella sua veste di stratega della guerra di Siena, intento ai piani per la conquista della città nemica, arresasi dopo solo quattordici mesi di assedio. Sul tavolo è il modello eseguito nel 1550 dall'architetto senese Giovan Battista Pelori, consegnato dalla Guardaroba al Vasari prima del 18 luglio del 1564, perché lo potesse ritrarre nell'ottagono del soffitto

Giovanni Stradano, *La presa di Monteriggioni*, 1563-1565. Firenze, Palazzo Vecchio, Salone dei Cinquecento, soffitto. La tavola raffigura uno degli episodi salienti della guerra di Siena, che segnò la caduta progressiva dei centri limitrofi, così da isolare sempre meglio la città assediata e toglierle le vie di rifornimento. Per un'esatta rappresentazione dei luoghi il Vasari si poté avvalere di un modello della cittadina turrita, eseguito dal Camerini e documentato, con altri, nei pagamenti della Guardaroba, e forse di un sopralluogo sul posto.

L'aretino, a quanto afferma nei *Ragionamenti*, ha ritratto nella tavola la fase preparatoria dell'assedio, con la messa in posizione delle artiglierie che ebbero un ruolo risolutivo per i molti colpi sparati dai sei cannoni che aprirono una grossa breccia nelle mura e portarono alla resa

guisa di un corpo spinoso inespugnabile»[40]. I modelli e le piante sarebbero stati in parte impiegati da Vasari e collaboratori per le *Vedute* sullo sfondo delle *Allegorie delle città sottomesse a Cosimo* (Fivizzano, Volterra, Cortona, Borgo San Sepolcro, Arezzo, Pisa, Pistoia e Prato), negli spicchi della volta della Sala di Cosimo I nel Quartiere di Leone X, e in quelle nel registro inferiore della stessa (Empoli, Lucignano, Montecarlo, Scarperia, Firenze, Siena, Piombino e Livorno), da ascrivere allo Stradano, con una sottolineatura delle recenti fortificazioni volute dal duca. Li si dovette tener presenti successivamente anche per le *Allegorie* delle città dello Stato ducale e gli scomparti dedicati alle Guerre di Pisa e di Siena, nel palco della Sala Grande, dipinti fra il 1563 e il 1565. Anche per gli affreschi delle pareti lunghe della Sala, dedicati alla Guerra di Pisa, si sarebbe avvertita l'esigenza di accurati sopralluoghi e disegni sui luoghi degli eventi da parte di Battista Naldini per una veridica rappresentazione dell'ambientazione degli scontri. Così il giovane collaboratore del Vasari si sarebbe recato, nella primavera del 1567, nei luoghi della lunga guerra che aveva impegnato Firenze dal 1494 al 1509 «a ritrar et Pisa et Livorno, et s'egli darà ordine che con vostro indirizzo è vadi a Campiglia alla Torre a San Vincentio a far l'altro disegnio con ordine di Sua Ec.tia» come scriveva il Vasari al provveditore Caccini il 27 aprile di quell'anno[41]. Cosimo, prima del 1560[42], aveva inoltre commissionato anche una raffigurazione completa della Toscana «di braccia quattro 1/2 [m 2,62 circa] per ogni verso con suo ornamento»[43] che risulta anche nell'inventario redatto nell'estate del 1574, dopo la sua morte, come esposta nella "Sala dell'Oriuolo" di Palazzo Vecchio, corrispondente all'attuale Sala dei Gigli.

Nel 1558 il Vasari, per espresso desiderio di Cosimo, evidentemente più a suo agio coi modelli che con le planimetrie, aveva fatto eseguire un modello del palazzo nuovo e vecchio, in vista di una generale ristrutturazione e ampliamento dell'edificio ad inglobare

Giovani Stradano, *Lucignano* e *Livorno*, 1556-1559. Firenze, Palazzo Vecchio, Quartiere di Leone X, Sala di Cosimo I. Le vedute sono due delle otto del registro inferiore della volta delle Sala dedicata al duca, una delle più ricche dell'intero Quartiere dal punto di vista decorativo.
Sono raffigurate, cinte dalle nuove mura, le città maggiori di Firenze e Siena, le città limitrofe di Empoli, Montecarlo, Scarperia e Lucignano e i centri costieri di Piombino e Livorno. Di diversi di questi luoghi esistevano nella Guardaroba piante e modelli commissionati al legnaiuolo Camerini, per volontà del duca, desideroso di documentare la fortificazione e la prosperità del suo stato finalmente pacificato

Cristofano dell'Altissimo, *Ritratto dell'imperatore Carlo V d'Asburgo*, 1564. Firenze, Galleria degli Uffizi. Il nucleo principale della Collezione Gioviana agli Uffizi, opera di Cristofano dell'Altissimo portata avanti nell'arco di quarantacinque anni, costituisce, per la perdita o la dispersione degli originali, una preziosa testimonianza di una raccolta unica per importanza e vastità di documentazione nel suo tempo. I quattro dipinti prescelti servono a documentare le categorie più rappresentative dei ritratti che, dagli elenchi allegati alle *Vite* vasariane del 1568, risulta fossero raggruppati per tipologie, in tre ordini, sopra gli armadi nella Sala delle Carte Geografiche. Si andava dai «Condottieri di Eserciti» ai «Re et imperatori», fra cui primeggiavano gli Asburgo, a cui i Medici dovevano il titolo e con cui si erano di recente imparentati, dagli «Imperatori de Turchi et altri Heroi», una minaccia per il mondo cristiano che sarebbe stata fermata, di lì a poco, nel 1571 con la vittoria di Lepanto, agli «Huomini Heroi» fra cui artisti, navigatori, condottieri e sovrani minori, dai «Letterati» agli «Huomini illustri di casa Medici», dai «Poeti» ai «Duchi et Heroi», per giungere ai «Cardinali» e ai «Pontefici»

CAROLVS V IMP:

l'intero isolato[44]. Negli anni 1560-1561 sarebbero stati interessati al rinnovamento i Quartieri del Duca e della Duchessa e, anche in questo caso, i programmi decorativi avrebbero tratto ispirazione dai cicli di Uomini e Donne Illustri. Nella camera di Cosimo, la volta, poi distrutta nell'Ottocento, doveva recare, al centro, *Salomone che dorme*, con un'allusione alla Sapienza, e intorno otto quadretti minori, storie di Carlo Magno, Cesare o Scipione e Davide, secondo un dotto programma stilato entro il 14 dicembre del 1559 da don Vincenzo Borghini[45]. Lo scrittoio ducale, corrispondente all'attuale *Studiolo di Francesco de' Medici*, conteneva invece una cassaforte, destinata a conservare gelosamente «scritture d'importanza» del duca dietro uno sportello in bronzo fuso fra il 1559 e il 1560 da Vincenzo Danti e raffigurante, al centro, il rogo dei libri esoterici scoperti nella tomba di Numa Pompilio ordinato dal pretore Quinto Petelio, su incarico del Senato romano[46].

Al piano di sopra, le camere della duchessa sarebbero state dedicate a donne illustri dell'antichità, distintesi per le loro virtù, in omaggio a quelle dell'illustre residente che, impedita dalla morte, sopraggiunta nel 1562, non vi sarebbe tornata ad abitare. E così vi si trovano le Sabine apportatrici di pace, la regina Ester benefattrice del proprio popolo, Penelope, la moglie fedele di Ulisse, e la fiorentina Gualdrada, esempio di verecondia e di pudicizia[47].

Si ignora se nel modello del palazzo fosse già prevista una Sala delle Carte geografiche nel quartiere della Guardaroba; quel che è certo, il 1° settembre del 1563, il progetto che la riguardava era stato già elaborato, tanto che Giorgio Vasari aveva scritto al duca Cosimo al Poggio a Caiano, informandolo che don Miniato Pitti stava «spartendo le tavole di Tolomeo per la guardaroba…»[48]. Ed era stato elaborato, forse dallo stesso don Vincenzo Borghini autore di quello, pressoché contemporaneo, relativo alle storie e alle figurazioni del nuovo palco «alla viniziana» della Sala Grande, incentrato sulla celebrazione di Firenze e di Cosimo I de' Medici, suo duca[49].

Di un «modello della guardaroba di Firenze» si ha notizia invece da una lettera indirizzata il 29 gennaio del 1564 dal Vasari a Giovanni Caccini, Provveditore di Pisa. Il manufatto ligneo sarebbe giunto dopo tale data a Pisa per essere sottoposto all'approvazione di Cosimo da Fra Egnazio Danti, fratello dello scultore Vincenzo, incaricato della pittura delle tavole geografiche. Giunto finalmente a destinazione nel febbraio e ottenuto il sovrano assenso, Vasari lo richiedeva indietro già il 16 di quel mese «acciò cene possiamo servire», poiché il legnaiolo Dionigi Nigetti stava dando inizio alla costruzione degli armadi riccamente intagliati che dovevano contenere e contengono le carte di cosmografia[50].

Doveva essere già stato deciso anche l'abbinamento alla rappresentazione delle terre del mondo allora conosciuto, secondo Tolomeo, di «alcune teste antiche di marmo di quegl'imperatori et principi che l'anno possedute», di decorazioni mai eseguite con «tutte l'erbe e tutti gli animali ritratti di naturale secondo la qualità che producono que' paesi»[51] e dei ritratti copiati e da copiare dalla Collezione Gioviana, posti su tre file, sopra gli armadi, come descritti nel 1568 dal Vasari nella seconda edizione delle *Vite*. L'allestimento dei ritratti, destinato, come vedremo, ad una vita effimera, doveva richiamarsi alla disposizione per categorie e tipologie del Museo gioviano di Como, ed è descritto dall'aretino, iniziando con l'elenco dei pezzi, in numero di duecentodiciannove identificati, cinque senza nome e ventinove in corso di esecuzione, che dalla «banda di tramontana» includevano i «Condottieri di Eserciti», i «Re et Imperatori» e i «Duchi et Heroi», proseguendo dalla «Banda di mezzo», con gli «Imperatori de Turchi et altri Heroi» e gli «Heroi», fra cui artisti famosi e navigatori, dalla «Banda di Ponente», con gli «Uomini Illustri di Casa Medici» fra i «Letterati» e i «Poeti» e concludendo dalla «banda di Levante» con i «Cardinali» e i «Papi»[52].

I ritratti erano continuati ad affluire da Como per venire via via consegnati a Giorgio Vasari, responsabile dell'attuazione del progetto, come risulta per i dieci, non specificati, eseguiti per ordine di Cosimo e verificati dall'aretino, resosi garante per il pagamento a Cristofano dei cinquanta scudi pattuiti, avvenuto con mandato del 19 gennaio del 1564[53].

«Diciassette quadri di ritratti di casa Medici [di cui quindici citati nell'elenco del 1568] fatti e consegnati da maestro cristofano altissimi pittor» dovevano venir registrati in una data ignota, ma dopo il 17 marzo del 1564, nell'Inventario a Capi della Guardaroba[54] e altri quattro di sovrani asburgici, richiesti dal principe Fran-

Cristofano dell'Altissimo, *Ritratto di Solimano il Magnifico*, ante 1568. Firenze, Galleria degli Uffizi

cesco – che aveva assunto nel frattempo la reggenza dello Stato e la cura delle commesse artistiche e si stava per imparentare con la famiglia imperiale –, risultavano consegnati il 2 agosto seguente alla Guardaroba, e pagati venti scudi con l'autorizzazione dell'onnipresente Vasari[55].

Altre consegne sarebbero seguite negli anni a venire, con sei ritratti il 14 novembre del 1565[56], tre in una data imprecisata fra il 1566 e il 1568, raffiguranti gli arciduchi d'Austria Ferdinando e Carlo e papa Pio V[57], due il 23 aprile del 1568[58], altri due il 21 settembre seguente[59], due ancora il 15 aprile del 1569[60], uno prima del 28 luglio 1569[61], altri due il 14 agosto seguente[62], e un altro il 17 marzo del 1570[63].

L'inventario stilato nel 1570 dà conto di duecentoventinove ritratti della Collezione Gioviana, eseguiti fino a quel momento da Cristofano dell'Altissimo e consegnati alla Guardaroba[64]. Il successivo, redatto fra il 3 giugno e il 9 luglio 1574, dopo la morte del granduca Cosimo, scomparso il 21 aprile di quell'anno, dà conto dell'esposizione ancora in essere, il 17 giugno 1574, giorno dell'inventariazione, di duecentotrentotto «Quadri di pittura tutti auna misura di piu personaggi con ornamento di nocie […] nella Stanza dell'horiuolo sopra gl'armari» (ovvero la Sala delle Carte geografiche) con «tende di tela verde con loro funi che quoprono intorno intorno tutti li detti quadri et sono quattro pezi». Pochi altri pezzi avevano trovato una diversa collocazione in altri ambienti di Guardaroba: quelli di Annibale, della moglie del sultano Solimano, di Scipione Africano, del dittatore Silla, di Romolo re dei Romani, Pirro re degli Epiroti, Cameria «figlia del Resta turco», Andrea Doria, Ferdinando re dei Romani, e Castruccio Castracani erano appiccati nella «stanza dove sono gli armarii de libri» e nell'«andito che va alla

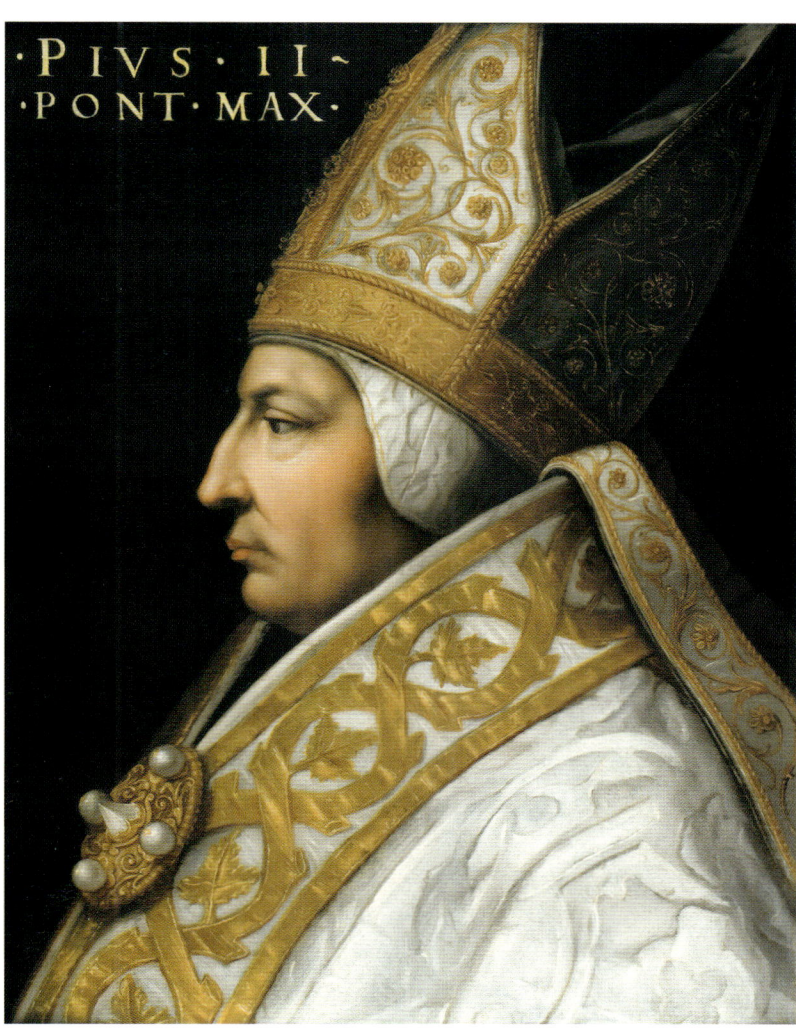

Cristofano dell'Altissimo, *Ritratto di Agnolo Poliziano*, ante 1568. A destra, *Ritratto di papa Pio II*, ante 1568. Firenze, Galleria degli Uffizi

seconda stanza di sotto» si trovavano i ritratti di Brunelleschi, Lionello d'Este, e del duca d'Alba Vecchio[65].

La Sala delle Carte geografiche dovette seguire, di lì a non molto, il destino dello *Scrittoio del Principe Francesco,* cioè dello "Studiolo", fatto smantellare dal suo stesso committente pochi anni dopo il suo completamento, avvenuto nel 1575[66], a vantaggio della nuova Tribuna del Buontalenti, luogo da allora deputato all'esposizione dei tesori delle raccolte medicee nella neonata Galleria degli Uffizi. Se le tavole di cosmografia, persa ormai ogni importanza agli occhi del volubile sovrano anche perché ben presto superate, dovevano rimanere a far da sportelli ad armadi declassati a contenitori ordinari di guardaroba e il globo del Danti non sarebbe mai stato collocato nella sala, i ritratti della Collezione Gioviana, disfatti i tre ordini sopra gli armadi, dovettero prendere la via degli Uffizi negli anni Ottanta del Cinquecento, per adornare la Galleria, ricavata dal granduca all'ultimo piano degli Uffizi e oggetto privilegiato delle cure sue e della sua consorte Bianca Cappello[67].

Grazie a Francesco si sarebbe comunque attuata parte del progetto cosimiano per la Sala delle Carte geografiche, dato che ai ritratti, appesi nel registro superiore delle pareti del primo corridoio, sarebbero state abbinate statue antiche e busti di imperatori, come quelli inizialmente previsti nel registro superiore degli armadi e che non risultano mai essere stati messi in mostra. L'apparato iconografico, in linea con gli interessi paterni, sarebbe inoltre stato rafforzato dalla commissione a vari artisti da parte di Francesco I, della cosiddetta *Serie Aulica,* i ritratti degli Uomini Illustri dei due rami di casa Medici, quello, in auge nel Quattrocento, di Cosimo il Vecchio *Pater Patriae* e l'altro di Lorenzo Vecchio, da cui aveva avuto origine la stirpe dei granduchi di Toscana[68].

Cristofano avrebbe continuato sotto Francesco, ma a ritmo ridotto, la sua diligente opera di copiatura degli esemplari gioviani, consegnando ancora qualche ritratto da aggiungere alla serie dispiegata nel primo corridoio degli Uffizi[69]. Solo con l'avvento di suo fratello Ferdinando i lavori sarebbero ripresi con maggior continuità, portando alla consegna, in un decennio, fra il 26 novembre del 1587 e il 7 novembre del 1597[70], di ben trentanove ritratti di Uomini Illustri, a completamento di un'impresa che l'artista aveva iniziato, poco più che ventenne, oltre quarant'anni prima[71]. I ritratti sarebbero rimasti al loro posto, schierati in alto sulle pareti del primo corridore, fino all'avvento dei Lorena e senza esito sarebbe stato il tentativo di Antonio Lupicini, velleitario visti i mutati tempi, di rinverdire il progetto cosimiano per la Sala delle Carte geografiche, in una lettera a Ferdinando I del 27 ottobre 1587 in cui, fra l'altro, si fa cenno a «tutti e ritratti de' personaggi più famosi che di presente n'è fatti la magior parte». A Ferdinando si sarebbe invece dovuto – in linea con gli interessi e le scelte di suo padre Cosimo – l'allestimento della loggia delle Carte geografiche di Galleria, poi chiusa e trasformata in sala, con le sue piante dello Stato toscano e il suo corredo di strumenti scientifici, nell'ottica dell'unità del sapere e della varietà e complementarietà delle collezioni ospitate, che annoveravano, fra l'altro, l'armeria medicea, una collezione di ceramiche e di vasellame d'arte e curiosità naturali e scientifiche sino ad allora ospitate, sovente in un pittoresco assemblaggio, nella capaci stanze della Guardaroba cosimiana in Palazzo Vecchio. Tali criteri, com'è noto, avrebbero improntato ancora per due secoli l'assetto degli Uffizi fino alla nascita dei musei e delle collezioni specialistiche nel Settecento, al tempo di Pietro Leopoldo d'Asburgo Lorena, il sovrano riformatore.

Il primo corridoio degli Uffizi, dal 1580 in poi, particolare. Firenze, Galleria degli Uffizi.
L'ordinamento odierno dei corridoi della Galleria degli Uffizi, frutto del lavoro di Giovanni Agosti e di Alessandro Cecchi, rispecchia, per quanto possibile, quello originario cinquecentesco, con l'abbinamento della Collezione Gioviana, posta fin dalla fine del Cinquecento in alto su entrambe le pareti, alla Serie Aulica dei Ritratti medicei, commissionata dal granduca Francesco I negli anni Ottanta del Cinquecento, e recuperata in buona parte, a suo tempo, dai Depositi. Vi è poi la statuaria, già su perdute basi troncopiramidali, abbinata, con un ritmo ternario, ai busti di imperatori e di imperatrici che erano su sgabelloni lignei oggi pervenutici in pochi esemplari, come ben documentato dalle tavole settecentesche disegnate da vari artisti sotto la direzione di Benedetto Vincenzo De Greyss e conservate nel Gabinetto Disegni e Stampe degli Uffizi

1 LUCA LANDUCCI, *Diario fiorentino dal 1450 al 1516 continuato da un anonimo fino al 1542*, ed. a cura di I. Del Badia. Firenze: Sansoni, 1883, p. 376.

2 Il palazzo apparteneva al ramo principale della famiglia risalente a Cosimo il Vecchio che l'aveva fatto costruire a Michelozzo intorno alla metà del Quattrocento. Cosimo I discendeva invece dal ramo cadetto che aveva come capostipite Lorenzo Vecchio. Da lui discendevano Pierfrancesco, i suoi figli Lorenzo e Giovanni di Pierfrancesco, cugini del Magnifico. Da Giovanni e da Caterina Sforza era nato nel 1498 Ludovico, poi chiamato Giovanni dalle Bande Nere, padre di Cosimo. Il palazzo nel 1540 apparteneva a Margherita d'Austria, vedova di Alessandro de' Medici, discendente dal ramo principale e primo duca di Firenze dal 1531 al 1537 quando era stato assassinato dal cugino Lorenzino de' Medici.

3 GIOVAN BATTISTA ADRIANI, *Istoria de' suoi tempi di Giovambattista Adriani gentilhuomo fiorentino*. In Firenze: nella stamperia dei Giunti, 1593, p. 73.

4 Al riguardo vedi NICOLAI RUBINSTEIN, *The Palazzo Vecchio 1298-1532*. Oxford: Clarendon Press, 1995.

5 Si veda, al riguardo, ALESSANDRO CECCHI, *Il maggiordomo ducale Pierfrancesco Riccio e gli artisti della corte medicea*, «Mitteilungen des Kunsthistorischen Institutes in Florenz», XLII (1998).

6 PAOLO GIOVIO, *Dialogo dell'imprese militari et amorose, di monsignor Giouio uescouo di Nocera*. In Vinegia: appresso Gabriel Giolito De' Ferrari, 1556, p. 59.

7 GIORGIO VASARI, *Ragionamenti*, Giornata prima, Ragionamento secondo.

8 Devo queste notizie alla generosa disponibilità di Massimo Marcolin. Paola Pacetti mi fa notare altresì che Cesare Ottaviano era nato sotto il segno della Bilancia, il 23 settembre del 63 a.C., Carlo V d'Asburgo era venuto alla luce il 24 febbraio del 1500, sotto il segno dei Pesci e Cosimo era nato l'11 giugno del 1519, sotto il segno dei Gemelli.

9 PAOLO GIOVIO, *Dialogo dell'imprese militari et amorose*, cit., pp. 57-58.

10 DOMENICO MELLINI, *Ricordi intorno ai costumi, azioni e governo del Sereniss. Gran Duca Cosimo I*. Firenze: nella Stamperia Magheri, 1820, p. 5; LEANDRO PERINI, *Contributo alla ricostruzione della biblioteca privata dei Granduchi di Toscana nel XVI secolo*, in *Studi di storia medievale e moderna per Ernesto Sestan*. Firenze: Olschki, 1980.

11 Il duca amava rileggerle di tanto in tanto, se, il 5 luglio del 1545, le *Vite* latine di Plutarco, le *Deche di Tito Livio* in volgare e la *Historia e il Compendio delle Historie di Napoli* di Pandolfo Collenuccio, di proprietà del Riccio, con altre opere di vario argomento gli venivano inviate dalla Guardaroba alla villa del Poggio a Caiano (ASF, Guardaroba Medicea, f. 8, c. 136r, cfr. LEANDRO PERINI, *op. cit.*).

12 ASF, Guardaroba Medicea, f. 30, cc. 350 ds. 356 sin. Desidero ringraziare Massimo Marcolin per aver messo a mia disposizione le sue trascrizioni degli elenchi di libri appartenuti a Cosimo I de' Medici e ai suoi figli Francesco e Ferdinando.

13 ETTORE ALLEGRI, ALESSANDRO CECCHI, *Palazzo Vecchio e i Medici*, Firenze: Spes, 1980, p. 36.

14 ETTORE ALLEGRI, ALESSANDRO CECCHI, *op. cit.*, p. 47.

15 Desidero ringraziare Valentina Zucchi per aver messo a mia disposizione una sua approfondita ricerca su questo argomento.

16 ALESSANDRO CECCHI, *Botticelli*. Milano: Motta, 2005, p. 200.

17 Su di lui e il suo ruolo nella cultura artistica dell'Italia del Cinquecento vedi il recente libro di BARBARA AGOSTI, *Paolo Giovio. Uno storico lombardo nella cultura artistica del Cinquecento*, Firenze: Olschki, 2008.

18 Fra l'altro, il Giovio gli inviava, il 7 giugno del 1544 il *Fabio Massimo Recepto Tarento, quinto consulatu suo*, promettendogli anche di spedirgli antichità (ASF, Mediceo del Principato, f. 366, cc. 119r e v).

19 Si veda, al riguardo, ALESSANDRO CECCHI, *Il maggiordomo...*, cit., pp. 115-117.

20 PAOLO GIOVIO, *Lettere*. Roma: Istituto Poligrafico dello Stato, Libreria dello Stato, 1956-1958, I, p. 240.

21 ASF, Mediceo del Principato, f. 1170a, c. 547. Il Medici si sarebbe dedicato con passione, ogni sera, anche alla lettura delle *Historiarum sui temporis* del Giovio (si veda la nota 15 del saggio di Massimo Marcolin nel presente volume).

22 Fiammingo, stampatore ducale in Firenze dal 1547, tenuto per contratto ad inviare una copia di privilegio al sovrano.

23 Nell'inventario del 1553, fra i libri latini figurano: «Pauli Jovij, Vitae […] Pauli Jovii, Leonis, Adriani et Pompei vitae […] Pauli Jovij, Vitae illustrium virorum […] Pauli Jovij, Leonis vitae in fogli azzurri vol. 2…». Fra i libri latini in quarto: «Pauli Iovij, Vitae vire comitu…» (ASF, Guardaroba Medicea, f. 30, cc. 352 sin-353 sin). All'invio dell'edizione in carta azzurra si riferisce, con ogni probabilità, la lettera inviata dal Riccio al Pagni il 14 maggio del 1548: «Mando in mano di V.S. un libro legato in carta buona del Jovio stampato da questo stampatore di S.Ecc.: et lei si degnerà porgerlo a nome suo, ma non e il tributo: perche il tributo di questa è stampato in carta buona, et come sarà in ordine lo manderà a S.Ecc.: intanto la vegga la stampa in questo colore di carta, che dicono farsi per rispetto della vista. Ma nel vero la stampa riesce molto bella cosi il mando un sonetto del Varchi sopra la presa della fusta dalla galera di S.Ecc.» (ASF, Mediceo del Principato, f. 388, c. 82v).

24 Vedi la nota precedente.

25 «Villa est in conspectu urbis peninsulare modo in subiectu circumfusi Larii pelagus exporrecta», a quanto scrive lo stesso Giovio nel 1546 nella sua *Musei Descriptio*.

26 ASF, Mediceo del Principato, f. 364, cc. 597r e v; PAOLO GIOVIO, *Lettere*, cit., I, p. 307. Il Giovio scriveva nel suo *Dialogo dell'Imprese*: «E così l'ho fatto dipingere, figurando le stelle che entrano nel segno del Capricorno, nella camera dedicata all'Honore, la qual vedeste al Museo, dov'è anchora l'Aquila, che significa Giove e l'Imperadore, che porge col becco una corona trionfale, col

20 motto che dice "Juppiter merentibus offert" pronosticando che Sua Eccellenza merita ogni glorioso premio per la sua virtù» (PAOLO GIOVIO, *Dialogo dell'imprese militari et amorose...*, cit., pp. 57-58).

27 Cosimo ne possedeva nel 1553 un esemplare annoverato fra i «Libri toscani volgari d'ogni sorte» come «Inscriptione delli homini famosi nel museo del Jovio» (ASF, Guardaroba Medicea, f. 30, c. 371 ds).

28 ASF, Mediceo del Principato, f. 391a, c. 15; cfr. GIORGIO VASARI, *Der Literarische Nachlass Giorgio Vasaris*, herausgegeben und mit kritischen Apparate versehen von Karl Frey. München: Georg Müller, 1923-1930, I, p. 497 nota; SILVIA MELONI-TRKULJA, voce "Cristofano dell'Altissimo", in *Dizionario biografico degli Italiani*, vol. XV. Roma: Istituto della Enciclopedia Italiana, 1972, pp. 615-617. L'invio dell'elenco, era stato preannunciato il 5 gennaio dell'anno precedente dal Giovio: «Et poi che non mi si appresentano parole di qualita bastante à ringratiarla, mi sforzerò di far' che nel vago libro di questi Elogij ella conosca il grato animo mio gia molto tempo dedicato ad impiegarsi co'l poco i[n]gegno in opra che gli possi apportar honesta delettatione. Et tratando per intervenirla metterò a l'ordine il Catalogo de gli Heroi qual per esser longo non può venir' con questo Procaccio» (ASF, Mediceo del Principato, f. 391, c. 371). Giovanni Conti scriveva da Firenze a Cristiano Pagni il 7 aprile del 1549: «Mandole a V.S: con una del Jovio a S.S. legata sopra li elogij di messer Farinata delli Uberti et d'altri come V.S. vedrà, accio tutto facci vedere a S.Ecc.a» (ASF, Mediceo del Principato, f. 393, c. 96).

29 Cristiano Pagni scriveva da Pisa al Riccio in Firenze il 15 aprile del 1549: «S:Ecc.a m'ha comandato ch'io scriva alla S.V. che la s'informi chi doppo li XVI Imperadori romani, ha scritto le Vite delli altri, sino a'Erodiano, et che la gli mandi qua tutti e'libri di chi ha scritto, latini o'volgari che siano, et se non trovasse chi havessi scritto le Vite loro, mandi l'opere di coloro che hanno scritto l'historie loro, Io intendo che M. Raffaello da Volter-

ra, ha fatto non so che compendio delle vite di detti Imperadori, et per moderno, ha scritto molto bene» (ASF, Mediceo del Principato, f. 1175, ins. III, doc. 6). Il 17 seguente il Riccio spediva un libretto con le *Vite di X Imperatori e*

mani, le quali le metto in sieme, et le mandero quanto prima» (ASF, Mediceo del Principato, f. 393, c. 321).

30 SILVIA MELONI-TRKULJA, *op. cit.*, p. 55.
31 *Ibidem.*
32 Paolo Giovio il giovane, nipo-

de Medici, prima gran duca di Toscana. Scritta da Giovambatista Cini. In Firenze: appresso i Giunti, 1611, p. 522.

41 ETTORE ALLEGRI, ALESSANDRO CECCHI, *op. cit.*, p. 262.
42 ASF, Guardaroba Medicea, f.

del Beck (*The Medici inventory of 1560*, «Antichità viva», 13, 1974, n. 3, pp. 64-66; n. 5, pp. 61-63), dopo la metà dell'ottobre 1562 e prima del 1565. Dei «Ventitré ritratti d'huomini di casa Medici» fat-

Lo sviluppo della cartografia e la figura del cosmografo alla corte dei Medici (1563-1634)

Elisabetta Stumpo

Giorgio Vasari, *Cosimo visita le fortificazioni dell'Elba*, 1565. Firenze, Palazzo Vecchio, Sala di Cosimo I. Nel 1548 Cosimo I ricevette l'autorizzazione imperiale per cominciare le fortificazioni di Portoferraio, piazzaforte strategica per il controllo della navigazione nel Tirreno, e per la difesa delle coste toscane che, in onore del duca, fu chiamata Cosmopoli. Il progetto iniziale fu affidato all'ingegnere militare Giovan Battista Belluzzi, sostituito successivamente da Giovanni Camerini che, nell'affresco, compare di fronte al duca nell'atto di mostrargli la nuova città. Nel mare si scorge «un Nettuno che abbraccia una femmina guidando i suoi cavalli marini con il tridente» allegoria della «grandissima sicurezza» instaurata da Cosimo nel suo Stato

Partendo dal noto progetto della Sala delle Carte geografiche in Palazzo Vecchio, si vuole ripercorrere quello che è stato l'interesse dei primi granduchi di Toscana per la produzione di carte geografiche, di raffigurazioni del territorio e di fortificazioni, mettendo al contempo in evidenza il progressivo affermarsi del ruolo del cosmografo di corte, attraverso i profili biografici di alcuni fra i principali esponenti di questo settore. In particolare intendo soffermarmi su due personaggi: Antonio Lupicini, perché, come dirò meglio in seguito, fu un tecnico eclettico, competente in ambiti assai diversi ma fino ad ora poco studiato e Matteo Neroni, ultimo a ricoprire la carica di cosmografo. Si tratta di un piccolo contributo alla scoperta di qual vasto patrimonio cartografico, elaborato a partire dall'inizio del Cinquecento, che ancora oggi si conserva, poco conosciuto, all'interno degli archivi e delle biblioteche toscane[1].

Con i primi viaggi dei Portoghesi lungo le coste africane alla metà del Quattrocento si apre la gloriosa epoca delle esplorazioni che, in poco meno di due secoli, porta alla rottura delle barriere geografiche e di conseguenza a un notevole incremento della produzione cartografica. La scoperta di nuove terre spinge infatti i cartografi a correggere le lacune e le imprecisioni delle vecchie mappe e al contempo stimola gli Stati a finanziare nuovi viaggi di esplorazione. In questi anni vedono la luce le prime carte a stampa, la cui produzione passa, nello spazio di un secolo, da pochi esemplari a varie centinaia all'anno. In tutta l'Europa del tempo, da Norimberga a Venezia, da Parigi a Lisbona o a Roma, vengono prodotti nuovi strumenti, nuove carte, nuovi mappamondi. Johann Schoner, a Norimberga, costruisce tre importanti mappamondi di metallo inciso, nel 1528, che tengono conto delle scoperte cartografiche frutto del viaggio di Magellano[2].

In tale settore acquistano fama e prestigio città come Norimberga, Augusta, Lovanio e Firenze, che ne diventano le capitali. Mentre Augusta e Norimberga si dedicano alla produzione di piccoli strumenti come quadranti equinoziali, quadranti orizzontali, anelli solari, notturlabi e quadranti orari, Lovanio diventa il grande centro di produzione di astrolabi.

Firenze si afferma invece in questo settore per l'attività dei Della Volpaia e della famiglia Giusti, tra cui spicca la figura di Giovan Battista, abile costruttore di astrolabi e amico di Egnazio Danti. I Della Volpaia, attivi per più di tre generazioni, producono, oltre al celebre Orologio dei Pianeti, collocato successivamente proprio in Palazzo Vecchio, notturlabi, quadranti equinoziali, astrolabi, sfere armillari. Firenze è ben nota anche per la produzione tipografica: l'edizione della *Geografia* di Tolomeo del 1482 aggiunge, per la prima volta in Europa, anche quattro carte moderne[3].

Alla fine del Cinquecento si iniziano a stampare album di mappe, veri e propri atlanti moderni, per istruire e coinvolgere una nuova platea di "consumatori", mentre nelle corti rinascimentali italiane si realizzano vasti cicli pittorici di carattere geografico. Fra questi i più noti e studiati – oltre a quello di Palazzo Vecchio – sono i due cicli del Vaticano e quello di Palazzo Farnese a Caprarola, eseguiti tutti tra il 1563 e il 1585 circa[4]. Questi straordinari progetti decorativi, oltre a testimoniare il crescente interesse per il "Mondo Nuovo" con i suoi abitanti, gli animali e le piante mai visti prima, sono strettamente connessi alla personalità dei committenti che li hanno voluti.

A sinistra, Giovan Battista Belluzzi, *Progetto del Forte Falcone di Portoferraio*. Firenze, Biblioteca Nazionale Centrale, Fondo Naz. II.I.280, c. 22v. In soli due mesi il Belluzzi ideò progetti e modelli della nuova città, innalzò i due forti e il sistema bastionato di raccordo. In seguito Cosimo lo incaricò di disegnare le piante di città e fortezza "che sono oggi forti così in Italia come in altre parti del mondo". Nell'album, conservato alla Biblioteca Nazionale di Firenze, compaiono anche le piante del Forte Falcone e della Stella: i perimetri delle due fortezze sono segnati in giallo a indicare il loro stato di progetto.
A destra, Giovan Battista Belluzzi, *Progetto del Forte Stella di Portoferraio*, Firenze, Biblioteca Nazionale Centrale, Fondo Naz. II.I.280, c. 23r

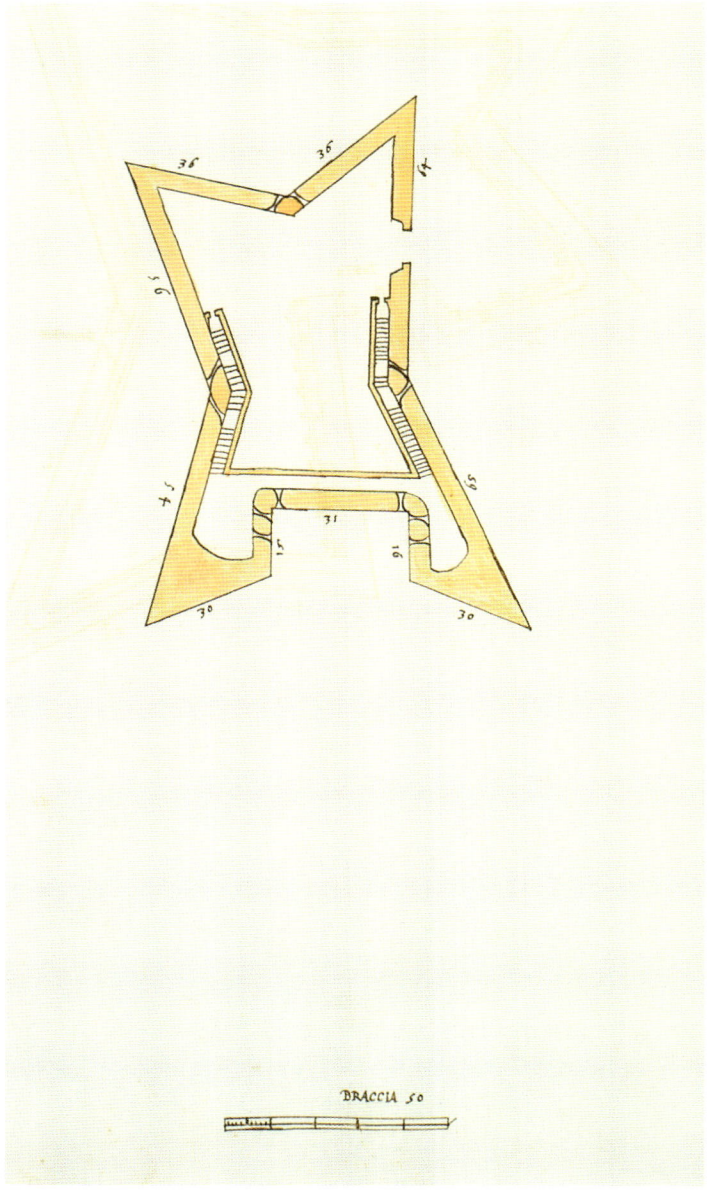

BRACCIA 50

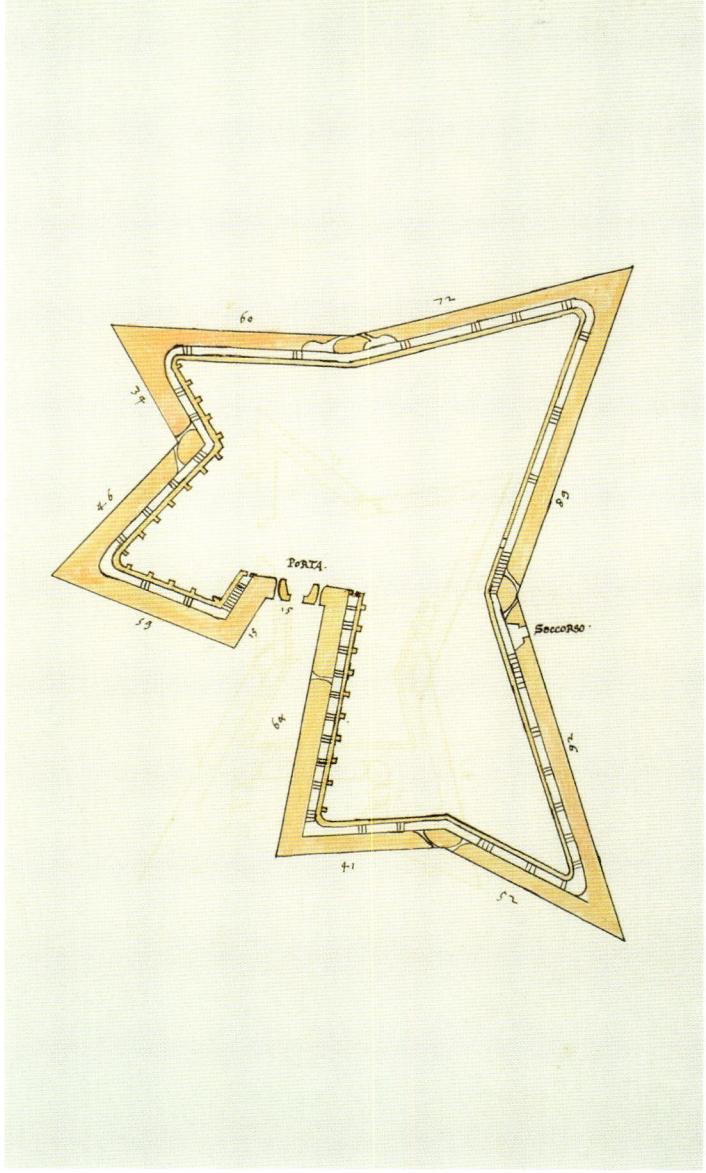

Città del Vaticano, Galleria delle Carte Geografiche, 1580-1581. Lunga 120 metri, la Galleria fu voluta da papa Gregorio XIII a completamento del precedente ciclo cartografico realizzato, nella Terza Loggia, da papa Pio IV. Lungo le pareti sono dipinte quaranta mappe raffiguranti le regioni e le principali città italiane e la contea papale di Avignone. Le carte furono disegnate da Egnazio Danti, mentre l'esecuzione fu affidata a un'équipe di artisti minori. Nella volta si alternano riquadri ornamentali e scene storiche tratte dal Vecchio e Nuovo Testamento, dalla storia della Chiesa e dalle vite dei santi. Una scritta posta all'ingresso della galleria presenta il progetto iconografico: «L'Italia, la più nobile regione dell'intero globo, è divisa in due parti da questa galleria, così come in natura è tagliata dagli Appennini [...]. La volta mostra le pie gesta dei santi, le mappe i luoghi ove essi le hanno compiute». L'Italia rappresenta dunque la nuova Terrasanta posta sotto il dominio dell'autorità pontificia

Carte e potere

È nella Firenze di Cosimo I che troviamo il più antico di questi cicli, la Sala delle Carte geografiche di Palazzo Vecchio, essendo andata distrutta la prima opera cartografica italiana eseguita da Jacopo Gastaldi a Venezia tra il 1549 e il 1553.

Cosimo – fondatore del nuovo Stato toscano che si realizza, alla metà del Cinquecento, con la conquista e l'annessione della Repubblica di Siena e con la riorganizzazione amministrativa ed economica del territorio – non a caso attribuisce un vero e proprio ruolo strategico alla geografia. L'azione politica e militare del duca richiede il rafforzamento e l'ampliamento delle strutture a difesa delle città e dei confini dello Stato: si costruiscono nuove fortezze, si alzano torri di avvistamento per proteggere le coste dalla costante minaccia dei Turchi, si fondano nuove città.

In questa vasta e complessa opera di rinconfigurazione del ducato si impone la necessità di rappresentare con precisione il nuovo territorio e in particolare le zone di confine, spesso poco definite e consolidate, all'origine di aspre contese tra gli stati limitrofi: si pensi per esempio alle frontiere nord-occidentali del ducato toscano condivise con Liguria e Stato di Milano, o ai piccoli Stati feudali della Lunigiana e ai possedimenti medicei al di là degli Appennini verso Forlì, nella lontana Romagna fiorentina[5].

Ingegneri militari e idraulici, architetti, costruttori di macchine e cartografi sono chiamati dal sovrano fiorentino, fin dai primi anni del suo governo, a prestare la loro opera nei diversi ambiti di loro competenza; a loro Cosimo affida il compito di raffigurare città e fortezze della penisola italiana in una raccolta di immagini che, in alcuni casi, costituiscono dei veri e propri atlanti di città, come ha messo in evidenza Daniela Lamberini

Archivio de Confini Caf.º III. Cap XI. Nº 18. Libro di Piante a c.º 19

nella sua importante monografia dedicata a Giovan Battista Belluzzi, uno dei principali ingegneri militari al servizio del duca. Ma gli interessi di Cosimo si protendono ben oltre l'ambito italiano: desideroso di attuare una politica di espansione commerciale in Oriente e nelle Indie occidentali, il duca raccoglie una cospicua documentazione cartografica relativa anche a questi nuovi mondi, favorendo per esempio la traduzione dal portoghese di portolani per navigare in quelle lontane zone.

Le forti inclinazioni scientifiche di Cosimo I sono d'altronde ben note già ai suoi contemporanei come documentano le parole del suo medico Baccio Baldini «E si dilettava assai […] di udir ragionare […] di storie della natura, degli animali, delle piante, delle cose di geografia […]. Egli aveva acquistato una conoscenza grandissima di molti animali terrestri, uccelli e pesci. Conosceva ancora una quantità grandissima di piante […] E ragionava di tutte queste cose sì dottamente che pareva avesse lungo tempo atteso alla filosofia naturale e alla medicina e non ve n'è meraviglia perché aveva una grandissima memoria fin da giovane»[6].

Il Medici risulta dunque particolarmente versato alle scienze naturali, che incoraggia e favorisce attraverso la fondazione e il continuo sviluppo degli orti botanici di Firenze e Pisa – tra i più antichi d'Europa – affidati al botanico di fama europea Luca Ghini.

Dalla biblioteca del Medici si ottiene la conferma che tra le sue letture preferite spiccano – accanto ai testi classici di Plutarco e Giulio Cesare – quelli di carattere geografico e naturalistico: Cosimo ama avere sempre a sua disposizione, nei suoi diversi spostamenti, l'opera di Claudio Tolomeo, come dimostrano le puntuali registrazioni della Guardaroba, che ne segnalano l'entrata e l'uscita[7]. Sfogliando d'altronde gli inventari delle collezioni del duca emerge un numero molto consistente di mappe e quadri dei principali

«Pianta del Luogo della differenza de Confini di Castiglion della Pescaia, con Scarlino del Principe di Piombino fatta da Gio. Francesco Cantagallina lì 10 giugno 1616». Firenze, Archivio di Stato, *Piante antiche di confini*, 38, Cas. III, Cap. II, n. 18, c. 14. La pianta fu realizzata dal Cantagallina, apprezzato ingegnere civile e militare, per evidenziare i «luoghi controversi fra S.A.S. e il Sig.r Principe di Piombino», il cui Stato si inseriva all'interno del dominio medioceo. Il Cantagallina visitò i luoghi alla presenza dei commissari, uomini di legge eletti delle due parti, che sottoscrissero il documento. La giurisdizione sul delicato problema del controllo dei confini fu, fino al 1769, di pertinenza della Magistratura dei Nove Conservatori ed è documentata, dal punto di vista cartografico, nelle *Piante dei Confini*, suddivise in «piante antiche», comprese tra il XVI secolo e il 1782, e «piante moderne», comprese tra il 1782 e il 1859. La legge disponeva che ciascuna comunità confinante con Stati esteri dovesse compiere, ogni anno, una visita dei confini «per verificare la regolare posizione e riferirne entro un mese al Magistrato dei Nove». Cfr. *Imago et descriptio Tusciae*, a cura di Leonardo Rombai, Firenze 2004, pp. 196, 212, 216

Francesco Mazzola, detto il Parmigianino, *Ritratto di Carlo V*, 1529-1530, Collezione privata. Il quadro fu eseguito, secondo la testimonianza di Giorgio Vasari, «quando l'imperatore fu a Bologna perché l'incoronasse Clemente VII». Parmigianino ritrasse il sovrano con la «Fama che lo corona di lauro, ed un fanciullino in forma d'un Ercole piccolino che gli porgeva il mondo, quasi dandogliene il dominio». Sul fodero della spada sono effigiate le colonne d'Ercole, riferimento all'impresa "Plus ultra" scelta da Carlo V per rappresentare la vastità del suo impero. In Europa, l'utilizzo del globo come attributo monarchico acquisisce, con le grandi scoperte, una nuova importanza: su di esso sono raffigurate con scientifica precisione le nuove terre sulle quali estenderanno la propria influenza i sovrani europei

Paesi europei, preziose carte «da navicare», una «descritione […] grande del Affrica»[8], che arricchiscono gli ambienti di Palazzo Vecchio e di Pitti. Non deve quindi stupire la volontà di Cosimo di dare inizio ad «un'opera che di quella professione non è stato mai per tempo nessuno fatta, né la maggiore, né la più perfetta»[9], come scrive Vasari riferendosi al progetto geografico in Palazzo Vecchio, tanto più che essa si inserisce in una tradizione, condivisa dalle corti europee rinascimentali, nella quale le mappe sono utilizzate come veicoli di concetti politici e morali, dovendo spesso illustrare la sfera di influenza di un principe o di uno Stato. Come è stato già messo in evidenza da vari studiosi[10] il complesso progetto cosimiano assolve *in primis* ad una funzione autocelebrativa, attraverso il richiamo alla tradizione classica e al simbolismo imperiale. In un Europa dominata dal modello di Carlo V, anche Cosimo sembra prediligere quegli attributi che più lo avvicinano alla figura del sovrano spagnolo. È sua la scelta di adottare il motto «Kosmos kosmou kosmos», con cui proclama che «il Duca Cosimo honora il mondo, e 'l mondo lui, o vero, che l' mondo è di Cosimo et egli di lui», giocando con l'assonanza tra il suo nome e il termine greco che definisce l'universo. La cosmografia diventa così lo strumento ideale per legittimare il potere del duca attraverso una rappresentazione visiva dell'ordine che governa il mondo; in un momento di grande instabilità politica e religiosa in Europa si avverte la necessità di trovare un rifugio nell'ordine, rappresentato appunto dalla figura del monarca: la simbologia universale adottata da Cosimo serve dunque a costruire e al contempo a imporre, non solo a livello locale, la sua nuova immagine di sovrano assoluto.

L'invenzione della Guardaroba Nuova: il ruolo di Miniato Pitti

I lavori per la Sala delle Carte geografiche hanno conosciuto tre significative tappe che coincidono con tre diverse figure di cosmografi: don Miniato Pitti, frate Egnazio Danti e don Stefano Bonsignori, che si succedono e in parte si sovrappongono, contribuendo in maniera assai diversa all'esecuzione dell'impresa a partire dal settembre del 1563, anno in cui Cosimo affida al Pitti l'incarico di «spartire» le tavole di Tolomeo.

Il progetto, durante i 23 anni necessari alla sua realizzazione, subisce rallentamenti e modifiche che ne ridimensionano la portata, senza che tuttavia ciò comporti un abbandono dell'interesse per la cartografia da parte dei due figli di Cosimo, Francesco I e Ferdinando I, che permettono la conclusione della Sala.

Anche l'ideazione del ciclo pittorico è difficilmente attribuibile ad una sola figura, mentre è altamente probabile una stretta collaborazione tra il duca Cosimo, Giorgio Vasari, Miniato Pitti e Vincenzo Borghini, intellettuale e studioso di spicco presso la corte fiorentina.

Prima di affrontare nel dettaglio l'operato di questi poliedrici personaggi, occorre innanzi tutto precisare che tra il XVI e il XVII secolo la cosmografia è sinonimo di geografia e cosmografi sono coloro che disegnano carte geografiche e costruiscono globi. Il crescente interesse per la raffigurazione del territorio di nobili e sovrani trova la sua manifestazione concreta nella nomina di «cosmografo» di corte, un prestigioso titolo onorifico che evidenzia la funzione esemplare della cartografia. Le caratteristiche che distinguono i migliori cartografi nel Rinascimento sono le conoscenze matematiche e astronomiche, l'esperienza nella geometria pratica e nell'utilizzo di strumenti di osservazione e misurazione, la possibilità di fruizione del sapere geografico (libri e mappe)[11]. Non è un caso che Danti sia anche matematico di valore e costruttore di strumenti astronomici e di rilevamento del territorio, così come Bonsignori e Matteo Neroni, che a Roma inizia la sua formazione collaborando proprio con frate Egnazio.

Tra loro la figura meno indagata è certamente quella di Miniato Pitti, monaco olivetano nato alla fine del XV secolo, appartenente a una delle famiglie fiorentine più note e influenti, molto legata ai Medici. Miniato sviluppa già in famiglia una forte inclinazione per gli studi di geografia, matematica e astronomia, materie delle quali tratta anche in alcune sue opere rimaste manoscritte; fra queste si ricorda in particolare un libro di geografia – purtroppo perduto – dedicato alla toponomastica antica e moderna di tutto il mondo. Il Pitti abbraccia la vita religiosa entrando, nel 1516, nell'Ordine degli Olivetani, dove ricopre numerose cariche di prestigio fino a diventare abate del monastero di San Miniato al Monte. Amico fraterno del Vasari, al quale procura svariate commissioni artistiche, e profondo conoscitore dell'ambiente artistico del suo tempo – è in contatto anche con Vincenzo Borghini – viene incaricato da Cosimo I del progetto iniziale per la sala della Guardaroba. Del suo coinvolgimento in tale iniziativa restano esigue tracce nel carteggio tra Miniato e il duca e in quello più cospicuo con Giorgio Vasari.

Egnazio Danti, cosmografo «eccellentissimo»

È noto che, essendo il Pitti molto preso dagli impegni del suo Ordine, fin dal principio suggerisce al duca di avvalersi del talento di un giovane frate domenicano, il perugino Egnazio Danti, fratello dello scultore Vincenzo già al servizio della corte fiorentina. Il Danti, che si trova a Firenze sicuramente dal 1563 nel convento di Santa Maria Novella[12], dà inizio, nell'ottobre dello stesso anno, alla realizzazione delle prime mappe. Pitti, che ne segue il lavoro, elogia le sue ottime capacità al duca Cosimo I[13] compiacendosi della scelta fatta che sembra preludere a una rapida ed esemplare esecuzione della Sala. Danti si rivela immediatamente un abile interprete delle ambiziose e sofisticate aspirazioni del sovrano toscano, qualità che dimostrerà anche molti anni dopo quando, al servizio di papa Gregorio XIII, collaborerà all'altrettanto fastoso ciclo cartografico nella Galleria Vaticana.

In una lettera di Pitti al duca del 1564[14] si trova un interessante riferimento proprio al progetto geografico romano, commissionato inizialmente da papa Pio IV nella Terza Loggia del Vaticano, al quale Cosimo guarda con particolare coinvolgimento: i due cicli, pur differendo nella sostanza, prevedevano infatti un collegamento – di cui resta traccia solo nei documenti – tra le mappe e le immagini di piante e animali corrispondenti ai

Bartolomeo Passerotti, *Ritratto di Egnazio Danti*. Brest, Musée des Beaux-Arts. L'intenso ritratto fu eseguito intorno al 1580 mentre Danti si trovava a Bologna con il prestigioso incarico di insegnare matematica all'Università. Qui Danti strinse amicizia con il Passerotti, di cui apprezzava le grandi capacità pittoriche. Frate Egnazio veste l'abito domenicano e siede presso un tavolo su cui sono posati due volumi. Sul taglio del libro chiuso si legge, in greco, MAEG. SUN. ovvero l'abbreviazione di *Megále Suntaxis*, il titolo del trattato di astronomia di Tolomeo. La stessa materia è trattata

La Sala delle Carte geografiche

nel libro aperto, dove compare la scritta CLA. PTO. ALMAGESTUM, titolo latino dell'opera del geografo alessandrino, che Danti insegnava all'Università. Lo studioso sembra ritratto mentre tiene una lezione: ha il braccio destro sollevato, con l'indice teso verso il libro. Nella mano a riposo sorregge un compasso, strumento di misurazione che allude alle sue abilità scientifiche. Questo quadro servì da modello per la copia seicentesca conservata oggi a Perugia. Cfr. Angela Ghirardi, *Bartolomeo Passerotti. Pittore (1529-1592). Catalogo generale.* Rimini: Luise, 1990, pp. 216-218

paesi raffigurati. Le osservazioni di Pitti, secondo cui gli affreschi della Terza Loggia non presentano né lo stesso rigore scientifico né la stesse qualità esecutive delle tavole del Danti, ma anzi appaiono destinati ad un rapido deterioramento, confermano il desiderio della corte medicea di superare il modello vaticano, in quello spirito di contesa tipico delle corti italiane del Cinquecento.

Il contributo di Miniato si limita quindi all'ideazione del progetto e ad un'iniziale supervisione del lavoro del giovane Egnazio Danti; già alla fine del 1564 Pitti preferisce rinunciare alla sua collaborazione al progetto cosmografico a favore del suo importante ruolo all'interno della congregazione di Monte Oliveto.

Il primo nucleo di tavole

Spetta quindi al Danti il compito di proseguire i lavori della Sala il cui andamento, in mancanza di altre testimonianze, è documentato soprattutto dai pagamenti da lui riscossi nel corso dei 12 anni passati al servizio della corte medicea; tali pagamenti ci consentono di costruire una precisa cronologia dell'opera fornendoci anche importanti indicazioni sui materiali utilizzati.

Il primo mandato al frate domenicano risale al 7 febbraio del 1564: il duca Cosimo I dà ordine al suo depositario generale Agnolo Biffoli di pagare 25 scudi «di moneta, a lire 7 per scudo… a Frate Egnazio di Giulio Danti Perugino dell'Ordine de Predicatori per conto delle opere di Cosmografia per la nostra Guardaroba»[15].

Per quanto riguarda invece le fonti geografiche utilizzate dal Danti le informazioni più utili in proposito provengono dai cartigli esplicativi contenuti all'interno delle tavole stesse. Restano tuttavia poco chiari i tempi e le modalità con cui le tavole sono collocate nella Sala della Guardaroba. Giorgio Vasari, che segue da vicino l'andamento delle opere di cosmografia e più in generale la realizzazione della nuova Guardaroba, nell'aprile del 1564 informa il duca del buon andamento dei lavori confermando che «il frate con le tavole di Tolomeo lavora gagliardo, et Fra Miniato Pitti l'à aiutato e insegniato molte cose; et sarà cosa rara…»[16]. Nel gennaio del 1565 il Danti ha infatti già pronti tutti i quadri per una facciata della Sala e anche gli «ornamenti in noce» sono finiti come testimoniano le compiaciute parole di Vasari al duca: «Et gia à per una facciata tutti e quadri fatti, et anche è finito gli ornamenti di nocie, e va seguitando il far la palla grande: Che tutto farà cosa che inporta…»[17].

Per facilitare ulteriormente il lavoro di Egnazio, l'artista aretino chiede e ottiene dai frati di Santa Maria Novella che gli siano concesse e allestite «certe stanzaccie […] perché stia comodo et sano a lavorarvi»[18]. Successivamente viene messa a disposizione del Danti anche l'infermeria del convento, da lui trasformata in un vero e proprio laboratorio destinato alla realizzazione delle sue opere, fra cui il globo terrestre che deve completare l'allestimento della Sala[19].

Un'ulteriore conferma alla rapida conclusione del primo gruppo di tavole è la notizia che nell'ottobre dello stesso anno sono pagati cinque facchini per portare «12 quadri dipinti di Santa Maria Novella in palazzo ducale»[20]. Non è certo tuttavia se questi siano stati montati direttamente nella Sala principale della Guardaroba, oppure inizialmente collocati in un altro ambiente in attesa della fine dei lavori nel quartiere suddetto.

Il Quartiere della Guardaroba

Mentre infatti Danti lavora alacremente alle tavole, architetti, muratori e legnaioli mettono mano all'ampliamento e alla riorganizzazione del quartiere che ospita l'Ufficio della Guardaroba. Le prime spese per il «palco et stanza della guardaroba del palazzo di

Firenze»[21] risalgono infatti all'agosto del 1563, mentre i lavori per gli armadi della Sala iniziano nei primi mesi del 1564 e sono affidati all'opera dell'esperto legnaiolo Dionigi di Matteo Nigetti, sottoarchitetto di Vasari nella fabbrica degli Uffizi. Nel gennaio di quell'anno Vasari ha provveduto inoltre a spedire a Pisa un modello della Guardaroba, realizzato dal Nigetti, affinché il Danti possa presentarlo al duca Cosimo[22], per averne l'approvazione. Nel corso del 1565 i lavori della Sala subiscono tuttavia un rallentamento: Vasari insieme a molti altri artisti fra cui lo stesso Danti è infatti impegnato nella realizzazione dei sontuosi apparati per le nozze del principe Francesco con Giovanna d'Austria nonché nella straordinaria costruzione del corridoio che deve unire il Palazzo ducale a Palazzo Pitti. In questo contesto si può comprendere il rifiuto da parte di Francesco, nell'aprile del 1565, alla richiesta fatta dal Vasari di ben 200 scudi alla settimana per portare a termine il palco della guardaroba, per la necessità di contenere le spese. È anche possibile che all'interno della corte si cominci a riconsiderare l'ampiezza del progetto vasariano, giudicata forse fin troppo ambiziosa in alcuni suoi aspetti. Non bisogna infine dimenticare che a partire dal 1564 Cosimo rinuncia formalmente al potere, pur mantenendo il titolo ducale, a favore del figlio Francesco: spetta ora al giovane principe seguire con maggiore attenzione l'andamento dell'opera e decretarne la conclusione.

Nel corso del 1566 comunque i lavori riprendono con regolarità: si fabbricano gli armadi per il nuovo Quartiere della guardaroba, si provvede a fornirli di serrature e di chiavi. Dal gennaio del 1567 al novembre dello stesso anno presta la sua opera anche il maestro Bernardo d'Antonio di Monna Mattea che risulta essere pagato per diversi lavori di muratura[23], mentre si susseguono i pagamenti al Nigetti per la costruzione degli armadi[24]. Nel giugno del 1567 il Nigetti viene pagato «lire dumilatrecentonovantacinque soldi otto piccioli» per montare un palco della dimensione di 406 braccia «intagliato con quadri e otagoli isfondati e sopra a detti isfondatti fatte quadri d'asse di 0/2 con ispranghe per dipigniervi sune»[25]. È questo il celebre palco che, secondo il progetto iniziale in realtà mai realizzato, doveva essere decorato con immagini e figure celesti, e dal quale dovevano scendere due globi, uno raffigurante tutta la terra e l'altro le 48 immagini celesti.

Con il pagamento[26], nell'aprile del 1571, di 780 fiorini a maestro Dionigi per aver montato 65 braccia di armadi in noce con sportelli, intagliati e decorati con maschere e festoni – lo splendido supporto sul quale si collocano le tavole di cosmografia – si concludono i lavori principali alla Guardaroba. Negli otto anni trascorsi dall'inizio del riallestimento della Sala possiamo supporre che gli armadi siano stati montati in *tranches* successive e di conseguenza anche i quadri del Danti potrebbero aver seguito tale andamento. A questo proposito il primo inventario di Guardaroba[27] utile, cioè quello del giugno 1574, realizzato subito dopo la morte di Cosimo I, documenta la presenza delle tavole di geografia del Danti nella Sala dell'Orologio (la sala principale della Guardaroba) collocate sugli undici armadi.

Il globo terrestre di Egnazio Danti

Oltre alla realizzazione delle tavole il Danti è contemporaneamente impegnato nella costruzione di un enorme globo terrestre da sistemarsi nella medesima Sala. Anche sulla cronologia di questa nuova opera che si presenta, secondo le parole del Danti[28], come un'«invenzione» particolarmente elaborata ed originale, le informazioni consistono principalmente nelle numerose ricevute di pagamenti al frate e ai diversi artigiani impegnati nella costruzione. Dalle centine «per fare una palla d'apamondo per il palazzo ducale» consegnate a Egnazio nell'ottobre del 1564, alla canapa filata e alle stoffe acquistate dal materassaio Antonio, dal prezioso azzurro oltremarino, fino ai 500 pezzi d'oro battuto per fare le lettere dei nomi delle città, pagati al Danti nel dicembre del 1570:

■ Dionigi di Matteo Nigetti, *Armadi intagliati*, dettaglio, 1571. Firenze, Palazzo Vecchio, Sala delle Carte geografiche. Membro di una nota famiglia di intagliatori fiorentini, Dionigi collaborò con Giorgio Vasari come sottoarchitetto alla fabbrica degli Uffizi e con Bernardo Buontalenti alla realizzazione delle mensole nella Tribuna degli Uffizi. Gli armadi in noce presentano una raffinata decorazione di maschere, festoni e preziosi intagli

tutto è registrato con precisione nei documenti d'archivio[29] rendendoci possibile collocare la conclusione del globo nel 1571.

Sulle spese relative al globo ci fornisce ulteriori informazioni proprio lo stesso Danti in una lettera del 1571 al conte Polidoro Castelli; il frate ci fornisce infatti una sua valutazione sui costi per la costruzione del globo che egli calcola esser stati di poco superiori ai 40 scudi, mentre per la fattura del piede di sostegno la cifra assomma a ben 400 scudi. Resta infine aperto il problema della sistemazione del globo terrestre: non è infatti chiaro se una volta terminata l'opera sia stata collocata nella Sala della Guardaroba – cosa assai improbabile poiché non compare nei due inventari del 1570 e del 1574 – oppure trasferita direttamente a Palazzo Pitti dove risulta invece presente nell'inventario[30] del 1587.

Antonio Lupicini «Dedaleo ingegno»

Non possiamo dimenticare che a quest'opera straordinaria fornisce il suo contributo anche Antonio Lupicini detto il Lupattino, personaggio eclettico e poliedrico al servizio dei Medici per un lunghissimo periodo come artigliere, architetto militare e idraulico, ingegnere. Questa figura, fino ad oggi poco conosciuta, merita a mio giudizio un approfondimento più ampio rispetto ai ben più noti protagonisti dell'impresa cartografica qui illustrata. Figlio di un celebre bombardiere, giovanissimo si divide fra gli studi matematici e astronomici e l'arte militare partecipando alla guerra di Siena come artigliere[31]; successivamente Cosimo gli affida diversi incarichi fra cui la realizzazione di strumenti in ferro, primo tra i quali proprio il piede e i cerchi di sostegno per il globo di Danti. Terminata quest'opera nel febbraio del 1569 Lupicini viene iscritto nei Ruoli di corte con uno stipendio annuo di 200 scudi come testimonia il documento scritto dal tesoriere Tommaso de' Medici al maggiordomo Tommaso Baroncelli: «[…] Il duca signor nostro ha preso al suo servitio Maestro Antonio di Giovanni detto il Lupattino per servirsene a lavorare a quelle cose che Sua Eccellenza Illustrissima gli comanderà con provisione di scudi dugento di moneta l'anno […], però V.S. lo metta al rolo…»[32].

Negli anni successivi il Lupicini è impegnato a Boboli in un ampio progetto che prevede tra l'altro la costruzione di pezzi d'artiglieria: egli collabora infatti con il commissario generale delle artiglierie Giuseppe Bono e con il bombardiere spagnolo Michele di Giaca ricevendo, fino al 1572, grandi quantità di ferro e acciaio[33].

La morte di Cosimo I non interrompe il suo servizio presso la corte medicea: il nuovo granduca Francesco lo invia in Germania affinché porti il suo contributo all'imperatore Rodolfo II, impegnato nella difesa contro l'esercito turco[34]. Il Lupicini si distingue nell'opera di fortificazione della città di Vienna tanto da spingere l'imperatore a richiedere al sovrano toscano il prolungamento del suo incarico. Rientrato in patria, si dedica agli studi di idraulica e fra il 1582 e il 1585 lavora a più riprese al servizio della Repubblica di Venezia per la quale esegue importanti lavori nella laguna. Nel 1582 il Lupicini dà alle stampe il trattato di «*Architettura militare con altri avvertimenti appartenenti alla guerra*» dedicandolo al granduca Francesco, del quale loda non soltanto le inclinazioni per le arti liberali e la matematica, ma anche i favori accordati a «tutti quelli che si son dilettati di qual si voglia scienza»[35]. Apprezzato ingegnere idraulico viene chiamato nel 1586 a Mantova dal principe Vincenzo Gonzaga, in qualità appunto di esperto di inondazioni e costruzioni di argini, per porre rimedio ai danni causati dalle continue piogge nel mantovano[36].

Con la scomparsa di Francesco suo prottettore ed estimatore, Lupicini cerca i favori anche del suo successore, Ferdinando I. Nel novembre del 1587 dedica infatti al cardinale, con la preghiera di accettarli «sotto il grande scudo della sua protezione»[37], i «*Discorsi militari*» dove tratta dell'espugnazione di trenta diversi siti strategici.

In quest'ottica deve essere forse vista la lettera che l'ingegnere scrive al Granduca nell'ottobre del 1587 nella quale propone la ripresa del progetto di Cosmografia della Guardaroba, rimasto parzialmente incompiuto a causa di un calo di interesse del suo predecessore. Il fatto interessante è che la descrizione della Sala suggerita dal Lupicini non corrisponde al progetto vasariano che ben conosciamo. È probabile che questa variante sia frutto dell'immaginazione dell'artista desideroso di presentarsi al nuovo granduca – i cui interessi scientifici e geografici erano ben noti – per continuare il suo decennale servizio presso la corte fiorentina. Questa iniziativa non trova tuttavia seguito: vedremo

Antonio Lupicini, *Discorsi militari d'Antonio Lupicini, sopra l'espugnazione d'alcuni siti*, frontespizio, In Firenze, Nella Stamperia di Bartolomeo Sermartelli, 1587. Firenze, Biblioteca Nazionale Centrale. Dedicati al cardinale e nuovo granduca Ferdinando I, come testimonia il cappello cardinalizio, i *Discorsi* trattano «dell'espugnazioni di trenta siti, differenti l'uno dall'altro», partendo dai più semplici fino ad arrivare a quelli «tenuti inespugnabili», presentando al contempo «alcune novità militari, che saranno à proposito in molte occorrenze della guerra». La trattatistica architettonica civile e militare nasce come "genere letterario" in Italia, in stretta connessione con le difese delle nostre città. Nel Cinquecento gli architetti e gli ingegneri italiani, considerati i migliori nel loro campo, ricevettero incarichi per importanti lavori nelle grandi città del Nord Europa, dove diffusero il loro patrimonio tecnico e scientifico

■ Antonio Lupicini, *Teoriche dei Pianeti*, 1570-1574 circa. Firenze, Biblioteca Medicea Laurenziana. Le tre preziose sfere furono probabilmente commissionate da Cosimo I per illustrare ad un pubblico di non specialisti i movimenti dei pianeti Marte, Giove, Saturno, Mercurio e Venere. Le sfere sono collegate ad una quarta, più grande e già in possesso del duca, dove compaiono i movimenti del Sole, della Luna e dell'ottava sfera delle stelle fisse. Il progetto fu affidato nel 1574 ad Antonio Lupicini, che guidò il lavoro degli artisti – tornitori, doratori, ottonai e incisori – che materialmente realizzarono le opere. Le statue che reggono le sfere furono disegnate dallo scultore Valerio Cioli al servizio di Cosimo con l'incarico, fra gli altri, di restaurare le collezioni di antichità del duca: rappresentano un uomo (a sinistra) con un lungo abito e un cappello, identificato come un *Filosofo*; una donna (al centro) descritta come l'*Astrologia* o anche, per la presenza di una capra, la ninfa che si prese cura del piccolo Zeus, e infine una figura maschile (a destra), vestita con una pelle di animale, forse un leone, che corrisponderebbe ad *Atlante*. Cfr. Elly Dekker, *Catalogue of Orbs, Spheres and Globes*. Firenze-Milano: Giunti, 2004, pp. 32-51

infatti come Ferdinando concluderà in modo diverso il progetto paterno e al contempo ne svilupperà uno nuovo agli Uffizi, mentre al Lupicini affiderà altri incarichi e missioni. I primi anni sotto il nuovo granduca non sono quindi facili per Lupicini; sebbene riconfermato nei Ruoli di corte[38] con la qualifica di ingegnere e la provvisione mensile di 16 scudi e la concessione di «un cavallo a tutto governo», nel dicembre del 1588 scrive a Ferdinando supplicandolo, in virtù di una «fidel servitù di 36 anni»[39], che gli sia restituita la casa di Boboli che vent'anni prima gli aveva donato, in segno di stima, Cosimo I.

Nei medesimi anni continua a prestare la sua opera a Mantova e a Venezia, mentre nel 1594 partecipa alla guerra in Ungheria al seguito di don Giovanni de' Medici, come

esperto di fortificazioni. Dopo un breve soggiorno a Roma al servizio di papa Clemente VIII, viene nominato da Ferdinando I ingegnere e responsabile dell'Ufficio dei Fossi di Pisa. Qui lavora tra il 1597 e il 1601 insieme al figlio Cosimo, anch'egli ingegnere, occupandosi principalmente dei danni causati dalle piene dell'Arno.

L'ultima data sicura della presenza di questo longevo ingegnere a corte risulta da una lettera[40] del 1605 del duca di Mantova Vincenzo Gonzaga a Ferdinando I perché accolga nel monastero di via della Scala la figlia del Lupicini.

Le vicende del Lupicini gettano luce sulla figura dell'uomo di scienze nell'Italia del Cinquecento, che poteva rivestire i panni dell'ingegnere, dell'architetto militare, dell'artigliere, del cartografo, del costruttore di macchine e sulla complessa realtà nella quale si muoveva, obbligato dai meccanismi di corte degli Stati rinascimentali, ma al contempo animato da «Dedaleo ingegno […] nato a spiegar dell'intelletto l'ali Per arricchir d'inventioni il mondo»[41].

Le ultime tavole del Danti

Tornando ora alla nostra Sala delle Carte è possibile notare che, dopo una fase iniziale molto rapida, la produzione del Danti inizia a rallentare, passando da una media di circa cinque carte all'anno a una di due, probabilmente a causa dei sempre maggiori impegni del frate.

Cosimo cerca comunque di agevolarne l'opera facendo richiesta[42] nel maggio del 1569 al Padre Generale domenicano di concedere all'artista perugino una più ampia libertà dalle occupazioni del convento. Naturalmente l'appello del duca viene prontamente accolto e così frate Egnazio è esentato dal presentarsi al Capitolo dell'Ordine. Successivamente il Medici interviene nuovamente in favore del Danti, preoccupato per i conflitti sorti con alcuni confratelli, ottenendo che gli sia concessa maggiore autonomia, nonché la possibilità di «abitare in certe stanze separate nel medesimo convento»[43] in modo che possa continuare a servirlo nelle opere di cosmografia.

La profonda stima di Cosimo nei confronti del suo artista è testimoniata anche dai numerosi favori concessigli, quali la considerevole somma di 300 scudi[44] per la dote di una sua sorella e soprattutto la prestigiosa nomina di lettore di matematica presso lo Studio fiorentino, carica che egli mantiene dal 1571 fino al 1575 con un salario di nove scudi al mese.

Egnazio può così proseguire nella realizzazione delle tavole: nel febbraio del 1567 è registrato un pagamento[45] al frate per i materiali e la vernice necessarie alle tavole, mentre a dicembre risulta un pagamento[46] di scudi 24 a Francesco d'Averone per 8 once «d'azurro oltremarino» da usare per i quadri e probabilmente anche per il globo.

I pagamenti proseguono numerosi fino al 1573; la morte del duca Cosimo I non interrompe la collaborazione del Danti che risulta infatti presente nel Ruolo di corte[47] del 1575 con il salario di 4 scudi più 5 «per le spese di cosmografia»: in quella data ha eseguito trenta delle 57 tavole previste e proprio nel 1575 firma le sue ultime tre carte, quella della Cina, quella dell'Arabia e quella dell'Indostan terminata a settembre.

In quello stesso mese tuttavia, in modo del tutto inaspettato, il Danti riceve dal granduca l'ordine di lasciare la città di Firenze nello spazio di 24 ore e di recarsi a Bologna. Sui motivi di questo brusco licenziamento, causato probabilmente da contrasti sorti all'interno del suo Ordine, tratterà più diffusamente il saggio di Massimo Marcolin, presente in questo stesso libro.

Nonostante questa repentina interruzione, i rapporti del Danti con il sovrano toscano riprendono dopo qualche anno come testimoniano le lettere che il frate scrive a Francesco nel 1578 per informarlo della corografia che sta eseguendo del contado e della città di Bologna, argomento al quale il granduca presta particolare attenzione per il noto problema dei confini tra i due Stati[48].

■ Stefano Bonsignori, *Nova pulcherrimae civitatis Florentiae topographia accuratissime delineata*, 1584, particolare. Firenze, Museo Topografico "Firenze com'era". La stupefacente e innovativa carta topografica di Bonsignori, incisa ad acquaforte e stampata su nove fogli, è il frutto di un complesso lavoro di rilevamento del territorio iniziato dal monaco olivetano nel 1575. Nel cartiglio posto in alto a destra si legge «Al Ser.mo Gran Duca Francesco de' Medici. Io ho con molta diligenza descritta in disegno Fiorenza città degna per la bellezza e per la magnificenza sua d'esser veduta da tutti gli uomini […]». Nella parte inferiore sono elencati i duecentocinquantacinque luoghi notabili di Firenze presenti nella carta

Stefano Bonsignori

In sostituzione del Danti Francesco I chiama, nel dicembre del 1575, Stefano Bonsignori, monaco olivetano e allievo[49] di Miniato Pitti nello studio della cosmografia, noto per la straordinaria pianta topografica di Firenze, eseguita nel 1584. Il Bonsignori riprende dunque la realizzazione delle tavole della Guardaroba – ne esegue 23 – che egli porta avanti fino al 1586, anno della sua ultima carta, la Tartaria. Tale data segna la fine dell'esecuzione delle mappe e dei lavori principali alla Sala che, di conseguenza, non presenterà mai l'originario assetto ideato da Cosimo I. Morto Francesco nel 1587 il Bonsignori viene riconfermato nella carica di cosmografo per volere del nuovo granduca, Ferdinando I, come risulta dal Ruolo di corte[50] del 1588, con uno "stipendio" di 9 scudi per finire le tavole della Guardaroba. In realtà, come si è detto, il Bonsignori non prosegue tale opera, perché impegnato in un nuovo progetto agli Uffizi, insieme al pittore Ludovico Buti. Il granduca desidera infatti allestire nel Terrazzo della Galleria una nuova sala dedicata alla cartografia della Toscana, «lo Stato di Sua Altezza Serenissima, vecchio e nuovo, cioè di Firenze e Siena» e l'Isola d'Elba, chiaro riferimento alle conquiste militari del padre Cosimo I. Come ha giustamente sottolineato Daniela Lamberini, con Francesco e soprattutto con Ferdinando si assiste al «progressivo slittamento dei cicli affrescati di carte e delle collezioni di carattere scientifico da Palazzo Vecchio alla Galleria degli Uffizi, e quindi a Palazzo Pitti»[51].

A completare l'allestimento del Terrazzo delle Matematiche vengono sistemati la sfera armillare, costruita tra il 1589 e il 1593 da Antonio Santucci delle Pomarance, astronomo e matematico a lungo al servizio dei Medici, e il famoso globo terrestre di Egnazio Danti, nuovamente restaurato dallo stesso Santucci. Ferdinando porta così

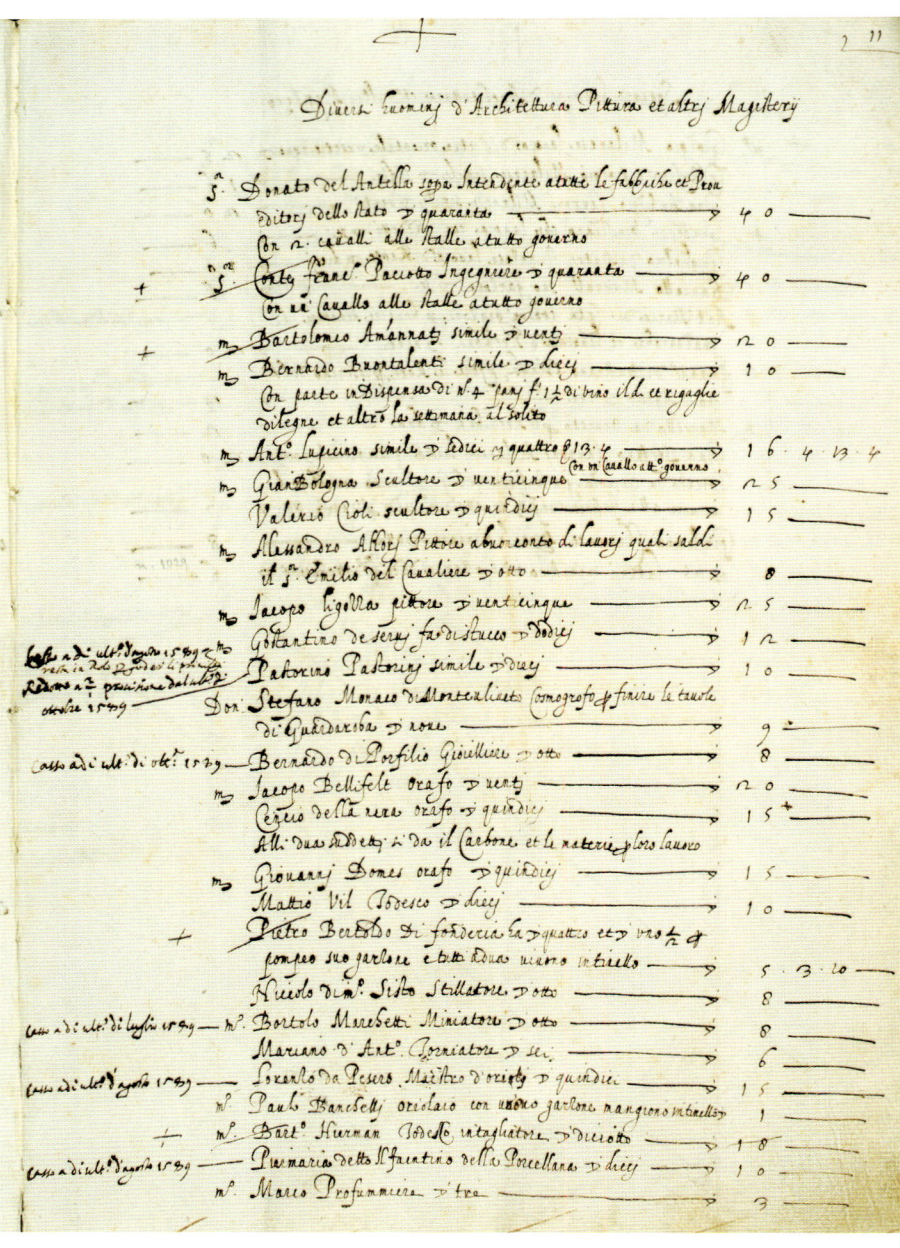

virtualmente a compimento l'originario progetto di Cosimo, anche se sviluppandolo nei nuovi spazi degli Uffizi, dove il Terrazzo delle Matematiche è collegato ad altri ambienti, in particolare allo stanzino degli strumenti scientifici e alla Tribuna, fulcro del nuovo edificio. Questa raffinata operazione di riordinamento della Galleria trova eco nella descrizione degli Uffizi fatta nel 1600 dal cartografo Filippo Pigafetta[52], per volere del granduca. In questo documento si trovano interessanti riferimenti alle collezioni scientifiche qui riunite da Ferdinando che comprendono, fra le altre cose, «libri, et carte di geografia, et piante, et modelli di città, et fortezze con le loro scritture». La decorazione del Terrazzo degli Uffizi rappresenta l'ultima opera eseguita dal Bonsignori che muore il 21 settembre 1589. Sebbene la carica di cosmografo di corte resti vacante per alcuni anni, al servizio dei Medici si alternano comunque scienziati e matematici di grande valore a dimostrazione del fortissimo interesse di Ferdinando per le matematiche, l'architettura militare e la geografia. Fra questi possiamo citare almeno il nome di Ostilio Ricci, ingegnere militare e idraulico che, nel 1599, compare nel Ruolo di corte[53] con la qualifica di maestro di matematica dei signori paggi, noto soprattutto per essere stato uno dei primi insegnanti di geometria di Galileo Galilei.

Ruolo della Casa del Serenissimo Ferdinando Medici Cardinale Gran Duca di Toscana, 1588, Firenze, Archivio di Stato, *Depositeria generale*, Parte antica, c. 11r. Nella sezione *Diversi homini d'Architettura, Pittura et altri Magisterii* compaiono due dei personaggi del nostro saggio: Antonio Lupicini, con la qualifica di ingegnere, risulta pagato sedici scudi al mese compreso il privilegio di un cavallo a tutto governo e «Don Stefano Monaco di Monteuliveto Cosmografo» pagato nove scudi mensili «per finire le tavole di Guardaroba». Il fondo archivistico denominato *Depositeria Generale* è interamente dedicato alle spese e ai pagamenti del governo mediceo, essendo questo ufficio la principale Cassa dello Stato; al suo interno si conserva anche la serie, purtroppo non completa, dei "Ruoli" del personale provvisionato della corte granducale

━ Ludovico Buti, Stefano Bonsignori, *Carta del Dominio vecchio fiorentino*, 1589. Firenze, Galleria degli Uffizi, Sala delle Matematiche. La *Carta del Dominio vecchio* insieme a quelle dello Stato senese e dell'isola d'Elba fu dipinta nel terrazzo degli Uffizi che Ferdinando fece allestire, chiudendolo con vetrate, per accogliervi alcuni strumenti scientifici. Raffigurazioni puntuali del territorio conquistato e potenziato dai granduchi, le carte sono concepite come immagini visibili del potere mediceo

Matteo Neroni, ultimo cosmografo di corte

La prestigiosa carica di cosmografo viene ufficialmente assegnata dal granduca a Matteo Neroni, cartografo originario di Peccioli, piccola località nel contado pisano, nel 1606. La figura di Neroni è particolarmente interessante poiché non soltanto egli è l'ultimo a ricoprire questo ruolo, ma anche perché le sue vicende si intrecciano ancora una volta con quelle degli artisti che precedentemente avevano partecipato all'imponente progetto voluto da Cosimo I.

Matteo Neroni inizia infatti la sua formazione come cartografo e costruttore di globi a Roma, dove si trasferisce nel 1570 per seguire le lezioni del noto studioso orientalista lombardo Giovanni Battista Raimondi. La carriera di Neroni si sviluppa dunque in un ambiente culturale molto favorevole agli studi geografici: a Roma papa Gregorio XIII chiama infatti artisti e scienziati perché portino a termine il grandioso ciclo, iniziato da Pio IV, nel palazzo del Vaticano. Anche Neroni partecipa alla realizzazione del progetto lavorando per un anno come aiuto di Egnazio Danti, che qui si è trasferito con l'incarico di disegnare le mappe delle principali regioni e città italiane che decoreranno la Galleria delle Carte geografiche. Negli stessi anni Ferdinando de' Medici, all'epoca ancora

MANTOVA IN LOMBARDIA

Lago

Matteo Neroni, *Piante di città e fortezze, Mantova in Lombardia*, 1602. Firenze, Biblioteca Nazionale Centrale, II. I. 281, c. 56. L'album comprende 175 tavole in scala, disegnate a penna e colorate, che riproducono perimetri murali, fortezze, siti di assedi: tutte le piante sono fornite del nome che identifica i luoghi rappresentati e spesso di una legenda. Sfogliando l'album è possibile viaggiare attraverso l'intero continente europeo, navigare lungo le coste nord-africane e le isole mediterranee, sbarcare nei porti dei mari del Nord e dell'Oceano Atlantico. Vi compaiono anche i più importanti teatri di guerre dell'epoca e le fortificazioni costruite dalle potenze cristiane per fermare l'avanzata dei Turchi. L'opera fu disegnata dal Neroni a Roma nel 1602 sul modello delle raccolte cartografiche, molto di moda alla fine del XVI secolo, finalizzate a celebrare le nuove città europee, perfettamente fortificate secondo le concezioni architettoniche più aggiornate. Cfr. Daniela Lamberini, *Funzioni di disegno e rilievi delle fortificazioni nel Cinquecento*, in *L'architettura militare veneta del Cinquecento*, Atti del 3° Seminario Internazionale del centro "A. Palladio". Milano: Electa, 1988, pp. 54-61

cardinale, fonda nella città capitolina la celebre Tipografia orientale scegliendo, per la sua direzione, Giovanni Battista Raimondi che si avvale della collaborazione di Matteo Neroni, come responsabile degli aspetti pratici e organizzativi dell'ufficio.

I compiti del Neroni si estendono in realtà anche alla cura e alla correzione delle pubblicazioni; tutto ciò non gli impedisce comunque di dedicarsi contemporaneamente anche alla costruzione di globi e alla misurazione del territorio. Nel 1593 tuttavia egli è accusato dal Raimondi di aver rubato e venduto circa 400 libri. Imprigionato e torturato Neroni confessa il reato e resta di conseguenza in carcere per circa due anni: non è tuttavia chiaro in che modo si risolva questa vicenza giudiziaria, per la mancanza di documentazione. Matteo riesce comunque a trovare un accordo con il granduca Ferdinando, offrendo forse di pagare il suo debito con il suo lavoro di cosmografo[54]. Nel 1599 compare infatti nel *Libretto del Rolo della Famiglia di S.A.S...*[55] nella sezione *Diversi uomini di Architettura Pittura et altri Magisteri* con uno "stipendio" di 10 scudi al mese. Dell'attività di questi primi anni al servizio della corte non restano tracce nei documenti d'archivio, mentre a partire dal 1604 è possibile seguire più dettagliatamente la sua produzione cartografica che, nel corso del tempo, è andata tuttavia quasi completamente dispersa, con l'eccezione del pregevole album di piante di città e fortezze conservato alla Biblioteca Nazionale di Firenze[56].

Nel *Ruolo dei salariati del 1604*[57] Neroni è infatti presente con la qualifica di «geografo», con lo stesso salario di 10 scudi. Tra le prime opere realizzate figurano due «Carte di geografia miniate doro», una contenente «tutte l'isole del Mare Oceano, l'altra dell'isola del Cappone [Giappone]»[58], a conferma dell'interesse di Ferdinando per le terre recentemente scoperte e in particolare per i paesi esotici come il Giappone, di cui pochi anni prima era stata ricevuta una importante delegazione dal fratello Francesco I. Presso la Biblioteca Nazionale di Firenze si conservano ancor oggi due stupendi Atlanti cinesi che l'esploratore fiorentino Francesco Carletti consegnò a Ferdinando al ritorno del suo viaggio intorno al mondo, nei quali sono descritte e illustrate le province della Cina. Del 1604 è la commissione a Neroni di «un quadro grande del mondo nuovo per ordine di S.A.S.»[59], che doveva spiccare per la preziosità dei materiali utilizzati – oro, azzurro di lapislazzuli, lacca fine e cinabrio – oltre che per le dimensioni di circa 3 metri

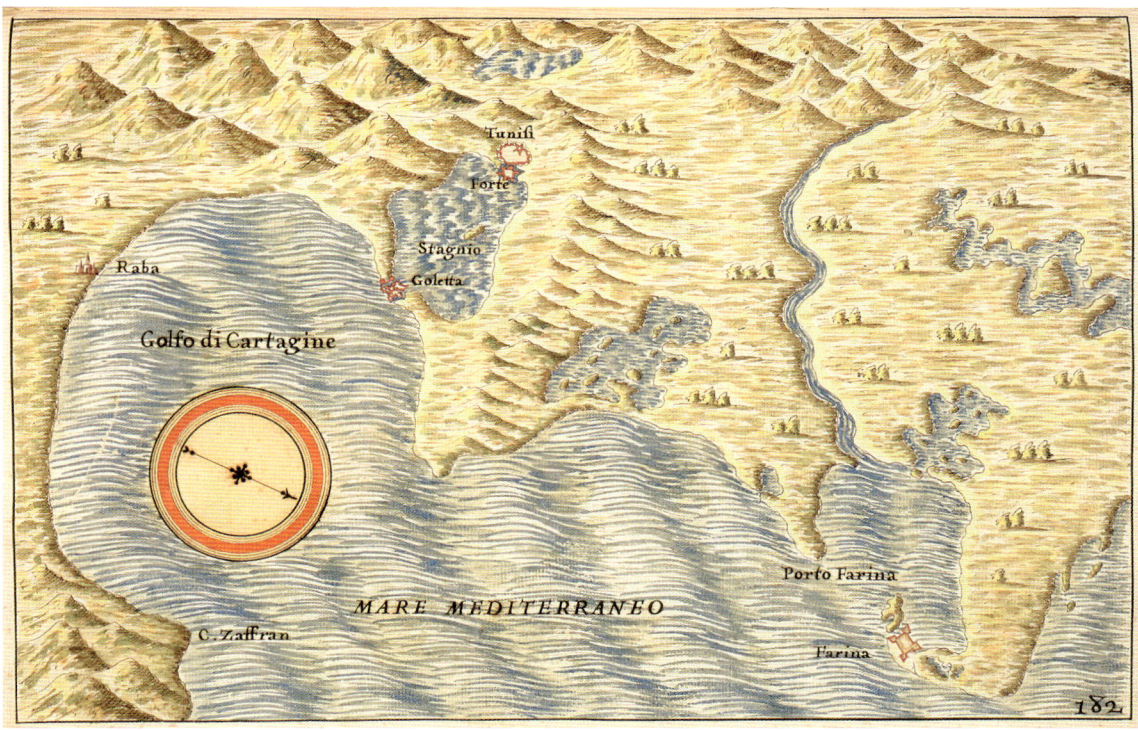

Matteo Neroni, *Piante di città e fortezze, Golfo di Cartagine con Tunisi e la Goletta*, 1602. Firenze, Biblioteca Nazionale Centrale, II. I. 281, c. 182

per lato. Nello stesso anno il geografo realizza altre due carte[60] una «del isola della Margheritta et paese delle perle» mentre l'altra è la «Carta del paese Dostenda», città costiera del Belgio.

A proposito di queste due raffigurazioni si può citare un curioso episodio che ci permette di capire in che modo siano utilizzate le carte all'interno della corte granducale; se le tavole di Danti e Bonsignori sono infatti collocate stabilmente in un unico ambiente, le maneggevoli mappe del Neroni vengono invece spostate secondo le necessità dei membri della corte, con il rischio che vadano talvolta disperse. Tale preoccupazione è testimoniata appunto dalle parole del Guardaroba Cesare Tinghi[61], che si lamenta perché il giovane principe Cosimo ha probabilmente perduto proprio l'ultimo lavoro del Neroni relativo alla città fiamminga di Ostenda.

Come sottolinea anche Daniela Lamberini[62], risulta chiaro che la fruizione delle carte geografiche si trasforma in un fatto sempre più privato, riflesso del mutato interesse geografico di corte: la produzione di carte non è infatti più finalizzata a scopi prevalentemente simbolici, aulici e decorativi, ormai pienamente espressi e conclusi con la Sala delle Carte a Palazzo Vecchio e agli Uffizi; le nuove carte commissionate al Neroni sono realizzate su supporti più facilmente aggiornabili e di più facile consultazione, che rispondono meglio ad un uso più quotidiano e diffuso della conoscenza geografica anche in funzione delle nuove scoperte e dei relativi aggiornamenti.

Sebbene conservate nella Galleria degli Uffizi, esse possono essere collocate anche nelle stanze private dei granduchi a Palazzo Pitti, come apparati decorativi ma anche come strumenti di studio per i giovani principi, o seguire il sovrano nei suoi frequenti spostamenti. Mappe e album di città costituiscono un perfetto dono di corte in quanto strumenti ideali per soddisfare la curiosità e gli interessi scientifici dei sovrani, come dimostrano i frequenti scambi di carte tra i Medici e i Gonzaga, signori di Mantova[63]. Nella lista dei donativi di Ferdinando compare per esempio un prezioso «libro in foglio di cartapecora di carte da navicare di tutte 4 le parti del Mondo e di molte provincie [...] Miniate et dorate et colorite»[64], ordinato al Neroni perché sia mandato in regalo a Virginio Orsini, duca di Bracciano e nipote del granduca.

Nel 1606 Matteo Neroni compare finalmente nei documenti come «cosmografo di

S.A. in galleria», ruolo che egli mantiene ininterrottamente fino alla sua morte nel 1634[65]. In questo periodo lavora all'esecuzione di una nuova Carta delle isole orientali[66], destinata a ornare la camera del granduca, e a ben due raffigurazioni dell'Africa[67] e del Mar Mediterraneo[68]: entrambe di grandi dimensioni, pregevolmente rifinite in oro secondo un modello già visto, si presentano come opere di notevole valore, non solo per i contenuti scientifici, ma anche per la qualità dei materiali e della fattura. Esse testimoniano l'interesse di Ferdinando per una regione particolarmente strategica negli equilibri politici dell'epoca, come appunto le coste africane mediterranee, teatro di guerra tra le galere toscane e quelle turche, ma anche spazio dei principali commerci europei. Non stupisce quindi che il sovrano fiorentino crei in questi stessi anni a Livorno un'officina cartografica, strettamente connessa all'Arsenale, la cui produzione comprende numerose e significative carte nautiche.

Alla morte di Ferdinando I nel 1609 Matteo Neroni rimane legato alla corte medicea dal momento che il successore al trono, Cosimo II, lo conferma nel suo incarico. Il giovane granduca, che può vantare come suo maestro di matematica Galileo, coltiva e favorisce durante tutta la sua breve esistenza le scienze naturali; uno dei suoi primi atti è proprio quello di chiamare a Firenze Galileo insignendolo del titolo di primo filosofo e matematico granducale. Accanto al grande scienziato si raccoglie un nutrito gruppo di studiosi e letterati che animano la corte medicea del tempo, alcuni dei quali avevano già servito il precedente sovrano. È il caso di Antonio Santucci lettore pubblico di matematica all'Università di Pisa, che nel 1611 pubblica un *Trattato nuovo delle comete* dedicato a Cosimo II di cui loda gli interessi scientifici.

Sotto Cosimo II la carriera di Neroni conosce il momento di maggior prestigio; nel 1609 il cartografo riceve l'incarico di recarsi a Roma per consegnare al cardinale Borghese due preziosi globi[69] da lui costruiti; qui riceve da papa Paolo V la nomina di cavaliere palatino. I globi sembrano costituire l'attività principale del Neroni negli ultimi anni della sua carriera. Nel Ruolo[70] degli stipendiati dalla corte del 1617 risulta sempre iscritto come cosmografo con lo stipendio di 20 scudi al mese mentre nel 1618 è impegnato in un progetto[71] relativo alla costruzione di una fontana.

Nel periodo compreso tra la scomparsa del granduca Cosimo II nel 1621 e la morte dello stesso Neroni nel 1634, non abbiamo più notizie di pagamenti né di richieste di materiali per la costruzione di globi o carte geografiche. Probabilmente in questi ultimi anni è impegnato essenzialmente come insegnante di geografia e storia del giovanissimo granduca Ferdinando II, come si desume dal diario di etichetta del 1624[72]. Egli è dunque l'ultimo a ricoprire questo prestigioso incarico che dopo la sua morte non è più assegnato, anche se l'interesse per la scienza cartografica rimane vivo nella corte fiorentina.

[1] Cfr. *Imago et descriptio Tusciae. La Toscana nella geocartografia dal XV al XIX secolo*, a cura di Leonardo Rombai. Venezia: Marsilio, 1993, pp. 11-35.

[2] Per un primo inquadramento dell'importanza di tale settore cfr. Lisa Jardine, *Affari di genio. Una storia del Rinascimento europeo*, trad. it. Roma: Carocci, 2001, pp. 265-299.

[3] Cfr. Emanuel Poulle, *La produzione di strumenti scientifici*, in *Il Rinascimento italiano e l'Europa*, vol. III. *Produzione e tecniche*. Treviso: Fondazione Cassamarca, 2007, pp. 345-366 e Uta Lindgren, *La cartografia*, in *Il Rinascimento italiano e l'Europa*, cit., pp. 367-385.

[4] Jürgen Schulz, *La cartografia tra scienza e arte. Carte e cartografi nel Rinascimento italiano*. Modena: Panini, 1990, pp. 97-113.

[5] Cfr. *Frontiere di terra Frontiere di mare. La Toscana moderna nello spazio mediterraneo*, a cura di E. Fasano Guarini e P. Volpini. Milano: Franco Angeli, 2008.

[6] Baccio Baldini, *Vita di Cosimo Medici primo gran Duca di Toscana*. Firenze: nella stamperia di Bartolomeo Sermatelli, 1578, p. 85.

[7] Leandro Perini, *Contributo alla ricostruzione della biblioteca privata dei granduchi di Toscana nel XVI secolo*, in *Studi di storia medievale e moderna per Ernesto Sestan*. Firenze: Olschki, 1980, pp. 571-667.

[8] ASF, Guardaroba Medicea, f. 87, cc. 4v, 42r-v, 58r, 66r.

[9] Giorgio Vasari, *Le vite dei più eccellenti pittori, scultori e architettori italiani*, a cura di G. Milanesi. Firenze: Sansoni, 1878-1885, vol. VII, pp. 631.

[10] Su questo tema cfr. Francesca Fiorani, *The Marvel of Maps. Arts, Cartography and Politics in Renaissance Italy*. New Haven: Yale University Press, 2005, pp. 33-42; Angelo Cattaneo, *La cosmografia di Cosimo*, in *I Medici e le scienze. Strumenti e macchine nelle collezioni granducali*. Firenze: Giunti, 2008, pp. 147-151 e Paola Pacetti, Alessandro Cecchi, *La Sala delle Carte Geografiche di Palazzo Vecchio: "capriccio e invenzione nata dal duca Cosimo"*, ivi, pp. 141-146.

[11] Cfr. Uta Lindgren, *op. cit.*, pp. 383-385; *Imago et descriptio Tusciae*, cit., pp. 37-81.

[12] Cfr. Giorgio Vasari, *Il carteggio di Giorgio Vasari dal 1563 al 1565*, a cura di Karl Frey, ed. italiana a cura di Alessandro Del Vita. Arezzo: Zelli, 1941, pp. 5, 139.

[13] ASF, Mediceo del Principato,

f. 505, c. 288, e trascrizione parziale in *Carteggio artistico inedito di D. Vincenzo Borghini*, raccolto e ordinato da Antonio Lorenzoni. Firenze: Seeber, 1912, vol. I, p. 175.

[14] *Ibidem.*

[15] ASF, Depositeria Generale, Parte antica, f. 964, (Recapiti di Cassa, 1564), Mandato n. 479r/v.

[16] GIORGIO VASARI, *Der Literarische Nachlass Giorgio Vasaris*, a cura di Karl Frey. München: Georg Müller, 1923, vol. II, p. 73 e ETTORE ALLEGRI, ALESSANDRO CECCHI, *Palazzo Vecchio e i Medici*. Firenze: Spes, 1980, p. 309.

[17] GIORGIO VASARI, *Il carteggio di Giorgio Vasari*, cit., vol. II, p. 145.

[18] *Ibidem.*

[19] Cfr. ASF, Corporazioni religiose soppresse dal governo francese, Serie 102, (Santa Maria Novella), f. 81, c. 94.

[20] ASF, Scrittoio delle Fortezze e Fabbriche, Fabbriche Medicee, f. 10, c. 124v, (1563-1565).

[21] ASF, Mediceo del Principato, f. 220 (registro di Cosimo I giugno 1563 - giugno 1565), cc. 6v-7v.

[22] ASF, Scrittoio delle Fortezze e Fabbriche, Fabbriche Medicee, f. 4, c. 33v (14 ottobre 1564) e GIORGIO VASARI, *Neue Briefe von Giorgio Vasari*, herausg. von Herman-Walter Frey: Augst Hopfer Verlag, 1940, p. 66.

[23] ASF, Scrittoio delle Fortezze e Fabbriche, Fabbriche Medicee, f. 5, c. 19r.

[24] ASF, Depositeria Generale, Parte antica, f. 945, c. 11r.

[25] ASF, Scrittoio delle Fortezze e Fabbriche, Fabbriche Medicee, f. 5, c. 8v (14 giugno 1567).

[26] Ivi, f. 5, c. 27v.

[27] ASF, Guardaroba Medicea, f. 87, c. 30r e c. 48v (giugno 1574).

[28] In GIROLAMO TIRABOSCHI, *Storia della letteratura italiana*. Venezia: 1824, tomo VII, pp. 489-492.

[29] ASF, Scrittoio delle Fortezze e Fabbriche, Fabbriche Medicee f. 10, c. 76v, (1563-1565); ASF, Depositeria Generale, Parte antica, f. 945, c. 11r e 776, c. 53; ASF, Mediceo del Principato, f. 225, c. 129v e 232, c. 38v; cfr. JODOCO DEL BADIA, *Egnazio Danti cosmografo e matematico, e le sue opere in Firenze*. Firenze: M. Cellini, 1881, p. 30, n. e *Carteggio artistico inedito di D. Vincenzo Borghini*, cit., p. 176.

[30] ASF, Guardaroba Medicea, f. 126, c. 119v: «Nella stanza del

mappamondo. Un appamondo grande co sua Meridiani di ferro fatto da frate egnatio frate di s. domenico».

[31] Cfr. ANTONIO LUPICINI, *Architettura militare con altri avvertimenti appartenenti alla guerra*. Firenze: appresso Giorgio Marescotti, 1582, p. 26.

[32] ASF, Mediceo del Principato, f. 221, c. 54, (26 febbraio 1569).

[33] Su questa commissione cfr. ASF, Mediceo del Principato, f. 221, cc. 51r, 52v, 54v, 67v, 73r, 85r; ASF, Mediceo del Principato, f. 232, cc. 48, 86, 91, 95, 97v, 101, 103, 113, 122, 128, 131v e Mediceo del Principato, f. 238, cc. 5, 13, 25, 45v, 32, 36, 43, 72, 73, 108, 133v.

[34] Cfr. CARLO PROMIS, *Biografie di ingegneri militari italiani*. Torino: Paravia, 1874, p. 654 e CARLA SODINI, *L'Ercole tirreno. Guerra e dinastia medicea nella prima metà del '600*. Firenze: Olschki, 2001, pp. 247-48.

[35] ANTONIO LUPICINI, *Architettura militare con altri avvertimenti appartenenti alla guerra*, cit., p. 3.

[36] ASF, Mediceo del Principato, f. 2939, cc. n.n., (Lettera dell'8 marzo 1586) e ASF, Mediceo del Principato, f. 2940, cc. n.n. (lettere del Lupicini da Mantova).

[37] ANTONIO LUPICINI, *Discorsi militari d'Antonio Lupicini, sopra l'espugnazione d'alcuni siti*. Firenze: nella Stamperia di Bartolommeo Sermatelli, 1587, p. 3.

[38] ASF, Depositeria Generale, Parte antica, f. 389, c. 11r.

[39] ASF, Mediceo del Principato, f. 2940, c. n.n., lettera del 18 dicembre 1588.

[40] ASF, Mediceo del Principato, f. 2944, c. 56 (17 luglio 1605).

[41] ANTONIO LUPICINI, *Architettura militare con altri avvertimenti appartenenti alla guerra*, cit., p. 8.

[42] ASF, Mediceo del Principato, f. 232, c. 65 (22 maggio 1569).

[43] ASF, Mediceo del Principato, f. 238, c. 2r; la lettera è pubblicata in *Carteggio artistico inedito di D. Vincenzo Borghini*, cit., p. 182.

[44] ASF, Mediceo del Principato, f. 225, c. 94.

[45] ASF, Depositeria Generale, Parte antica, f. 945, c. 11r.

[46] In *Carteggio artistico inedito di D. Vincenzo Borghini*, cit., p. 176.

[47] ASF, Mediceo del Principato, f. 616, c. 359.

[48] Cfr. JODOLO DEL BADIA, *Egnazio

Danti cosmografo e matematico*, cit., pp. 17, 22-23.

[49] ASF, Mediceo del Principato, f. 681, c. 106.

[50] ASF, Depositeria Generale, Parte antica, f. 389, c. 11r.

[51] In DANIELA LAMBERINI, *Collezionismo e patronato dei Medici a Firenze nell'opera di Matteo Neroni, "cosmografo del granduca"*, in *Il disegno di architettura*, Atti del Convegno, febbraio 1988, a cura di Paolo Carpeggiani e Luciano Patetta. Milano: Guerini e associati, 1989, p. 35.

[52] Il cartografo Filippo Pigafetta fu incaricato da Ferdinando I di riordinare la collezione degli uomini illustri trasferita da Palazzo Vecchio nei corridoi degli Uffizi tra il 1587 e il 1591, in WOLFRAM PRINZ, *Informazioni di Filippo Pigafetta al Serenissimo di Toscana per una stanza da piantare lo studio di architettura militare*, in *Gli Uffizi. Quattro secoli di una galleria*, Atti del Convegno Internazionale di Studi (Firenze 20-24 settembre 1982), a cura di Paola Barocchi e Giovanna Ragionieri. Firenze: Olschki, 1983, pp. 343-353. Vedi anche AURELIO GOTTI, *Le Gallerie di Firenze*. Firenze: coi tipi di M. Cellini alla Galileiana, 1872, pp. 85-89.

[53] ASF, Guardaroba Medicea, f. 225, c. 10r. Cfr. THOMAS B. SETTLE, *Ostilio Ricci, a bridge between Alberti and Galileo*, in *Actes du XII Congrès international d'histoire des sciences*. Paris: 1971, vol. III, pp. 121-126 e *Storia dell'Università di Pisa*, II ed. vol. 5, a cura della commissione rettorale per la storia dell'Università di Pisa. Ospedaletto: 2000, pp. 340-342.

[54] Sulla figura di Matteo Neroni e in particolare sulla sua vicenda giudiziaria cfr. DANIELA LAMBERINI, *Collezionismo e patronato dei Medici a Firenze nell'opera di Matteo Neroni, "cosmografo del granduca"*, cit., pp. 33-38 e ANTONINO BERTOLOTTI, *Le tipografie orientali e gli orientalisti a Roma nei secoli XVI e XVII*, «Rivista europea», v. IX, fasc. II, sett. 1878, pp. 217-268.

[55] ASF, Guardaroba Medicea, f. 225, c. 13.

[56] BNCF, II. I. 281; cfr. DANIELA LAMBERINI, *Funzioni di disegno e rilievi delle fortificazioni nel Cinquecento*, in *L'architettura militare veneta del Cinquecento*, Atti del 3° Seminario Internazionale del centro "A. Palladio". Milano: Electa, 1988, pp. 54-61.

[57] ASF, Manoscritti, f. 321, cc. 337, 346, 847.

[58] ASF, Guardaroba Medicea, f. 263, ins. 2, c. 188.

[59] ASF, Guardaroba Medicea, f. 263, ins. 3, c. 223.

[60] ASF, Guardaroba Medicea, f. 263, ins. 4, c. 275.

[61] *Ibidem.*

[62] DANIELA LAMBERINI, *Collezionismo e patronato dei Medici a Firenze nell'opera di Matteo Neroni, "cosmografo del granduca"*, cit., p. 36.

[63] Cfr. ROBERTA PICCINELLI, *Le collezioni Gonzaga. Il carteggio tra Firenze e Mantova (1554-1626)*. Cinisello Balsamo: Silvana, 2000, pp. 93, 134, 205, 301, 307, 313 e SUZANNE B. BUTTERS, *The uses and abuses, of gifts in the world of Ferdinando de' Medici (1549-1609)*, in *I Tatti Studies: Essays in the Renaissance*, v. 11, 2007, pp. 243-354.

[64] ASF, Guardaroba Medicea, f. 263, ins. 6, c. 522v.

[65] ASF, Guardaroba Medicea, f. 263, ins. 8 , cc. 762, 768 e ASF, Guardaroba Medicea, f. 254, cc. 79, 113, 131 (Lavoranti di Galleria, 1606-1607), Guardaroba Medicea, f. 279, c. 13 (provvisione di Neroni nel 1606) e Guardaroba Medicea, f. 301, c. 12 (provvisione di Neroni nel 1609).

[66] ASF, Guardaroba Medicea, f. 263, ins. 8, c. 779.

[67] Ivi, c. 794.

[68] Ivi, c. 795.

[69] ASF, Manoscritti, f. 321, c. 847, «Incamminandosi per la volta di Roma Matteo Neroni cosmografo nostro Vassallo e molto stimato da noi per la sua virtù per condurre all'Ill. Sig. Cardinal Borghese due globi di cosmografia, quali sono in due cassoni portati da quattro muli, sopra le stanghe da lettiga, dentrovi ancora quattro cerchi d'ottone, che vanno attorno a detti globi».

[70] ASF, Guardaroba Medicea, f. 309, c. 12.

[71] ASF, Mediceo del Principato, f. 6028, cc. n.n. (febbraio 1618).

[72] In DANIELA LAMBERINI, *Collezionismo e patronato dei Medici a Firenze nell'opera di Matteo Neroni, "cosmografo del granduca"*, cit., p. 36 e IRENE COTTA, voce *"Ferdinando II de' Medici"*, in *Dizionario Biografico degli Italiani*. Roma: Istituto della Enciclopedia Italiana, 1996, v. 46, pp. 278-283.

I cartigli delle tavole della Sala della Guardaroba: la geografia raccontata

Massimo Marcolin

Giorgio Vasari, *soffitto dello Scrittoio di Calliope*, 1556. Firenze, Palazzo Vecchio, Quartiere degli Elementi. Così Giorgio Vasari descrive la tavola nei *Ragionamenti* (1588): «Questa è una delle nove Muse, detta Calliope figliuola d'Apollo. [...] Questa palla del mondo è fatta per l'universo, che tutti nelli anni più giovani ci voltiamo alle virtù e scienze di queste nove donne, ma pochi son quelli che seguitino e che possino esser perfetti». Lo Scrittoio di Calliope è, probabilmente, il primo fra quelli del duca Cosimo in Palazzo; precede, infatti, di alcuni anni il sottostante Scrittoio adiacente la Sala di Giovanni dalle Bande Nere, al quale verrà collegato da una scala interna, come pure il Tesoretto adiacente al suo Quartiere di residenza. Cosimo trasforma lo Scrittoio di Calliope in un *tempio delle muse* dove collocare medaglie e bronzetti antichi, miniature *all'antica*, gioie e cristalli. Secondo il Vasari questo ambiente doveva essere la sede per la *Chimera* etrusca rinvenuta nel 1553 durante la costruzione di fortificazioni ad Arezzo. La *Chimera* verrà collocata nel Quartiere di Leone X, mentre nello scrittoio troverà posto un'altra statua bronzea rinvenuta in precedenza: la cosiddetta *Minerva di Arezzo*

Sfogliando la Sala delle Carte

La Sala delle Carte geografiche in Palazzo Vecchio ha una peculiarità che la distingue dalla maggior parte dei cicli geografici che, nella seconda metà del XVI secolo, vanno a decorare le pareti di alcuni palazzi italiani. Sulle pareti non vi sono grandi rappresentazioni dei continenti, come nella Sala del Mappamondo di Palazzo Farnese a Caprarola o nella Terza Loggia dei Palazzi Vaticani, né esplorazioni di terre lontane, come nella Sala dello scudo di Palazzo Ducale a Venezia. Sulle ante degli armadi della Sala c'è, invece, un libro di geografia. Anzi *il* libro di geografia: «con grandissima diligenzia fatte in sul legname a uso di minii dipinte a olio le tavole di Tolomeo misurate perfettamente tutte». La *Geographikè Hyphègesis* di Claudio Tolomeo, il libro divenuto il più importante punto di riferimento dei geografi del Cinquecento, è squadernata sulle pareti della sala; le sue pagine, seppur «ricorrette secondo gli autori nuovi», sono idealmente strappate dalle eleganti rilegature in pelle che fanno bella mostra di sé negli scrittoi e negli studioli di colti signori e di raffinati letterati e poste su ante di armadi costruiti «per riporvi dentro le più importanti cose e di pregio e di bellezza che abbi Sua Eccellenzia».

Nella realizzazione di questa nuova e originale versione della *Geografia* del Tolomeo, frate Egnazio Danti sembra però ispirarsi più alla *Cosmographia* di Sebastian Münster che all'opera dello scienziato alessandrino. L'opera del geografo tedesco, soprannominato dai suoi contemporanei lo *Strabone di Germania*, viene pubblicata a Basilea nel 1544, tradotta in latino nel 1550 e probabilmente entra a far parte della biblioteca del duca Cosimo nel 1556, con altri libri latini portati da Felice Gattai al suo Signore[1]. Con la sua opera il Münster si prefigge di fornire ai suoi contemporanei una

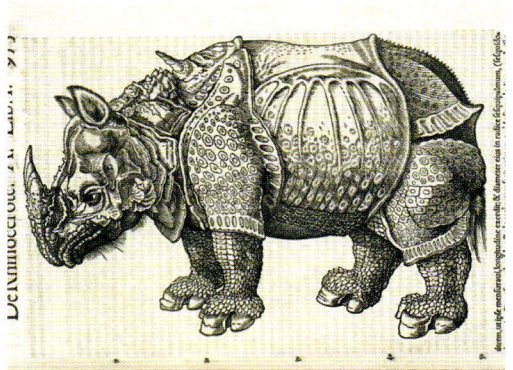
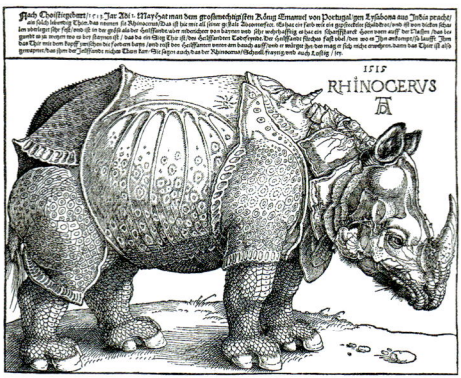

summa di conoscenze su Paesi di cui molti non conoscono neppure il nome: «Per la qual cosa essendo tanto piacer nella cognizion delle terre, delle genti, et delli costumi di quelle, et tanto giovamento seguendone […] m'è paruto che portasse il pregio, scrivere in questo libro et dinanzi agli occhi dipingere le più notabili terre de tutto 'l mondo, le città, i monti, i fiumi, le miniere, gli animali, le cose che nascono in terra, i costumi altresì delle genti, l'usanze, le Religioni, i fatti più celebri, le succession de Re et de principi, l'Antichità, le fondazioni dei luoghi, et altre cosifatte cose»[2]. Questa descrizione enciclopedica, un po' disordinata, dei territori illustrati nelle carte, costituisce la parte più cospicua della *Cosmographia*, dove i testi sono inframmezzati dalle immagini: carte di territori, piante e animali reali o fantastici, personaggi storici, paesaggi urbani, stemmi araldici, monumenti e luoghi notabili.

L'opera di Sebastian Münster diventa ben presto modello per i geografi del XVI secolo. Nel 1570 il libraio e cartografo fiammingo Abraham Örtel pubblica ad Anversa il *Theatrum Orbis Terrarum*[3], considerato il primo atlante – nel significato moderno del termine – di geografia. Ortelio non disegna alcuna carta: raccoglie le migliori Carte geografiche disponibili sul mercato, ne unifica i formati, ne armonizza le scale, facendo ridisegnare alcune carte da incisori di Anversa. Il risultato sono settanta carte che illustrano l'*oikouméne*, le terre abitate, raccolte in un *teatro di geografia*. Il contributo più originale di Ortelio al suo atlante sono i testi descrittivi che l'autore pone sul retro delle carte. Ortelio è il primo a citare le sue fonti per le carte, menzionando i nomi dei cartografi all'origine delle notizie cartografiche, mentre nei testi descrittivi cita quasi sempre l'autore dell'informazione riportata.

Quando il giovane frate domenicano Egnazio Danti, non ancora ventisettenne, si accinge a dipingere le tavole della Sala, doveva certamente aver presente il progetto decorativo generale che Giorgio Vasari sintetizza con maestria nelle *Vite*[4]. Quel riferimento a «tutte l'erbe e tutti gli animali ritratti di naturale secondo la qualità che producano que' paesi»; la presenza sulle cornici degli armadi delle «teste antiche di marmo di quegli imperatori e prìncipi che l'hanno possedute»; l'attenzione a riportare di ogni territorio «e' nomi antichi e moderni», non potevano che suggerire a frate Egnazio di integrare le tavole di geografia, pur «misurate perfettamente tutte», con notizie sulla botanica, la zoologia, la storia e i costumi delle terre rappresentate. Lo stesso Cosimo I doveva avergli fatto presente le sue aspettative al riguardo, aspettative confermate dall'ordine che il Duca impartisce nel febbraio 1564 di consegnare al frate «tre pezzi di libri latini De Animalibus Conradi Gensneri», cioè la *Historiae animalium* del naturalista svizzero Konrad Gesner, considerato il punto di partenza della moderna zoologia.

Dove inserire queste informazioni descrittive sulle tavole? Egnazio Danti ricorre ai cartigli, quelle raffigurazione di un rotolo di carta contenente un'iscrizione, che – normalmente – riportano il titolo della carta. I cartigli della maggior parte delle trenta tavole realizzate dal Danti sono composti di righe di testo dense di notizie, scritte con un'elegante calligrafia in stampatello maiuscolo. Non si tratta di un caso isolato nella carto-

Da sinistra, Konrad Gesner, *Historiae animalium, lib. I De Quadrupedibus viviparis*, p. 953 *De Rhinocerote*; Albrecht Dürer, *Rhinocerus*, xilografia, 1515; Leonardo Ricciarelli da Volterra e Giovanni Boscoli da Montepulciano (attr.), *Impresa del Duca Alessandro*, Firenze, Palazzo Vecchio, Udienza del Salone dei Cinquecento. La tavola del rinoceronte indiano del Gesner è tratta da una famosa incisione che Albrecht Dürer realizza nel 1515. In quell'anno era giunto in Europa il primo esemplare vivo dell'animale, donato dal governatore dell'India portoghese, Afonso di Albuquerque, a re Manuele I il Fortunato. Per ingraziarsi il pontefice Leone X de' Medici, il re lo donò al papa, ma la nave che trasportava il dono a Roma naufragò per una tempesta al largo di Portovenere e il rinoceronte – incatenato in coperta – morì affogato. La carcassa fu recuperata e l'animale venne impagliato per essere esposto a Roma, dove probabilmente venne distrutto nel sacco della città nel 1527. Albrecht Dürer non vide l'animale, ma entrò in possesso di una lettera con uno schizzo redatta da un anonimo testimone dello sbarco del rinoceronte a Lisbona. L'artista interpreta le pieghe della spessa pelle del rinoceronte come le piastre di un'armatura cinquecentesca completa di gorgiera, spallacci e cosciali. Il disegno del Dürer ebbe grande diffusione e venne riprodotto nelle opere di Konrad Gesner, Sebastian Münster, Edward Topsell e preso a modello per riprodurre l'impresa del duca Alessandro de' Medici raffigurata nell'Udienza del Salone in Palazzo Vecchio

grafia del XVI secolo: Gerardo Mercatore, a esempio, completa il suo grande planisfero del 1569 con tredici grandi cartigli in latino che spaziano sugli argomenti più disparati, dal mitico Prete Gianni – signore dell'Etiopia – alle imprese di Magellano e Vasco de Gama, dagli affluenti del Nilo alla conformazione delle terre settentrionali, dal Gange a papa Alessandro VI e al trattato di Tordesillas.

Le tavole del Danti sono dunque carte da *vedere*, ma anche da *ascoltare*: unisco-no l'immagine al racconto. L'una completa l'altro e viceversa. Anche la verosimiglianza della carta e l'esattezza delle informazioni contenute nei cartigli si basano sullo stesso car-dine: l'*auctoritas* della tradizione, dell'antico. Come ricorda lo storico francese Numa Broc, «fra le divergenti opinioni di un Plinio e di un qualsiasi viaggiatore moderno, l'e-rudito del Rinascimento non ha esitazioni: dà maggior credito all'*auctoritas*. Sarebbe quindi un'illusione esagerare la "modernità" del XVI secolo, insistendo sulla separazio-ne netta tra Medioevo e Rinascimento. In realtà gli uomini del Rinascimento fanno pro-gredire il sapere guardando indietro». E ancora, citando il filosofo Georges Gusdorf: «Nel corso dell'epoca medievale e dell'epoca rinascimentale, la verità non deve essere inven-tata perché è depositata nei libri degli antichi»[5]. Come scrive Paola Pacetti nel testo intro-duttivo, così pensa e agisce Cosimo I de' Medici che intende contemperare, in tutti i campi, l'autorità dell'antico con l'innovazione del moderno: il volto antico del Palazzo dei Priori con quello moderno della reggia medicea al suo interno, il richiamo all'illuminato governo dei suoi *maggiori* – Cosimo il Vecchio e Lorenzo il Magnifico – alla novità del suo governo, la mitologia e la storia antica che legittimano il suo potere.

Egnazio Danti fa proprio l'approccio del Duca. Nel realizzare il profilo del territorio, la posizione dei fiumi, dei monti e delle città, si rifà fedelmente – al limite del plagio – alle carte dei più prestigiosi Tolomeo, manoscritti nel XV o stampati nel XVI secolo. Ma accan-to a tradizionali rappresentazioni tolemaiche, tratte, a esempio, dall'edizione veneziana del 1535 illustrata dal piemontese Giacomo Gastaldi, il cosmografo di corte inserisce elementi nuovi, come le carte moderne portoghesi di Lopo Homem o di Bartolomeu Velho, da cui trae elementi per rappresentare l'Isola di San Lorenzo, il Madagascar, scoperto durante le esplorazioni lusitane dell'Africa[6]. Ma, quando c'è discordanza fra fonti antiche e moderne, il Danti – come previsto da Broc – non ha dubbi, scegliendo la tradizione. È il caso dell'o-rientamento del Giappone rispetto alle coordinate di latitudine e longitudine; nell'incer-tezza fra la tradizione e resoconti moderni – «secondo l'oppinione de più moderni l'isola del Giapan dovria correre per Ostro e Tramontana et no per Levante et Ponente» – frate Egnazio abbraccia la prima, con il conforto del giudizio del Duca: «si son posti co la determinazione dello Seren.mo Cosmo GranDuca di Toscana nel modo che li descrive Marco Polo et nel modo che le pone il S. Giovanni di Baros»[7].

Il limite posto all'affidabilità degli antichi è la conoscenza diretta dei luoghi descrit-ti. Così Egnazio Danti scrive all'erudito don Vincenzo Borghini nel 1573: «questa scien-za della Geografia è incertissima per la varietà degli scrittorj non ci giovando ragione niuna a concordarli, et altro non ci resta se non credere a quelli che l'huomo pensa hab-bino scritto meglio et attenersi a quelli specialmente che hanno scritto de' propri paesi, in quei luoghi che l'huomo non può per se stesso osservarli. Quanto poi a Tolomeo, sic-come egli è stato il maggiore di tutti i matematici che hanno scritto, così a apportato gran-de utilità alla Geografia, perché s'egli non ci lasciava questo suo libro, saremmo di molte cose al buio a fatto, et quei luoghi che egli ha posti male, è stato per havere hauto cat-tive relazioni, perché stando luj in Egitto scriveva quello che gl'era referito dagl'huomi-ni che mandava attorno a osservare, perché quei luoghi che egli potette osservare da se li pose giustis.mi : de gl'altri poi bisogna scusarlo»[8].

Anche nella redazione dei cartigli il Danti si attiene a questa semplice regola: attin-ge alle numerose relazioni di viaggio degli esploratori coevi – raccolte in quegli anni dal-l'erudito veneziano Giovan Battista Ramusio[9] – ma armonizza le informazioni così rica-vate con citazioni degli antichi. Fra i latini, Seneca, con un brano sull'ultima Thule, trat-

to dalla *Medea*; Plinio il Vecchio, l'autore della ponderosa *Historia naturalis* e Giulio Cesare con i suoi *Commentarii*. Tra i greci, oltre al Tolomeo, è citato più volte Strabone, geografo e storico del primo secolo a.C. che, nei diciassette libri della sua *Geografia,* descrive in modo dettagliato il mondo allora conosciuto[10]. Fra gli autori medievali sono citati: il venerabile Beda ed Enrico Aristippo («Haristippu Honestu»), l'arcidiacono del XII secolo che traduce dal greco l'*Almagesto* di Tolomeo e alcune opere di Platone. Nella biblioteca granducale erano presenti tutti questi libri in greco, in latino e, in alcuni casi, nelle traduzioni in volgare.

Dalla biblioteca alla Guardaroba nuova

Come risulta evidente dagli esempi fin qui riportati, i testi dei cartigli sono una preziosa fonte per approfondire il carattere e la formazione del loro autore, ma forniscono, al tempo stesso, indicazioni sul loro committente. Analogamente a un'opera d'arte, nella cui interpretazione non si può prescindere dal ruolo giocato dal committente, le tavole *parlano* dei loro autori, come dei Principi per i quali sono state realizzate: Cosimo I al cui «capriccio e invenzione»[11] si deve il progetto di decorazione della Sala; Francesco I che «poco incrinato in tali imprese»[12] termina in modo parziale e forse frettoloso l'impresa avviata.

«È questo duca di età di anni quarantasei, grande e ben proporzionato, di cera bruna e di guardatura altiera e terribile, il quale sebbene ha renunziato il governo al principe

Claudio Tolomeo, *Geografia*, *Ecumene* (1489). Il codice, oggi noto come Magliabechiano e conservato nella Biblioteca Nazionale Centrale di Firenze, fu commissionato dal condottiero Camillo Vitelli di Città di Castello che intendeva riprodurre la traduzione latina della *Geografia* del Tolomeo e per la realizzazione della quale aveva radunato i migliori talenti: miniatori, copisti, cartografi operanti in ambiente fiorentino. L'incarico di preparare questa nuova edizione della *Cosmographia* fu affidato al cartografo tedesco – ma operante in Firenze – Heinrich Hammer, noto come Enrico Martello. Questi aggiunse alle 27 tavole originali del Tolomeo altre 12 *tabulae modernae*

▬ *Garofani aromatici, L'animale che fa il zibetto e Pepe d'India*, in Pietro Andrea Mattioli, *I discorsi di M. Pietro Andrea Matthioli sanese, medico cesareo et del Serenissimo Principe Ferdinando Archiduca d'Austria & c. nelli sei libri di Pedacio Dioscoride Anazarbeo della materia Medicinale. Dal suo istesso autore ricorretti, et in piu' di mille luoghi aumentati. Con le Figure tirate dalle naturali & vive Piante, & Animali, & in numero molto maggiore, che le altre per avanti stampate. Con due Tavole copiosissime l'una a' cio', che in tutta l'opera si contiene: & l'altra alla cura di tutte le infirmita' del corpo humano.* Il Mattioli, cui si deve anche una traduzione in italiano della *Geografia* del Tolomeo (1548), non si limita a tradurre l'opera di Dioscoride, ma la completa con le descrizioni delle piante e di alcuni animali provenienti dal Nuovo Mondo. Dalla secrezione delle ghiandole anali dello zibetto, piccolo animale di origine africana, si ricava l'omonima essenza molto ricercata in profumeria. La duchessa Eleonora di Toledo, moglie di Cosimo I de' Medici, allevava in Palazzo Vecchio alcuni «gatti del zibetto» per «cavarne il zibetto»

suo figliuolo, resta però padrone delle entrate, della milizia, delle fortezze, e delibera egli stesso nelle cose d'importanza, onde il principe non è padrone assoluto, ma è più presto restato per questa renunzia come un vice reggente, il quale leva al duca il disturbo di udire e deliberare alcune cose di manco importanza. [...] ogni cosa passa molto segretamente; fa professione di gran memoria; ha bellissimo ingegno [...] È principe molto altiero, vendicativo e severissimo, la qual severità gli è però tornata a bene, usandola verso quelli che gli macchinavano contra nello stato; e benché si abbia dimostrato sempre molto severo e formidabile ai suoi sudditi, è stato però più sopportabile ai fiorentini...»[13]. Così Lorenzo Priuli, ambasciatore della Repubblica di Venezia, descriveva il duca nel 1566, all'indomani delle nozze del figlio Francesco con l'arciduchessa Giovanna d'Austria. In questa sede si ritiene particolarmente significativo individuare alcune caratteristiche di Cosimo, attraverso le sue letture e i suoi interessi: il duca non si separava mai da una copia del Tolomeo[14], forse lo splendido manoscritto appartenuto all'avo Lorenzo il Magnifico. Amava leggere la sera, prima di coricarsi, qualche pagina dell'*Historiarum sui temporis* di Paolo Giovio[15] e fra le sue letture preferite c'erano i *Commentarii* di Giulio Cesare e le *Vite parallele* di Plutarco. Nella sua biblioteca si trovano testi classici di storia – Erodoto, Tucidide, Senofonte, Arriano, Diodoro Siculo, Tacito, Tito Livio –, di geografia e astronomia antichi – Strabone e Tolomeo –, di geografia e astronomia moderni – Sacrobosco, Pietro Appiano, Münster, Fracastoro – e di scienze naturali: Aristotele, Teofrasto, Gesner, Agricola. Vi era anche una copia della versione italiana del *Della materia medicinale di Pedacio Dioscoride Anazarbeo*, commentata dal medico senese Pietro Andrea Mattioli, sulla quale il duca «... faceva annotazioni e postille»[16].

Quanto agli interessi, quelli naturalistici sono ribaditi nell'edizione del 1567 del *Ricettario fiorentino* – il testo fondamentale della farmacopea toscana – dove si ricorda come il duca abbia voluto importare molte specie rare ed esotiche. Ma più complessivamente, gli interessi scientifici di Cosimo sono molteplici: oltre all'alchimia e alla metallurgia, coltivati personalmente nella fonderia del Palazzo ducale, si interessava alla medicina e all'anatomia, cercando, senza successo, di ottenere che il celebre anatomista fiammingo Andrea Vesalio accettasse la lettura allo Studio di Pisa. Ancora, per quello che riguarda la botanica, oltre al già ricordato *Ricettario*, il grande interesse del duca si manifesta anche nell'apertura di un giardino dei semplici a Pisa nel 1543, del quale affida la

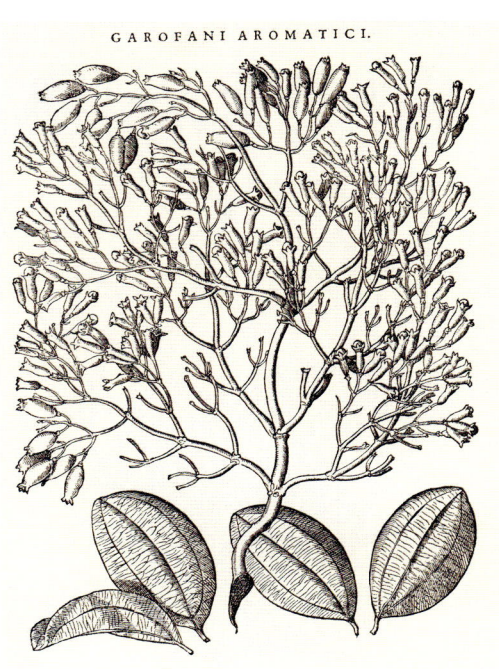

responsabilità al famoso botanico Luca di Ghino Ghini[17], mentre nell'istruzione, inviata nel 1546 ad Alfonso Berardi, un suo incaricato diplomatico nel Levante, l'amore per l'antico e gli interessi naturalistici sono associati. Il duca ordina, infatti, di «... trovare alcuni libri greci, che sono in quelle parti, rari. Procurate ancora d'avere semi d'erbe di tutti e semplici e massime di quelli che sono rari e che di qua non ne è copia o notizia e mandateceli per poterli seminare nelli orti nostri»[18].

Nel progetto della Sala delle Carte geografiche in Palazzo ducale confluiscono tutti gli interessi che si è cercato di evidenziare e, per questa ragione, Cosimo segue con grande attenzione e partecipazione i lavori che la riguardano, interagendo costantemente con gli incaricati della sua progettazione e realizzazione. Nel 1566, alla morte di Miniato Pitti – cui era stato affidato inizialmente il compito di «spartire» le tavole del Tolomeo per la Sala – il principale referente per il progetto diviene Egnazio Danti. I rapporti fra il giovane cosmografo di corte e Cosimo sono documentati dallo stesso Danti che riconosce il ruolo del duca nell'indirizzarlo nel suo lavoro: «che per dodici anni lo veddi con tanta avidità et piacere essercitarsi attorno nobilissimi studij»[19], «con ottimi avvertimenti ed avvisi particolari all'esercizio della Cosmografia appartenenti»[20], mentre in una lettera a don Vincenzo Borghini, riferendosi alla pianta del territorio perugino da lui realizzata nel 1577, dichiara che «nel levare detta pianta tenni un modo che già imparai dalla felicissima memoria del duca Cosimo»[21]. Il duca è, infatti, presenza assidua sul luogo del lavoro del giovane frate: spesso si reca nella sua cella[22], finché, nel 1571, ottiene che venga trasferito in Palazzo Pitti[23]. È quindi naturale che frate Egnazio, nella redazione dei testi che accompagnano le tavole, abbia tenuto conto degli interessi e delle richieste del duca, come pure delle finalità cui il progetto tendeva. I cartigli, nelle trenta tavole realizzate dal Danti, sono una sintesi delle letture di Cosimo, prima ancora che del frate. Vi si ritrovano gli animali del Gesner, le piante del Fuchs, le spezie del Mattioli, le pietre preziose e i manufatti esotici del *Milione* di Marco Polo.

Egnazio Danti asseconda gli interessi del duca anche a partire dalla priorità attribuita alla realizzazione delle tavole. Infatti, poiché Cosimo I – come molti principi dell'epoca – subiva il fascino dei luoghi del nuovo mondo, scoperti da poco più di cin-

Leonhart Fuchs, *De historia stirpium commentarii insignes, maximis impensis et vigiliis elaborati, adiectis earvndem vivis plvsqvam quingentis imaginibus, nunquam antea ad naturæ imitationem artificiosius effictis & expressis, Leonharto Fvchsio medico hac nostra ætate...* p. 897. Nella tavola sono ritratti i due disegnatori delle piante dell'opera, Heinrich Füllmaurer e Albrecht Meyer. Al tedesco Leonhart Fuchs – considerato uno dei padri fondatori della moderna botanica – il duca Cosimo I cerca nel 1544, ma senza successo, di affidare la lettura di medicina allo Studio di Pisa, chiedendone l'autorizzazione a Carlo V: «quanto al fuchsio noi desideravamo e desideriamo assai che ci venga a servire, et di questo vogliamo che voi a luogo et tempo commodo facciate instantia alla Maestà Sua che ce ne compiacci, per che non essendo suo medico domestico, com'è il Vexalio, non pensiamo in questo arrecargli alcuno disturbo o dispiacere»

Frans Hogenberg, *Mexico Regia et Celebris Hispaniae Civitas* e *Cusco Regni Peru in Novo Orbe Caput*, in Georg Braun, *Civitates orbis terrarum*, vol. I, Köln 1572. Le piante di Città del Messico e di Cuzco, antica capitale del regno degli Incas, sono tratte dalle *Civitates orbium terrarum*; l'opera, in sei volumi, è ispirata alla *Cosmographia* di Sebastian Münster e fu pubblicata fra il 1572 e il 1617 dal geografo Georg Braun, chierico cattolico di Colonia, che collazionò le tavole, scrivendone i testi. Queste tavole, come le illustrazioni dei primi quattro volumi dell'opera, sono del pittore Frans Hogenberg di München

quant'anni e ancora in gran parte inesplorati, dei quali conservava alcuni oggetti nella sua guardaroba[24], il Danti non solo realizza tutte le otto tavole dedicate ai territori americani, ma fra queste due – quella delle *Ultime parti note de l'Indie occidentali* e quella della *Nuova Spagna* – sono fra le prime a essere ultimate.

Nella redazione dei cartigli su queste terre del Nuovo Mondo, non soccorrendolo testi antichi, frate Egnazio ricorre a fonti da lui ritenute affidabili: prima fra tutti un «frate Alfonso frate di S. Domenico, (nato in detta città di padre mexicano)». Ed è grazie alla testimonianza di questo suo confratello che il Danti può descrivere nel cartiglio la Città del Messico: «Fra le più grandi et principali città di detta provincia tiene il principato la gran città del Mexico; quale è situata in aqua come Vinegia ma in un laco quale da la banda di Ostro dove entrano 3 grossi fiumi è dolce e da la banda di tramontana dal mezo insu, dove è la città è salso. […] Sonno in detta città 100.025 case, come alcuni scrivano, et come più volte il sopradetto frate Alfonso mi afermò il quale havendo visto Venetia diceva essere doiterzi minore del Mexico». In questo stesso cartiglio della mappa della *Nuova Spagna*, frate Egnazio paragona il fenomeno delle maree nell'Oceano Pacifico, denominato «Mare del Sud», a quello riscontrabile sulle coste europee dell'Oceano Atlantico. In questo caso, la fonte è il «cronista ufficiale dell'Indie»[25], lo spagnolo Gonzalo Ferdinando d'Oviedo: «Ma dallo stretto di Ghibilterra in fuori, questo mare Oceano cresce e manca molto nella costiera d'Africa e d'Europa, come l'hanno veduto e veggono ogni dí quelli che mirano il mare per la costiera d'Andalusia, di Portogallo, di Galizia, d'Asturia, di Viscaia, di Normandia, di Bertagna, d'Inghilterra, di Fiandra, di Alemagna, con tutto il resto posto sotto Tramontana: e in questi luoghi in grandissima maniera manca e cresce l'oceano»[26]. Ma questo fenomeno non si ritrova nel Mar dei Carabi, denominato, il «Mare del nord», dove l'altezza delle maree è scarsa e il Danti se ne stupisce, considerato lo stretto istmo che li separa: questa considerazione la si ritrova anche in Gonzalo Ferdinando d'Oviedo «percioché dal mare di Tramontana a quel di Mez-zodí (che ambidue da opposite parti della terra ferma delle Indie percuotono) vi è pochissima distanza […] E nondimeno in cosí poca distanza, essendo e questo e quel-lo mare Oceano, vi si vede tanta differenzia nel crescere e nel mancare dell'acque quan-ta s'è detta» e cioè che «non vi cresce né manca l'acqua del mare piú di quello che s'è detto che si faccia in Barzellona e negli altri luoghi del mare Mediterraneo, in tanto che a questo modo né vi cresce né vi manca il mare in quest'isola Spagnuola, né in quella di Cuba. […] Dico appresso che questo istesso mare Oceano cresce e manca incredibil-mente nella costiera della terra ferma dell'Indie che a mezzogiorno riguarda»[27].

Nello stesso cartiglio della mappa della *Nuova Spagna*, il Danti spiega anche come scelga le sue fonti iconografiche e letterarie: «la presente tavola si è cavata, quanto ai con-torni, dalle carte marine fatte dai Castigliani et il resto più fra terra si è tratto dalle rela-tioni del Cortese et altri che vi sono stati». E analogamente per descrivere un'altra città del Nuovo Mondo, la favolosa Cusco – che «non solo è una delle più belle del india ma anderebbe al pari di molte città d'Italia» – il cosmografo di Cosimo I ricorre a un'altra fonte diretta: Pedro Sancho de la Haz che accompagna Fernando Pizarro nella spedizione in Perù e ne relaziona gli esiti al Re di Spagna[28]. «La città del Cusco, per esser la principa-le di tutte, dove faceano la residenzia i signori, è sí grande e cosí bella e con tanti edifi-cii che saria stata degna da veder in Spagna, e tutta piena di casamenti di signori, perché in essa non vivono genti povere, e ogni signore vi fabricava la sua casa e tutti i caciqui medesimamente, perché non risedevano i caciqui in essa continuamente. E la maggior parte di queste case sono di pietra, e l'altre hanno la metà della facciata di pietra; vi sono molte case di terra; e sono fatte con bell'ordine, fatte le strade in croci molto diritte, tutte immattonate, e in mezzo di ciascuna va un condotto d'acqua murato di pietra».

Al contrario, per comporre i cartigli delle quattordici carte che dedica al continen-te asiatico, il Danti ricorre, innanzitutto, all'autorità di Marco Polo. Così, nel cartiglio della *Parte de l'India dentro al Gange* – quando ricorda che l'apostolo Tommaso è sepolto nella città indiana di Coulan «dove fino al presente giace il suo corpo con grandissima veneratione di tutta l'India» – riprende un'affermazione dell'esploratore veneziano: «vèngovi molti cristiani e molti saracini in pellegrinaggio, ché li saracini di quelle contrade ànno grande fede in lui, e dicono ch'elli fue saracino, e dicono ch'è grande profeta, e chià-mallo varria, cioè santo uomo»[29]. Quando tratta dell'Indostan fuori del Gange, cita il rabar-baro come prodotto della regione di Succuir che, quasi tre secoli prima, così era ricor-data da Marco Polo: «è una provincia ch'è chiamata Succuir, nella quale àe castella e cit-tadi asai. […] E per tutte sue montagne si truova lo reubarbaro in grande abondanza, e quivi lo comperano li mercatanti e portalo per tutto il mondo»[30]. E in questo stesso car-tiglio annota che «in Erginul di detta provinzia si trova il perfettissimo Muschio» e che «in Agrigaia provincia vi si trovano Buoi della grandezza degli Elefanti li quali hanno la lana finissima come seta»: anche in questo caso la fonte è ancora Marco Polo che scri-veva «E in questa contrada nasce lo migliore moscado che sia a mondo» e «v'à buoi sal-vatichi che sono grandi come leofanti, e sono molto begli a vedere, ché egli sono tutti pilo-si, fuor lo dosso, e sono bianchi e neri, lo pelo lungo 3 palmi»[31]. Anche in Cina la descri-zione del Danti di «Quinsai cioè città del Cielo, la quale gira al intorno cento miglia, et tutte le strade sono in canale sopra i quali dicono essere 12mila ponti» è tratta ancora da Il Milione: «La sopranobile città di Quinsai, che vale a dire in francesco "la città del cielo". […] La città di Quinsai dura in giro 100 miglia, e à 12.000 ponti di pietra; e sotto la maggior parte di questi ponti potrebbe passare una grande nave sotto l'arco»[32].

Fonti più recenti vengono invece utilizzate dal Danti per la redazione dei cartigli dei Paesi posti lungo la rotta per raggiungere le isole delle spezie. Si tratta, in particolare, di due lettere scritte dal fiorentino Andrea Corsali – fra il 1515 e il 1517 – a Giuliano e a Lorenzo de' Medici[33]. Così, in Madagascar «si trova anche gran quantità di Risi e altri semi di quali quelli dell'Isola vivono. Vi si trova parimente Argento, Ambracan, Gengevo, Melegetta, et Garofani, et Zafferano della sorte di quello del Indie. Evvi anche di molto Mele et canne di Zuccaro, Limoni, cedri et aranci»; ma le stesse considerazioni erano già state fatte a Giuliano de' Medici dal Corsali: «trovasi anche gran quantità di risi e altri semi, di che questi dell'isola vivono. Vi si trova parimente argento, ambracan, gengiovo, meleghetta e garofani, non come questi d'India, che non sono tanto profittosi, ma di meglior odore e di forma di galla di nostra terra. Tien molto mele e canne di zuccaro, il qual non sanno oprare; evvi zafferano della sorte d'India, limoni, cedri, aranci in molta quantitade»[34].

Contrariamente a quanto farà successivamente frate Stefano Bonsignori, il Danti utilizza non di rado per le proprie informazioni anche da fonti portoghesi, evidentemente ritenute particolarmente affidabili per quanto riguarda l'Estremo Oriente e le Isole delle spezie. Conseguentemente, i cinesi vengono descritti come uomini che «nel vestire e nel tuono et pronuncia della voce simigliano ai Todeschi» così come, pochi anni prima, scriveva il portoghese Odoardo Barbosa[35]: «il vestire degli uomini è come quello di Todeschi, con calze, bolzachini e scarpe, come hanno le genti di terra fredda. Hanno proprio il parlare, e del tono e proferire come è la lingua todesca». E sempre nello stesso cartiglio della mappa della Cina, Egnazio Danti fornisce una curiosa ricetta per fabbricare la porcellana, la cui fonte è ancora Odoardo Barbosa: «fra l'altre cose rare vi si lavora la prozellana la quale cumpongono di scorze di Caracoli marini e di gusci d'ovi li quali polverizzati insieme con altri materiali impastano et sotterrano la massa per spazii di ottanta o cento anni per raffinarla e la lasciano lavorare ai loro figlioli, ne hanno di molte buche et in mano in mano che ne votano una ne riempono un'altra»[36]. Non appaia casuale l'attenzione alla ricetta per la realizzazione della porcellana che rappresenta, invece, un altro preciso legame con gli interessi del duca, in quanto – proprio in quegli anni – nelle Fonderie del Palazzo si cercava di scoprire il segreto della porcellana orientale. Sia Cosimo che Francesco si cimentano nell'impresa di realizzare la porcellana, tanto che un primo risultato viene ottenuto da Francesco nel 1575: sono i primi e famosi esemplari di porcellana medicea, ottenuti con un impasto morbido, privo di caolino[37].

Concentrato sulla rappresentazione dei territori asiatici e americani, il Danti dedica all'Europa poche carte – appena sette – e tutte riguardanti la regione settentrionale del continente. In questo caso, le fonti cui attinge sono essenzialmente due: l'umanista Paolo Giovio e il vescovo Olaf Mänsson, italianizzato in Olao Magno. Del primo, erudito molto stimato presso la corte medicea, frate Egnazio utilizza la *Descriptio Britanniae*,

Giovanni Stradano, *L'otre dei venti*, 1561-1562. Firenze, Palazzo Vecchio, Quartiere di Eleonora, Sala di Penelope. È uno degli otto episodi dell'*Odissea* con cui Giovanni Stradano – uno dei più stretti collaboratori di Giorgio Vasari – decora il fregio della Sala. Il pittore fiammingo utilizza probabilmente i disegni realizzati per illustrare un'edizione dell'*Odissea* concepita da Luigi Alamanni il giovane e mai pubblicata. Uno degli altri episodi omerici di questa Sala – *Ulisse e Circe* – sarà riprodotto dallo stesso artista anche in una delle tavole nello Studiolo di Francesco I. Al tema del viaggio e, in particolare, dell'esplorazione di nuove terre Giovanni Stradano dedica la collezione di cinque disegni denominata *Americae Retectio*, realizzata fra il 1587 e il 1588, e conservata nella Biblioteca Medicea Laurenziana e – nel 1584 – tre dei venti disegni che compongono la raccolta *Nova Reperta*, su commissione ancora di Luigi Alamanni

Scotiae, Hyberniae et Orchadum e la lettera *Paolo Iovio istorico delle cose della Moscovia, a monsignor Giovanni Rufo, arcivescovo di Cosenza*; del secondo, arcivescovo di Uppsala trapiantato a Roma, consulta l'*Historia de gentibus septentrionalibus*.

Al termine di questa breve rassegna delle tavole di Geografia realizzate da Egnazio Danti va fatto rilevare che il frate domenicano realizza solo alcune tavole tratte dalla *Geografia* tolemaica e si tratta di quelle relative al continente asiatico; al contrario, la maggior parte delle sue tavole è dedicata a territori europei, africani e americani che erano sconosciuti al geografo alessandrino. Il cosmografo, ancora una volta, vuole soddisfare la curiosità del suo committente nei confronti di nuove e lontane terre, non scevra da interessi di natura economica. Non è dunque casuale che in quegli stessi anni, nel febbraio 1571, sbarchi a Livorno – proveniente dalla Spagna – la nave Santa Maria di Bethlem, capitanata dal fiorentino Luigi Ricasoli, dalla quale, tra l'altro, vengono scaricate: «tre casse di zuchero, quattro barili di cuciniglia; diciassette barili di detta, diciotto barili d'olive, 522 pezi di legno Santo, 593 pezi di verzino, fardi di salsapariglia, 170 quoia d'india, 5 botte di cassia, una casse di droghe, una caseta di perle»[38].

Nel giorno per me più triste

N el novero dei cartigli redatti da Egnazio Danti, un caso assolutamente atipico è rappresentato da quello della tavola dell'Arabia, realizzata due mesi prima del suo repentino allontanamento da Firenze, a opera di Francesco I. Al termine della descrizione della penisola arabica, il domenicano inserisce la data in cui la tavola è stata terminata, il 28 luglio 1575, e un'iscrizione in greco, *en dustucàistate emèra emòi*, il cui significato è «nel giorno per me più triste». La prima osservazione è riferita all'utilizzo della lingua greca che non era molto diffusa all'epoca e che il Danti utilizza nei suoi cartigli soltanto in questa occasione. L'inconsueta scelta della lingua fa pensare a una sorta di messaggio cifrato, inintelligibile ai più. Si tratta, quindi, di cercarne il significato.

Secondo Iodoco Del Badia, biografo ottocentesco del Danti, il frate si riferisce, contestualmente, al giorno della morte del padre e del licenziamento dalla Corte medicea, propendendo per il lutto paterno, dal momento che «di un fatto dove ebbe parte principale il Granduca, sarebbe stata per lo meno stoltezza farne in qualsivoglia modo cenno in tal luogo»[39]. Nonostante la sensatezza di questa osservazione di Del Badia è sembrato opportuno indagare con maggiore attenzione sulle cause dell'allontanamento del Danti da Firenze, avvenuta appena due mesi dopo. La ricerca ha portato a incrociare le vicende di frate Egnazio con quelle di un altro domenicano, Tommaso Buoninsegni. Quest'ultimo[40] si può definire un *protégé* di Francesco de' Medici che, nell'aprile 1572, lo aveva raccomandato perché fosse ammesso al Collegio Fiorentino e nel giugno 1575 aveva fatto in modo che divenisse Priore di Santa Maria Novella. Nonostante questa nomina[41] fosse stata annullata da Bernardo Brancuti, Padre provinciale dell'Ordine Domenicano, un indignato granduca ottenne immediatamente dal Padre generale, Serafino Cavalli, il reintegro nella carica[42].

Nel settembre del 1575, Serafino Cavalli viene nuovamente interpellato dal granduca Francesco che gli richiede l'allontanamento da Firenze di frate Egnazio Danti. A oggi, non essendo stata ritrovata questa lettera di Francesco I, non è dato sapere le ragioni addotte dal granduca. Sono invece note la lettera che il 23 settembre padre Cavalli inviava al Danti, contenente l'ordine di lasciare Firenze nell'arco di 24 ore e di recarsi a Bologna, come pure quella di Francesco I al Cavalli nella quale lo ringraziava per aver posto rimedio «a molti scandoli che potevano nascere per il male esempio»[43] del Danti. Va fatto rilevare che il Padre generale Cavalli non avendo rintracciato frate Egnazio trasmise la propria lettera al granduca. Una lettera del 9 ottobre 1575 inviata dal Priore di Santa

ΕΝ ΔΥΣΤΥΧΆΙΣΤΑΤΗ ΉΜΕΡΑ ΈΜΟΊ

Egnazio Danti, *Arabia*, 1575, particolare del cartiglio, Firenze, Palazzo Vecchio, Sala delle Carte geografiche. Il cartiglio si chiude con la frase in greco *nel giorno per me più triste*. Caso abbastanza insolito per il Danti, la decorazione del fregio contiene due figure animali: due scimmie la cui testa è incastrata nella cornice. Nell'iconografia cristiana alle scimmie è prevalentemente attribuito un significato negativo, in quanto incarnano una caricatura dell'uomo, pur conservando la propria natura animalesca. Vengono così a rappresentare l'avidità, la vanità, la menzogna e la lussuria; una scimmia incatenata corrisponde alla sconfitta del diavolo e delle tentazioni, mentre la scimmia venerata incarna l'idolatria e l'eresia. L'inserimento di questi animali sembra rinforzare il messaggio criptico contenuto nel cartiglio. Potrebbe trattarsi di un'altra allusione alle calunnie di cui il Danti si sente fatto oggetto

Maria Novella, Tommaso Buoninsegni, a Francesco I consente di comprendere, in parte, la natura degli scandali evocati. Nella lettera, Tommaso Buoninsegni scrive: «Havendo l'inquisitore hiermattina a hore 17 relassato frat'Ignazio et comandatoli che si presenti al inquisitore di Perugia, con haver voluto in mano tutti i suoi libri et scritture, non mancai per obedire a Vostra Altezza, poco doppo che fu l'hora 18, presentargli il precetto del generale ala presenza di più testimonij, in buona forma, facendo di tutto nota. Così questa mattina s'è partito per Perugia, per andare di lì poi a trovare il generale. Il che è quanto mi occorre dar conto a Vostra Altezza Serenissima»[44]. Dunque, le accuse rivolte a Egnazio Danti erano talmente gravi da portarlo davanti all'Inquisizione e da tenerlo in carcere per almeno due settimane, essendo probabilmente questo il motivo che impedisce l'esecuzione del precetto di Serafino Cavalli del 23 settembre.

Si può ipotizzare, sulla base della consegna degli scritti del frate richiesta dall'Inquisitore, che le accuse riguardassero affermazioni non ortodosse del Danti contenute nelle sue pubblicazioni. L'accusa potrebbe risiedere nelle dimostrazioni pubbliche che il Danti aveva effettuato sul sagrato di Santa Maria Novella l'11 marzo 1574 e ancora l'11 marzo 1575 e che provavano come il ritardo del calendario giuliano impedisse la celebrazione della Pasqua nel giorno corretto. Nonostante il fatto fosse noto alla Chiesa, forse, questa aperta e pubblica sconfessione di quanto fino ad allora era stato fissato dalle gerarchie ecclesiatiche avrebbe potuto essere stata valutata lesiva dell'autorità della Chiesa stessa presso il popolo dei fedeli[45].

Il Danti esce indenne e riabilitato dal processo intentatogli, tanto che poche settimane dopo, in una lettera a Giuliano de' Ricci del 2 novembre[46], dichiara di accingersi a ricoprire la carica di lettore delle matematiche allo Studio di Bologna[47]. Mentre un'ulteriore e autorevole riprova del proscioglimento dalle accuse è certamente manifestata dalla considerazione che il frate domenicano gode presso il pontefice, Gregorio XIII. Il papa, infatti, affida al Danti l'incarico di tracciare carte dei confini dello Stato Pontificio. Un affidamento che prelude al trasferimento del frate alla corte papale e alla sua nomina a membro della congregazione per la riforma del calendario e a cosmografo pontificio, incaricato di terminare le Carte geografiche della Terza Loggia del Vaticano e di ideare la decorazione della nuova Galleria che si affaccia sul cortile del Belvedere, oggi nota come la Galleria delle Carte geografiche[48].

Ma in Firenze la vicenda non è ancora conclusa, in quanto nel marzo 1576, cinque mesi dopo l'allontanamento del Danti, il Padre generale domenicano Cavalli scrive nuovamente al granduca e lo fa per lamentarsi del comportamento del priore di Santa Maria Novella, giudicato troppo rigido e autoritario: «essere Priore non vol dire essere Priore o Principe, ma padre e pastore, et curatore d'anime religiose et dedicate a Dio»[49]. Padre Serafino Cavalli è molto accorto nello scrivere al granduca e non fa riferimenti espliciti a manchevolezze del priore, ma è Francesco I, nella sua risposta[50], a fornire alcune preziose indicazioni. Il granduca difende frate Tommaso Buoninsegni come «huomo dabene» e «meritevole», mentre afferma di conoscere bene da chi venissero le accuse verso di lui: «li reclami che gli son dati escono tutti da un fonte medesimo che vorrebbe incindare la bontà di questo povero padre il quale per haver fatto il debito suo, et castigato quelli che n'erano meritevoli». E prosegue riferendosi all'origine delle calunnie nei confronti del suo protetto che sono identificate ne «le gare et passioni de Frati

Egnazio Danti, Firenze, facciata della chiesa di Santa Maria Novella. A sinistra, *Sfera armillare*: «A una supplica di frate Egnatio Danti e suoi scolari che domandano scudi 35 per fare un armilla di metallo per osservare l'entrata del sole ne solstitij, et altro Sua Altezza rescrisse sotto di 20 di Gennaio 1573: Sua Altezza è contenta che si facci e donerà trentacinque scudi». Dal registro dei rescritti del Gran Duca di Toscana.
A destra, *Quadrante astronomico*: «A una supplica di frate Egnatio Danti che domanda scudi 24 per fare certa lapida di marmo per la facciata della chiesa di Santa Maria Novella Sua Altezza rescrisse sotto di 19 di Marzo 1573 se li dia ventiquattro scudi e si facci». Dal registro dei rescritti del Gran Duca di Toscana

di Perugia che vorrebbono sotto il pelo del Agnelli diventare lupi rapaci per dilapidare interamente questi conventi di qua, i quali son molto meglio governati da gente del paese, che da forestieri». Il riferimento ai forestieri di Perugia che vogliono impossessarsi dei conventi fiorentini potrebbe riferirsi a una candidatura del Danti, originario di Perugia, alla carica di priore di Santa Maria Novella, in concorrenza con Tommaso Buoninsegni, candidatura che il granduca avrebbe considerato come un affronto personale. Oppure, più verosimilmente, Francesco I potrebbe fare riferimento a un qualche ruolo attivo svolto dal Danti nella revoca dell'elezione a priore di frate Tommaso, di cui si è detto. Il padre provinciale, infatti, nello scusarsi per la mancata conferma del Buoninsegni, l'aveva imputata a un'informazione da lui ricevuta da «da uno che molti anni è stato a suo servitio»[51].

Appare quindi possibile avanzare due ipotesi sull'attrito fra il priore di Santa Maria Novella e frate Egnazio. La prima, suggerita dall'accenno del granduca Francesco, è che il mese successivo alla sua elezione, frate Tommaso si sia vendicato del Danti accusandolo davanti al granduca – *nel giorno più triste* della vita del frate – e successivamente denunciandolo al Sant'Uffizio. La seconda, non necessariamente alternativa, riguarda un possibile dissidio interno ai domenicani fiorentini tra frati savonaroliani e ortodossi. Infatti, in quegli anni era in corso un dibattito su una possibile riforma dell'Ordine che proibisse ai frati domenicani di possedere beni e di avere incarichi retribuiti fuori del convento per riportarli all'antico rigore savonaroliano. E a questo proposito va ricordato che Tommaso Buoninsegni – prima di diventare priore di Santa Maria Novella – era lettore di teologia nel convento di San Marco, all'interno del quale i savonaroliani erano ancora ben rappresentati e che nel 1581 traduce in latino uno scritto del Savonarola contro gli oroscopi[52]. Potrebbe trattarsi di due indizi dell'adesione del Buoninsegni alla fazione savonaroliana, ulteriore spiegazione della contrapposizione con l'astronomo e cosmografo perugino[53].

Stemmi, imprese e corone granducali

Il 31 dicembre 1575, dopo l'allontanamento di Egnazio Danti, il granduca Francesco I dovendo «dar perfettione a certe tavole di cosmografia per il mio Palazzo incominciate pure da un altro religioso», scrive al Padre generale degli Olivetani, «ricordandomi finalmente della beata memoria di Don Miniato Pitti, il quale lasciò un Don stefano Bonsignori fiorentino assai instrutto il tal professione»[54]. Il 22 gennaio 1576 il Padre generale risponde concordando che «Don Stefano Bonsignori sia atto a dar perfettione alle tavole di Cosmografia del suo palazzo»[55].

Le notizie biografiche su Stefano Bonsignori prima che il granduca Francesco I lo richieda al suo servizio sono più scarne di quelle riferite al Danti, tanto che non se ne conosce neppure la data di nascita[56]. Frate olivetano, fiorentino, probabilmente aveva quindici-venti anni più[57] del granduca Francesco. Quindi, quando viene chiamato a questo incarico, don Stefano doveva avere intorno ai cinquantacinque anni e, verosimilmente, occupare una posizione di rilievo nella gerarchia dell'Ordine olivetano: era dunque un uomo di esperienza, la qual cosa gli sarà d'ausilio nei suoi rapporti con il committente, il granduca Francesco I. Luciano Berti – che a Francesco I ha dedicato il suo il *Principe dello Studiolo* – descrive il successore di Cosimo come persona dal carattere chiuso e scostante, schivo e malinconico; schiacciato dalla «dominante e accattivante personalità paterna»; impegnato in una puntigliosa gara nel superare il padre nella pratica dell'alchimia e nel mecenatismo, ma anche nella gara di rango con gli altri principi italiani, nella fedeltà ossequiosa verso l'alleato spagnolo, nell'assolutismo, nel rispetto cerimonioso dell'etichetta e nella gelosa rivendicazione delle sue prerogative dalle ingerenze straniere e pontificie[58]. Mentre lo stesso ambasciatore di Venezia, del quale si è riportata la descrizione di Cosimo I, ne tratteggia questo impietoso ritratto che risale a dieci anni prima dell'entrata in servizio del Bonsignori: «Il principe di Fiorenza suo figliolo, nacque l'anno quarantuno ai venticinque di marzo, talché a questo marzo prossimo avrà venticinque anni: è di statura piccolo, magro, nero di faccia, e di cera melanconica: ha atteso sempre questo principe ai piaceri, e mostra di essere molto immerso nell'amore delle donne; si è dilettato poco di virtù; non dimostra troppo bell'ingegno, il che si conosce nelle proposte e nelle risposte, nelle quali è tardo e irresoluto, e dal duca suo padre è conosciuto per tale»[59]. Il frate olivetano si trova ad avere a che fare, probabilmente, con un committente esigente e permaloso, spesso sprezzante con i suoi cortigiani e con i suoi pari. Ma l'età e l'esperienza gli suggeriscono di utilizzare le armi della diplomazia e dell'adulazione.

Le differenze con lo stile di Egnazio Danti si manifestano già dalla forma che viene scelta per i cartigli. Se il frate domenicano aveva scelto di vergare le sue iscrizioni su cartigli quasi architettonici, su sorte di lapidi marmoree decorate con sobrie volute ai bordi, Stefano Bonsignori sceglie splendide cornici, impreziosite da elaborate decorazioni, con le scritte in elegante grafia corsiva in lettere dorate su sfondo nero. Putti, stemmi, maschere grottesche, cariatidi, animali reali e immaginari, anfore, ghirlande di fiori e frutta, timpani di templi antichi popolano, variamente, le cornici colorate dei suoi cartigli. Ma l'elemento costante di tutte le diciannove tavole dotate di cartiglio realizzate da Stefano Bonsignori è lo stemma mediceo sormontato dalla corona granducale. In tre delle prime tavole, realizzate fra il 1576 e il 1578, è presente anche lo stemma di Giovanna d'Austria, consorte del granduca: si tratta delle tavole dell'Italia e della Spagna nelle quali sono raffigurati gli stemmi bipartiti Medici-Asburgo e di quella della Francia, dove lo stemma della Casa d'Austria è inserito in un ciondolo che pende dal cartiglio. Dalla morte di Giovanna d'Austria nel 1578, il riferimento all'arme degli Asburgo scompare dai cartigli del Bonsignori e non viene sostituito da quello di Bianca Cappello, che il granduca sposa pochi mesi dopo.

Talvolta le costruzioni degli stemmi sono particolarmente elaborate: è il caso della mappa di Francia che – apparentemente – è priva dell'arme dei Medici. Ma, poiché sul bordo superiore della cornice, sormontata da un puttino che sorregge la corona granducale, si trovano una palla azzurra con i gigli d'oro e lungo il bordo del cartiglio, sugli angoli e nella parte inferiore, altre cinque palle rosse, si ricompone lo stemma mediceo. Ed è anche il caso della carta della Spagna che presenta sul lato destro e sinistro della cornice due cartigli più piccoli, contenenti ciascuno uno stemma. Si tratta di due delle imprese, degli stemmi personali del granduca Francesco: il primo è un Ariete,

Stefano Bonsignori, *La Spagna*, 1577, Firenze, Palazzo Vecchio Sala delle Carte geografiche, particolari del cartiglio.

Francesco de' Medici nacque il 25 marzo 1541, sotto il segno dell'Ariete. La tradizione poneva – come ricorda il Vasari nei *Ragionamenti* – anche «la edificazione e fondazione di Firenze sotto il segno dell'ariete». La seconda impresa si riferisce alla leggenda per cui la donnola per rendersi immune dal velenoso morso del rospo, si muniva del prezioso antidoto prima di attaccare l'acerrimo nemico: è evidente il riferimento agli interessi alchemici di Francesco. L'impresa fu proposta al Gran Principe, probabilmente alla vigilia delle nozze con Giovanna d'Austria, dall'umanista Benedetto Varchi, che glie ne invia ben diciassette fra cui scegliere. Il motto è tratto dal carme di Catullo «Vesper adest» (Vespero giunge)

segno zodiacale del granduca, accompagnato dal motto «Aequat pio iustum», «Eguaglia il giusto al pio». Il secondo è una donnola che tiene nella bocca un ramoscello di ruta e il cui motto è «Amat victoria curam», «La vittoria ama l'impegno»[60]. Il motto «Aequat pio iustum» e l'Ariete, questa volta coronato con l'insegna granducale e il giglio di Firenze, si ritrova anche nel cartiglio della Schiavonia, tavola realizzata dal Bonsignori nel 1578. Mentre è presente una dedica al granduca in calce al cartiglio della Germania: «Franc[iscus] Med[ici] Mag[nificus] Dux Ætruriae II».

La genealogia delle terre

Nella scelta dei testi dei cartigli il Bonsignori segna nei confronti del predecessore una altrettanto marcata discontinuità. Il frate olivetano sceglie, infatti, di ricostruire l'origine favolosa dei Paesi descritti e, ogni volta qual volta sia possibile, tessere le lodi della Spagna e rendere omaggio al suo re. Quanto al primo punto, le prime undici tavole realizzate dal frate olivetano fra il 1576 e il 1580 hanno come *incipit* comune l'individuazione del capostipite che ha dato origine alla stirpe che abitava ogni singolo territorio. Va rilevato che questi Paesi sono tutti europei e africani ben conosciuti fin dai tempi antichi: Spagna, Francia, Italia, Schiavonia, Germania, Grecia in Europa, Mauritania, Libia, Egit-

to, Trogloditica (Somalia ed Etiopia) e Nubia in Africa. Così apprendiamo dalle erudite annotazioni del Bonsignori che la Francia «acquistò il nome di Gallia da Galate figlio di Ercole Egizzio»; che «fu habitata la Spagna l'anno XII del Regno di Nembrot et dalla creazione del mondo MDCCC. Di essa fu il p[rim]o Re Tubale di Iafet di Noè detto Cielo da questo et da Tubale fu detta Celtubasia. Di poi dal Re Ibero Celtiberia et Iberia». Scopriamo che «la Germania [fu] data in governo dal gran Padre Noè a Tuiscone, il suo più caro figliuolo et il minore di tutti»; che l'Italia fu fondata da «Comero Gallo figliuolo di Iafet, primo ottenne questo regno dall'avo Noè, et a bene operare indirizzò le sue genti. Ma Camese scacciato dagli altri qua venne et cominciò ad corromperle. Però vene[n]do Noè, detto Iano, il cacciò. Et più anni poi che egli fu passato a miglior vita i Popoli oppressi da i Grandi chiamarano in soccorso Osiri Giove Giusto. Questi gli liberò». La genealogia delle stirpi continua con la Schiavonia, l'attuale Dalmazia, che «fu assegnata da Noè l'antico p[ad]re l'anno 3 di Belo Re degli Assiri a Tira suo nipote e figliu[o]lo di Iapeto et insieme ad Arcadio et Ematio nati di Canaam detto Cam Fenice, quale fu figliuolo di Camese».

Passati all'Africa mediterranea l'*incipit* non cambia: «dello Egitto Provincia nobiliss[im]a et famosiss[im]a in la qua[le] sino da principio fiorirono tutte le scienze et tutte le buo[n]e arti, et da cui tutte le altre Provin[ci]e traendole, se ne mostrarono inventrici fu Saturno cioè P[rim]o Re, Cam detto Camese mi[n]ore de i figli di Noè nati ava[n]ti al diluvio». Sulla Mauritania: «favoleggiando dissero gli antichi che il monte Atlante toccava con la sua som[m]ità il cielo, volendo significare che Iapeto cognominato Atlante, primo Sig[no]re di questa Provincia poi la inondazione maggiore era figliuolo di Noè detto Cielo. Qua passò Ercole per ve[n]dicare la morte del p[ad]re Osiri, diede morte ad Anteo che la reggeva et di Tingena moglie di esso hebbe il figlio Sisace». Per la Trogloditica, cioè la penisola somala, premesso che gli antichi ne descrivevano le popolazioni come «inumane», il Bonsignori ne segna il riscatto allorché «Mosè generale di Faraone combattendo la città di Meroe, né pote[n]do prenderla per forza, la p[re]se mediante lo ardente amore che la figlia del Re dei Trogloditi, udendo la fama delle sue virtù, gli pose». Siamo quindi informati del primo sovarano della Nubia: «Di questa provi[n]cia, p[rim]a chiamata Eterea, fu Saturno o vero p[rim]o Re Cur figlio di Camese, dipoi dal Re Etiope acquistò il nome di Etiopia, in la quale semp[re] si attese al culto divi[n]o»; mentre nel cartiglio della Libia interiore, cioè i territori della costa occidentale africana fino al golfo di Guinea, entrano in scena le guerriere amazzoni, dal momento «che in essa fu nudrito Dionisio dato dal p[ad]re Tritone in guardia alla Regina Minerva, la quale fuggendo la pratica degli huomini volse che le sue donne si esercitassero nelle armi et ne i governi, onde doppo molti anni, Mirina con valoroso esercito delle sue donne occupò, vincendo il Re Iarba et altri signori, la Mauritania et quasi tutta Affrica».

Nel descrivere le origini mitiche di ogni Paese il Bonsignori apparentemente ricorre alle Sacre Scritture – il patriarca Noè, con i figli Sem, Cam, Jafet, e i suoi discendenti, Mosè – e ai testi della mitologia antica: Ercole, Osiride, Anteo, le guerriere amazzoni. In realtà le fonti cui il frate attinge sono molto più recenti. Fra la fine del XV e l'inizio XVI secolo era fiorita, in Italia, una letteratura sulle origini di Roma e delle antiche città italiane, il cui capostipite si può considerare l'erudito Flavio Biondo. Le sue opere, come *Roma restaurata*, l'*Italia illustrata* e le *Historiarum ab inclinatione Romanorum imperii decades*, pubblicate nella seconda metà del Quattrocento, incontrano un grande interesse nei suoi contemporanei, affascinati dalla riscoperta della civiltà romana, la cui memoria era stata come cancellata dai secoli bui medievali[61]. A Firenze, questa letteratura aveva costruito per i Medici una nuova storia delle origini della città, della Toscana e dell'Italia[62], secondo la quale la fondazione di Firenze restava attribuita ai Romani, ma non più alla Roma repubblicana, bensì a quella imperiale, alla quale lo stesso Cosimo amava ricollegarsi, nella persona di Ottaviano Augusto. In opere quali l'epistola del Poliziano *De civitatis Florentinae origine*, l'*Origine di Firenze* di Giambattista

Giorgio Vasari e Giovanni Stradano, *Fondazione di Firenze, colonia romana*, 1563-65. Firenze, Palazzo Vecchio, soffitto del Salone dei Cinquecento. Nei *Ragionamenti* di Giorgio Vasari l'opera è così descritta: «in questo quadro grande ho fatta la edificazione e fondazione di Firenze sotto il segno dell'ariete; e vi ho dipinti dentro Ottaviano, Lepido e Marcantonio, che danno l'insegna del giglio bianco a' Fiorentini, loro colonia, ed ho ritratto la città antica, come stava allora, solamente nel primo cerchio, e similmente la città di Fiesole»

Gelli, il *De Etruriae regionis* del filosofo francese Guillame Postel, il *Gello* di Pierfrancesco Giambullari, fino ad arrivare a quelle dell'umanista Giovanni Nanni, noto come Annio da Viterbo, il legame con la Roma imperiale viene affiancato dal mito della primogenitura dell'Italia e in particolare del primato dell'Etruria su tutte le popolazioni europee, la cui fondazione viene fatta risalire a Noè-Ianus che, dopo il diluvio universale, si era trasferito in Toscana importandovi la cultura aramaica e dando vita alla civiltà etrusca, ben più antica di quella egizia o greca.

A questo mito di Noè-Ianus si affianca, nella letteratura dell'epoca, quello di Ercole libio, figlio di Osiride. Ercole sarebbe stato il fondatore della città di Firenze, in quanto aveva bonificato il paludoso territorio fiorentino unificando tutti gli stagni e le paludi in un unico alveo e apponendo al fiume così formato il nome Arno, di origine egizia.

Particolare interesse in questa compagine di autori suscita la figura del frate domenicano Giovanni Nanni, archeologo e storico, nato a Viterbo nel 1432, che in gioventù aveva studiato le lingue orientali e si era appassionato alla cultura classica, tanto da cambiare il proprio nome in Annio da Viterbo. Questi nel 1499 pubblica la sua opera più famosa, le *Antiquitatum Variarum*, una raccolta in diciassette volumi di scritti e frammenti attribuiti ad autori latini e greci pre-cristiani, destinati a gettare nuova luce sulla storia antica. Oggi sappiamo che gli autori citati da Annio da Viterbo (fra i quali si annoverano Mirsilo da Lesbo, Beroso Caldeo, Megastene Persiano, Filone Ebreo, Abideno Assiro, Eusebio Cesariense) sono, per la maggior parte, nomi di fantasia e che i loro testi sono stati scritti dallo stesso Giovanni Nanni. Ma nel XVI e XVII secolo, pur in presenza di talune contestazioni e dubbi, la maggior parte degli studiosi considerava le opere di Annio da Viterbo e dei suoi *creati* fondate e originali. Pertanto, Le *Antiquitatum Variarum* conoscono un grande successo fra i contemporanei, tanto che ne vengono ristampate diverse edizioni, compresa una traduzione italiana, curata dal letterato Francesco Sansovino nel 1583.

Nel 1565, in occasione del matrimonio fra il principe Francesco e l'arciduchessa Giovanna, su questi argomenti era nata un'accesa polemica. Don Vincenzo Borghini, erudito alla corte del duca Cosimo, aveva messo in dubbio che l'antica colonia romana fosse stata fondata all'epoca di Silla, come sosteneva la storiografia fiorentina di matrice politica repubblicana, proponendo, invece, Ottaviano Augusto. L'intento del Borghini era quello di attribuire al duca Cosimo e al principe Francesco antenati imperiali e non repubblicani. È interessante notare che per sostenere questa sua tesi don Vincenzo si basa sulle iscrizioni riportate nel testo di Annio da Viterbo che considera come autentiche. In risposta, il letterato Girolamo Mei, avverso alla causa dei Medici, pubblicava il suo *De origine urbis Florentiae*, in cui avanza dubbi sull'autenticità delle fonti anniane e sposta in avanti la fondazione della città che viene attribuita al re longobardo Desiderio.

Sulla base di puntuali riscontri testuali fra gli scritti dei cartigli del Bonsignori e le opere citate di Annio da Viterbo, si può affermare che la fonte privilegiata del geografo di Francesco I siano precisamente questi testi che il committente granducale, anche in virtù della polemica Borghini-Mei, doveva conoscere con precisione[63].

Usarono i geografi…

Si è già fatto cenno alla stretta alleanza politica del granduca Francesco I con la Spagna e alla sua predilezione culturale per quella corte e la sua etichetta. Figlio di Eleonora da Toledo, discendente di una famiglia pari di Spagna, Francesco conosceva la lingua materna e fin dalla più tenera età era entrato in contatto con la corte di Carlo V, ma soprattutto, ventenne, aveva soggiornato per quindici mesi in Spagna perché il padre desiderava che apprendesse l'arte del governare. Questo soggiorno non solo è decisivo per la sua formazione, ma stabilisce anche un legame di fedeltà che non viene mai messo in discussione[64].

Non desta quindi stupore che nei cartigli del Bonsignori siano numerosi i riferimenti elogiativi di Filippo II e del regno di Spagna, della quale, frequentemente, viene sottolineato il ruolo di *defensor fidei*: «[La Spagna] fu occupata da i Mori quali la possederono fino a che Ferdinando il Re Cattolico la ridusse, fuori che il Portogallo, a sua ubbidienza. Questo comando anchora non solo a una parte d'Italia, et all'isole di Sicilia et Sardigna, ma scoperse il mondo nuovo e d'una parte ne fece acquisto onde ha tratto tanto oro in cambio di cose vili che ha ristorato il danno di quello trassero i Marsiliani et i Fenici»[65]. «Ma doppo vari accidenti ubbidisce al Re di Spagna dal quale è difesa da i Barbari, tenuta in pace, et retta con Giustizia». «Non si trova di questa provincia cosa degna, scitta di memoria, e fra terra poca cognitione d'essa, della quale il dominio possiede il cattolico Re Filippo d'Austria». «Ma oggi difesa dal Re di Spagna, gode la bontà dell'aria et fertilità del suo terreno». «Il primo discopritore di essa fu Bartolomeo Dias Portoghese che dopo insieme al suo navilio ebbe sepoltura in questi mari. Ma oggi è venuta sotto il potere del Cattolico Filippo d'Austria Re di Spagna insieme con tutte l'Indie Orientali».

Malauguratamente, per Bonsignori le occasioni per celebrare la potenza spagnola sono limitate ai Paesi europei, avendo Egnazio Danti già illustrato tutti i territori americani conquistati dalla Spagna; mentre i territori australi del continente africano erano stati tutti esplorati dai portoghesi. Viene quindi duplicata una delle tavole già realizzate da Egnazio Danti nelle Americhe, e non a caso si tratta di quella relativa alle regioni meridionali del continente sudamericano con lo Stretto di Magellano. Non è l'unico caso di tavola doppia nella Sala delle Carte, esiste il precedente delle due tavole dell'Anatolia, realizzate nel 1565 dal Danti. Ma in questo secondo caso, la ragione è da ricercarsi nel progetto origina-

Olaus Magnus, *Carta marina et Descriptio septemtrionalium terrarum ac mirabilium rerum in eis contentarum, diligentissime elaborata Annon Domini 1539 Veneciis liberalitate Reverendissimi Domini Ieronimi Quirini*, particolare. Olaus Magnus, il cui vero nome era Olaf Mänsson, e il fratello Hans, primate della chiesa cattolica svedese, viaggiarono per l'Europa settentrionale incaricati in numerose missioni diplomatiche dal re di Svezia Guastav Vasa. Quando questi aderisce al luteranesimo, i due fratelli decidono di non tornare in patria, dove i loro beni vengono confiscati, e si recano in Italia. Dal settembre del 1538 sono a Venezia, ospiti del patriarca Geronimo Quirino. Grazie al sostegno finanziario di quest'ultimo, Olao Magno potrà pubblicare nel 1539 la carta dove descrive le terre scandinave. Per Olao i mari nordici sono popolati da mostri marini che minacciano la navigazione. Al tema dei mostri dei mari del Nord Olao Magno dedicherà anche molte pagine dei ventidue libri della sua opera più famosa, l'*Historia de gentibus septentrionalibus*, pubblicata a Roma nel 1555

rio della Sala che voleva l'indicazione de «e' nomi antichi e moderni»: e infatti, una tavola anatolica contiene dettagliatamente i toponimi greci e l'altra – assai meno particolareggiata – quelli moderni.

Totalmente diversa è la situazione riferita alla doppia mappa dello stretto di Magellano, come è evidenziato dal cartiglio. In quello della mappa realizzata dal Danti era riportato fedelmente il racconto della spedizione di uno dei sopravvissuti, il gentiluomo vicentino Antonio Pigafetta. Ne risultava che lo stretto era stato scoperto dal portoghese Magellano al comando di una piccola flotta spagnola impegnata nel tentativo di raggiungere le Isole delle Spezie da occidente, cioè dalla zona sotto controllo spagnolo. Magellano viene poi ucciso da una freccia nell'isola di Mactan, nelle Filippine, e delle cinque navi salpate nel 1519 da Siviglia ne ritorna in patria una soltanto, la Victoria, con 18 marinai superstiti. Danti riporta anche come i marinai «trovorono nel computo de giorni havere un giorno meno havendo lor navigato sempre per ponente secondo il moto del sole». Il Bonsignori, per realizzare il cartiglio della sua tavola dello Stretto, trae spunto da quanto era accaduto al ritorno in patria dei sopravvissuti alla spedizione di Magellano. La nave Victoria giunse in Spagna al comando di Juan Sebastian del Cano, al quale il futuro imperatore Carlo V conferì uno stemma rappresentante un globo con il motto «Primus circumdedisti mihi», «per primo mi hai circumnavigato». Nel 1525 il Del Cano aveva armato un'altra flotta di sette navi per ripetere la circumnavigazione del globo ed era morto di stenti nell'oceano Pacifico, dopo aver nuovamente attraversato lo stretto di Magellano. Il Bonsignori asserisce dunque che lo stretto «Fu di nuovo ritrovato dal Capitano Giovan batista Cano» e aggiunge che su quelle terre «il dominio possiede il cattolico Re Filippo d'Austria».

Analogamente, quando oggetto delle mappe sono le regioni esplorate dai portoghesi nel corso del XV secolo, Stefano Bonsignori – nell'impossibilità di omaggiare quelle ispaniche – tende a svilire la portata di quelle lusitane. Così, in due diversi cartigli stigmatizza il colonialismo lusitano. Nel primo, nella tavola intitolata *Parte dell'Agisimba* – cioè gli attuali Niger e Nigeria – il Bonsignori lamenta il «turbamento» delle popolazioni indigene di fronte all'avidità portoghese: «i quali Portoghesi desiderando honore e ricchezze, passarono et derono aiuto ad altri che passassero le colonne poste da Ercole antichissimo Re di Spagna. Et costeggiando questi lidi, scoprissero questi belli paesi, et tur-

bassero la quiete di questi popoli, con fare nuove fortezze, et servirsi di essi a nuove arti».
La quiete delle popolazioni africane, turbata dalle esplorazioni europee, ritorna anche quando si tratta della più meridionale *Parte dell'Affrica nuova e regno di Manicongo*, corrispondente agli attuali Congo e Angola: «Ma il desio di honore, accompagnato da voglia d'acquistare, indusse i Portoghesi et altri con l'aiuto loro, sono circa cento anni a ricercargli et turbare la quiete di questi popoli. Questa nuovamente ha mosso gli Etiopi a cercare il dominio non solo del paese dentro a terra, ma di tutti questi lidi, et cercare di levarne del tutto i Portoghesi, per questo hanno cangiato il seggio di Garama in Zambare, desiderando mantenere questi popoli nella loro solita quiete, et mettergli a parte delle loro antiche belle et sante leggi».

La critica di Stefano Bonsignori non si limita agli esploratori portoghesi, ma si estende ai geografi che hanno rappresentato le terre lontane come inospitali e il tragitto per raggiungerle irto di difficoltà. Così, infatti, inizia il cartiglio della tavola di *Parte dell'Agisimba*:

«Usarono i Geografi terminare i paesi da loro non conosciuti con selve orribili, mari non navigabili, et monti asperissimi. Né mancarono gli istorici di aiutarli, con

Stefano Bonsignori, *Cile e Argentina con lo stretto di Magellano*, 1584. Firenze, Palazzo Vecchio, Sala delle Carte geografiche, particolari di creature mostruose. I mostri raffigurati dal Bonsignori sono probabilmente raffigurazioni fantasiose di animali descritti dagli esploratori che solcarono quei mari. Nella tavola sono presentate tre creature mostruose: una gru con testa di vecchio, un armadillo dalle lunghe corna e una creatura metà centauro e metà tritone

descrivere costumi di huomini più che bestiali, nature d'animali crudelissimi et impedimenti pericolosissimi; con le quali cose ascondevano la verità, e celavano tanti belli Paesi, privando di così belle notizie, e spaventando gli huomini di ricercarle. Et a tanti spaventi si aggiungevano le oppinioni de i Filosofi et degli Astronomi, i quali non volevano che tra i tropici e sotto l'equinozziale si potesse habitare, per il soverchio caldo, né dentro ai cerchi artico et antartico, per il soverchio freddo. Et tanto era indurata questa oppinione nelle menti de gli huomini, che ancor'ancora ne i tempi di Lione Decimo Pontefice Massimo, ne seguirono dispute sottilissime. Né volsero i Filosofi et gli Astronomi di quel tempo cedere apertamente alla verità, poco avanti discoperta».

Il testo di questo cartiglio non è di agevole interpretazione, soprattutto se si considera che proprio il Bonsignori – contrariamente al Danti – inserisce nelle proprie tavole rappresentazioni di esseri mostruosi, retaggio dell'immaginario medievale: nella tavola dell'Agisimba – che contiene il cartiglio appena citato – il geografo olivetano dipinge due lemmi, ovvero mostri acefali. Nella tavola della Nubia inserisce dei cinocefali, creature con la testa di cane, e in quella dello Stretto di Magellano un trampoliere con il volto di vecchio, un armadillo dalle lunghe corna e un essere per metà centauro e per metà

pesce. Ma è proprio la scelta dei Paesi in cui sono rappresentati questi esseri mostruosi a suggerire una possibile interpretazione: in età medioevale i mostri erano normalmente collocati nel continente asiatico, mentre in queste tavole popolano le terre di recente esplorazione, come l'Africa equatoriale o il continente sudamericano. E nell'immaginario medievale, mutuato da quello classico, il mostro conserva la sua accezione etimologica di *monstrum* che deriva dal verbo *monere*: avvisare, ammonire. Nel caso specifico l'ammonimento è da intendersi nel senso di prodigio, segno divino, ammonimento per gli uomini, sulla scorta di quanto aveva autorevolmente sostenuto, oltre dieci secoli prima, sant'Agostino in un capitolo del *De Civitate Dei* dedicato alle creature mostruose, alle quali attribuiva un'origine umana e non animale, parte degli imperscrutabili disegni divini: «… Non saprei che dire dei cinocefali perché la testa di cane e l'abbaiare fanno pensare più a bestie che ad uomini. Ma anche nell'ipotesi che in un luogo qualunque nasca un uomo, quantunque presenti ai nostri sensi una insolita tipologia somatica di forma, di colore, di movimento, di voce o di caratteristiche in termini di forza, organi e proprietà, il credente non deve dubitare che egli proviene dal primo uomo. Si manifesta però che cosa la natura abbia raggiunto in parecchi soggetti e che cosa sia straordinario a causa della rarità»[66].

— Stefano Bonsignori, *Cile e Argentina con lo stretto di Magellano*, 1584, particolare di un essere metà centauro e metà tritone, Firenze, Palazzo Vecchio, Sala delle Carte geografiche. Si può forse ipotizzare che la strana creatura metà umana e metà pesce sia in realtà un leone marino o una foca, animali talvolta rappresentati con aspetto antropomorfo o come pesci con la testa e la criniera di un leone

Parte dell' Agisimba

Deserto

Guangara

Stefano Bonsignori, *Parte di Agisimba*, 1580, particolare dei blemmi, mostri acefali, Firenze, Palazzo Vecchio, Sala delle Carte geografiche. Queste creature mostruose erano prevalentemente immaginate popolare i territori più inaccessibili dell'Africa. Plinio il Vecchio, nel quinto volume della sua *Historia naturalis* li descrive così: «si dice che non abbiano testa, e la bocca e gli occhi nel petto». Mostri acefali con occhi e bocca sul torace sono raffigurati anche in due volumi presenti nella biblioteca granducale: nei *Libri cronicarum* di Hartmann Schedel (1493) e nella *Cosmografia universale* di Sebastian Münster (1550)

Il Bonsignori non scrive nulla nei suoi cartigli della natura dei mostri da lui raffigurati nelle tavole, ma è possibile supporre che li consideri – seguendo la tradizione testé ricordata – *mirabilia* e segni di Dio in terra. Ma se i mostri sono ammonimenti divini, nei fatti vengono ridimensionati i racconti dei primi esploratori del Nuovo Mondo, che narravano di creature mostruose abitanti le terre del Brasile e della Patagonia, mentre si rafforza il messaggio che *il debole e il semplice* indigeno non debba incutere timore, quanto piuttosto cristiana compassione e desiderio di portare anche in quelle terre lontane la *vera religione*.

Considerazioni conclusive

In queste pagine si è cercato di far dialogare, attraverso i cartigli delle tavole della Sala delle Carte, i protagonisti del progetto: Cosimo I de' Medici, dal cui «capriccio et inventione» si avvia il tutto e il suo cosmografo Egnazio Danti; Francesco I, che vuol «dar perfettione» alle tavole di Geografia e il cosmografo Stefano Bonsignori.

Si sono ampiamente evidenziate le difformità stilistiche e di contenuto esistenti fra

Regno di
Borno

Borno

Questo fiume Negro
passa sotto terra miglia 70

Stefano Bonsignori, *Nubia*, 1579, particolare di un cinocefalo, mostro umano con la testa di canide, Firenze, Palazzo Vecchio, Sala delle Carte geografiche. Gli esseri umani con testa di animale compaiono nell'immaginazione mitica sin dalle civiltà più antiche e sopravvivono sino ai giorni nostri; basta citare la divinità egizia Anubi, il dio-sciacallo, Ammone, il dio dalla testa di montone o Horus, dalla testa di toro. Nell'iconografia medievale i cinocefali erano le creature mostruose più rappresentate; lo stesso Agostino nel *De civitate Dei* inizia la sua argomentazione sui mostri citando i cinocefali. Alberto Magno nel XIII secolo avanza una possibile spiegazione del mito dell'esistenza di creature umane con la testa di cane, attribuendolo a un'errata percezione dei primi esploratori, che avevano scambiato babbuini o altre scimmie antropomorfe per mostri cinocefali. È interessante osservare a questo proposito come Konrad Gesner, nell'appendice ai primi due volumi delle *Historiae animalium*, collochi i cinocefali – assieme a sfingi e satiri – fra le scimmie

i cartigli redatti dai due topografi, risalendo alle diverse fonti letterarie cui il Danti e il Bonsignori hanno attinto per dare forma al loro lavoro. Si è poi attribuita una notevole enfasi all'influenza esercitata sul lavoro dei due cosmografi dalle assai dissimili personalità dei due committenti ducali. Ora, in conclusione, si ritiene opportuno sottolineare, al contrario, un elemento di continuità fra Cosimo-Danti e Francesco-Bonsignori: la finalità esplicita di legittimazione cui le mappe – corredate dai relativi cartigli – devono corrispondere negli intendimenti di entrambi i committenti. Ma se la legittimazione ne costituisce un obiettivo condiviso, le modalità di attuazione sono – come si è cercato di illustrare nelle pagine precedenti – totalmente diverse. Si può dire che negli intendimenti di Cosimo attuati dal Danti la legittimazione e la celebrazione del suo governo e del suo ruolo avrebbero dovuto assumere, nel progetto della Sala delle Carte geografiche, l'aspetto specifico di un'*esposizione della conoscenza* la più universale e articolata possibile. Conoscenza geografica antica e moderna (le mappe), conoscenza naturalistica (la flora e la fauna dei continenti), conoscenza astronomica (le costellazioni celesti e l'orologio dei pianeti), conoscenza storica (i ritratti degli uomini illustri e i busti degli antichi imperatori). Al contrario, gli obiettivi di Francesco attuati dal Bonsignori si focalizzano sul dare «perfettione a certe tavole di cosmografia…» Ottenere perfezione è certamente un obiettivo ambizioso e tuttavia, nello stesso tempo, molto puntuale, in quanto totalmente interno alle mappe stesse. Da una sorta di organizzazione di natura enciclopedica che coniuga l'antico e il moderno alla conclusione dei lavori di pittura delle mappe di una sala che doveva aspirare a una eleganza, a un decoro e a una aulicità ben maggiori di quelle precedenti. Le prime – più sobrie – pensate per essere un elemento di un tutto; le seconde, di maggiore eleganza e raffinatezza stilistica ed erudita, volute per concludere i decori di una Sala.

Anche l'analisi testuale e formale delle mappe realizzate dal Danti e dal Bonsignori consente di misurare come il progetto originario Cosimo-Vasari fosse già definitivamente abbandonato quando il frate olivetano realizza il compimento delle pitture di geografia.

[1] Felice Gattai diventa barbiere personale del duca Cosimo I nel 1566; ancora nel 1581 il granduca Francesco I lo rammenta come «nostro accetto servitore». Nel 1556 era probabilmente al servizio di Cosimo I, dal momento che suo padre Alessandro era allora barbiere di corte. L'elenco dei libri, fra cui figura una *Cosmographia universalis*, è in ASF, Guardaroba Medicea, f. 34, 18 ottobre 1556, c. 66v.

[2] Prefazione della *Cosmographia*, citata in NUMA BROC, *La geografia del Rinascimento. Cosmografi, cartografi, viaggiatori. 1420-1620*, a cura di Claudio Greppi. Modena: Panini, 1996, p. 70.

[3] Il *Theatrum Orbis Terrarum* risulta entrare a far parte della biblioteca granducale solo nel 1583, quando il cardinale Ferdinando – fratello del granduca Francesco I – lo dona a Giovanni de' Medici, ma non è escluso che Cosimo I o Egnazio Danti l'abbiano potuto consultare in altra copia. Sull'ingresso del volume in biblioteca si veda LEANDRO PERINI, *Contributo alla ricostruzione della Biblioteca privata dei Granduchi di Toscana nel XVI secolo*, in *Studi di storia medievale e moderna per Ernesto Sestan*. Firenze: Olschki, 1980, pp. 571-667.

[4] GIORGIO VASARI, *Le vite dei più eccellenti pittori, scultori e architettori*. Firenze: Giunti, 1568, Degl'accademici del disegno pittori, scultori et architetti e dell'opere loro e prima del Bronzino.

[5] NUMA BROC, *op. cit.*, p. 14. La citazione di Gusdorf è tratta da GEORGES GUSDORF, *La Révolution galiléenne*. Paris: Payot, 1969, tomo I, p. 85.

[6] «Questa parte del isola di San Lorenzo fue differente alquanto dal altra che è nella propria tavola e la cagione che quella è cavata da una fidata carta dei portughesi e questa tratta da altri autori».

[7] Nella tavola della *Costa della China e Isola del Giape ovvero Ciapangu* il Giappone è disegnato come vuole la tradizione, tramandata dal *Milione* di Marco Polo e dalle *Decadi d'Asia* dell'erudito portoghese João de Barros.

[8] BNCF, Codice Magliabechiano, Cl XXV, 551 segnatura 2336, cc, 132rv e 133r.

[9] *Delle navigazioni et viaggi* è l'opera più famosa di Ramusio, che intendeva raccogliere assieme le relazioni di tutte le esplorazioni geografiche dall'antichità al suo tempo. I sei volumi delle *Navigazioni* vengono pubblicati fra il 1550 e il 1565; entrano nella biblioteca granducale solo nel 1584 (ASF, Guardaroba Medicea, f. 79, c. 203), ma è probabile che Egnazio Danti abbia potuto prenderne visione in altro modo.

[10] «Le Amazone da Strabone sono poste in questo loco»; «Gli abitatori sono da Strabone chiamati Sceniti cioè gente vagabonda»; «L'Arabia petrea è chiamata da Strabone et da Plinio Nabatea».

[11] Con queste parole Giorgio Vasari chiude la descrizione del progetto iconografico della Sala della Guardaroba, attribuendone la paternità al duca Cosimo.

[12] La frase è di Antonio Lupicini, matematico e ingegnere attivo alla corte di Francesco, in una sua lettera al cardinale Ferdinando, divenuto granduca dopo la morte del fratello. (ASF, Miscellanea Medicea, f. 513, inserto 22, cc. 95-96).

[13] EUGENIO ALBERI, *Relazioni degli ambasciatori veneti al Senato*, vol. 2.2. Firenze: Società Editrice Fiorentina, 1841, pp. 75-76.

[14] Cosimo possedeva almeno un manoscritto dell'opera tolemaica: «un Ptholomeo grande scripto in carta buona». Fra le edizioni stampate possedeva la *Geografia* pubblicata a Norimberga nel 1525 da Willibald Pirckheimer. Entrambi i libri vengono richiesti con urgenza alla Guardaroba dal duca che si trova, convalescente dalle febbri quartane, nella villa di Castello (ASF, Guardaroba Medicea, f. 8, cc. 74r e 136r).

[15] «Et fino a 4 hore a leger' la storia del miracoloso Ghovio, qual comparse hiersera con un altro quaderno. Et ogni sera sen'andrà leggendo un brano con assai satisfactione et piacer' di Sua Ex.tia.» (ASF, Mediceo del Principato, f. 1175, c. 23).

[16] FRANCESCO VOSSILLA, *Cosimo I, lo scrittoio del Bacchiacca, una carcassa di capodoglio e la filosofia naturale*, «Mitteilungen des Kunsthistorischen Institutes in Florenz», XXXVII (1993), n. 2/3, pp. 381-395.

[17] L'incarico era stato inizialmente proposto al naturalista svizzero Leonhart Fuchs. Si veda ASF, Mediceo del Principato, f. 3, c. 383.

[18] ASF, Mediceo del Principato, f. 2633, c. 5-6.

[19] EGNAZIO DANTI, *Le scienze matematiche ridotte in tavole, dal rev. P. maestro Egnatio Danti publico professore di esse nello Studio di Bolo-*

gna... In Bologna: appresso la Compagnia della Stampa, 1577, prefazione.

20 EGNAZIO DANTI, *Trattato dell'Vso, e Fabbrica dell'Astrolabio. Di M. Egnatio Danti del'ord. di S. Domenico. Con il planisfero del Roias. Aggiuntoui di Nuovo. L'Vso, e Fabbrica del torquetto astronomico, L'Vso, e Fabbrica dell'Astrolabio Armillare.* In Firenze: appresso i Giunti, 1578, dedica a Ferdinando de' Medici.

21 La lettera è datata 23 novembre 1577. È improbabile che si tratti di un tentativo di *captatio benevolentiae*: Cosimo è morto da tre anni e Egnazio Danti ha lasciato Firenze da più di due anni.

22 «[Il Duca] non si sdegnò di andare talhora in persona a Santa Maria Novella, e nelle stanze dove il Padre lavorava famigliarmente seco dimorare». SERAFINO RAZZI, *Cronaca della provincia romana,* in JODOCO DEL BADIA, *Egnazio Danti, cosmografo e matematico: e le sue opere in Firenze. Memoria storica.* Firenze: M. Cellini, 1881, p. 5.

23 «servendosene continuamente in opere di Cosmografia, senza essere obbligato di restituirsi al suo convento».

24 Nell'inventario del 1560 sono registrate «quattro maschere per IIII indiani» di pietre dure. ASF, Guardaroba Medicea, f. 65, c. 328.

25 Gonzalo Fernandéz de Oviedo y Valdés è stato uno storico e naturalista spagnolo. Inviato come ispettore della fusione e della marcatura dell'oro nel Nuovo Mondo nel 1514, vi ritorna più volte. Nel 1532 Carlo V lo nomina «Cronista oficial de las Indias».

26 GONZALO FERDINANDO D'OVIEDO, *Della naturale e generale istoria dell'Indie a' tempi nostri ritrovate*, 1526, libro II, cap. X.

27 *Ibidem.*

28 *Relazione per sua Maestà di quel che nel conquisto e pacificazione di queste provincie della Nuova Castiglia è successo, e della qualità del paese, dopo che il capitan Fernando Pizarro si partì e ritornò a sua maestà. Il rapporto del conquistamento di Caxamalca e la prigione del cacique Atabalipa.*

29 MARCO POLO, *Il Milione*, cod.

Magliabechiano, cap. CLXXII.

30 Ivi, cap. LX.

31 Ivi, cap. LXXI. Si tratta dello yak *(Bos grunniens mutus)*, bovide degli altipiani desertici e delle alte montagne dell'Asia centrale, caratterizzato dalle grandi dimensioni e dal folto mantello.

32 Ivi, cap. CXLIII.

33 *Di Andrea Corsali fiorentino allo illustrissimo signor duca Giuliano de' Medici lettera scritta in Cochin, terra dell'India, nell'anno MDXV, alli VI di gennaio; Andrea Corsali fiorentino allo illustrissimo principe e signor il signor duca Lorenzo de' Medici, della navigazione del mar Rosso e sino Persico sino a Cochin, città nella India, scritta alli XVIII di settembre MDXVII.* I due destinatari sono Giuliano, duca di Nemour e figlio di Lorenzo il Magnifico, e suo nipote Lorenzo di Piero, duca di Urbino.

34 Il Danti riporta anche un'altra osservazione riguardante la popolazione malgascia: «non sono tanto neri, ma col capo aricciato come sono tutti gli altri della vicina costa di Mozambig». Si confronti con il testo di Andrea Corsali: «Le genti son bestiali, diversa lingua dagli altri di Monzambiqui, non tanto neri, ma col capo arricciato come son tutti quelli di essa costa».

35 Duarte Barbosa, scrittore e commerciante portoghese, partecipò alla sfortunata spedizione di Magellano intorno al globo, rimanendo ucciso a Cebu nel 1521. Un anno prima di salpare pubblicò il suo *Libro di Odoardo Barbosa portoghese*, resoconto dei suoi viaggi lungo le coste dell'oceano Indiano.

36 Si confronti con il testo di Odoardo Barbosa: «Fanno in questo paese gran quantità di porcellane di diverse sorti e molto belle e fine, che è appresso di loro gran mercanzia per tutte le parti, e le fanno in questo modo. Pigliano scorze di caracoli marini e scorze d'ovi e ne fanno polvere, e con altri materiali ne fanno una pasta, la qual pongono sotto terra per affinarsi per ispazio di ottanta e cento anni: e questa massa lasciano com'un tesoro alli figliuoli, e sempre ne hanno di quella lasciatagli dai loro antichi precessori, con le me-

morie o luogo per luogo. E come giugne il tempo della lor perfezione, allora la vanno cavando fuori e lavorando in diverse foggie di vasi grandi e piccoli, dipingendoli e invetriandoli; e nel medesimo luogo dove l'han cavata ne pongono della nova, di modo che sempre ne hanno della vecchia da lavorare e della nova da metter sotto terra».

37 LUCIANO BERTI, *Il Principe dello Studiolo: Francesco I dei Medici e la fine del Rinascimento fiorentino*. Firenze: Edam, 1967 (ried. Pistoia: M & M, 2002), p. 92.

38 ASF, Mediceo del Principato, f. 557, c. 57.

39 JODOCO DEL BADIA, *op. cit.*, pp. 37-38.

40 Senese, già lettore di teologia nel convento di San Marco, diventerà teologo dello studio di Firenze e autore di trattati di economia, in cui rivela notevole rigorismo controriformistico.

41 *Ibidem.*

42 ASF, Mediceo del Principato, f. 674, c. 193rv.

43 ASF, Mediceo del Principato, f. 244, c. 211rv.

44 ASF, Mediceo del Principato, f. 678, c. 61.

45 Alcuni studiosi hanno suggerito che frate Egnazio potesse aver aderito alle idee copernicane, ma l'ipotesi è smentita da Pascal Dubourg Glatigny che ha rintracciato una copia dell'opera di Niccolò Copernico appartenuta al Danti con sue annotazioni autografe fortemente critiche della teoria eliocentrica.

46 Biblioteca Nazionale Centrale di Firenze, Palatino, f. 1187, c. 352r.

47 Incarico che, in verità, gli verrà confermato dal senato bolognese solo nel novembre successivo, all'avvio delle lezioni del nuovo anno accademico.

48 Per le notizie su Egnazio Danti dopo l'allontanamento da Firenze, si veda – tra gli altri – PASCAL DUBOURG GLATIGNY, *Egnatio Danti O.P. (1536-1586). Itinéraire d'un mathématicien parmi les artistes*, «Mélanges de l'École Française de Rome», 114 (2002), n. 2, pp. 543-605.

49 ASF, Mediceo del Principato, f. 683, c. 228rv. Lettera di Serafino Cavalli a Francesco I de' Medici del 15 marzo 1576.

50 ASF, Mediceo del Principato,

f. 245, c. 132r. Lettera di Francesco I de' Medici a Serafino Cavalli del 26 marzo 1576.

51 ASF, Mediceo del Principato, f. 674, c. 275r. Lettera del padre provinciale Antonino Brancuti a Francesco I del 10 giugno 1575.

52 *Hieronymi Sauonarolae Ord. praed. Opus eximium, aduersus diuinatricem astronomiam, in confirmationem confutationis eiusdem astronomicae predictionis, Ioan. Pici Mirandulae comitis.*

53 Frate Egnazio possedeva beni, come documentato da Mark Rosen che lo indica come acquirente di apparati, strumenti scientifici e oggetti artistici appartenuti all'olivetano don Miniato Pitti, alla morte dell'abate nel 1566. Si veda MARK ROSEN, *Don Miniato Pitti and the second life of a scientist's tools in Cinquecento Florence*, «Nuncius», XVIII, (2003), fasc. 1, pp. 3-24. Il Danti era poi regolarmente retribuito, come cosmografo di corte, con uno stipendio di nove scudi mensili (ASF, Manoscritti, f. 321, Cariche d'onore, c. 83), inoltre – dall'estate 1571 – risiedeva fuori del convento, nella Reggia di Pitti, allorché il granduca Cosimo lo aveva voluto vicino a sé (ASF, Mediceo del Principato, f. 238, c. 2r). Questa richiesta non deve essere stata accolta favorevolmente da alcuni confratelli del Danti, tanto che quattro giorni dopo il duca manda frate Egnazio da papa Pio V «per narrarli l'insulto gli fu fatto da un frate de buontalenti fiorentino et per dirle di più de minacce che li son fatte che alcuni de' medesimi frati lo vogliano privare di vita» (ASF, Mediceo del Principato, f. 238, c. 4r).

54 ASF, Mediceo del Principato, f. 245, c. 44r.

55 ASF, Mediceo del Principato, f. 682, c. 106r.

56 AGOSTINO CODAZZI, voce «Bonsignori Stefano», in *Dizionario biografico degli italiani*, XII. Roma: Istituto della Enciclopedia Italiana, 1970, pp. 412-414.

57 Mark Rosen ipotizza che don Miniato Pitti non abbia raccomandato il proprio allievo all'avvio del progetto della Sala delle Carte in quanto a quell'epoca don Stefano era impe-

gnato in gravosi incarichi ecclesiastici. Nel 1563 era prima cellerario del convento di San Bartolomeo, poi abate di San Miniato, quindi abate supervisore del convento di San Girolamo ad Agnano. Dal momento che si accedeva normalmente a queste cariche intorno ai quarant'anni, Stefano Bonsignori doveva essere nato intorno al 1520.

58 LUCIANO BERTI, *op. cit.*, pp. 38 sgg.

59 EUGENIO ALBERI, *op. cit.*, p. 78.

60 L'impresa della donnola con il ramoscello di ruta è suggerita a Francesco dall'erudito Benedetto Varchi. Per l'attribuzione dell'invenzione dell'impresa di Francesco de' Medici si veda la lettera citata in *Lezioni sul Dante e prose varie di Benedetto Varchi*, a cura di Giuseppe Aiazzi e Lelio Arbib, Firenze: a spese della Società Editrice delle Storie del Nardi e del Varchi, 1841, vol. II, pp. 358-362.

61 Il Biondo, forlivese di nascita, diventò segretario pontificio nel 1444. Fu al servizio di numerosi pontefici, compreso quel letterato versatile e prolifico che fu il senese Pio II Piccolomini. Amico di Leon Battista Alberti e Poggio Bracciolini, combatté tutta la vita per recuperare alla memoria dei contemporanei i resti dell'antica Roma, all'epoca in penoso

stato d'abbandono. È Flavio Biondo per primo a introdurre il concetto di Medio Evo, considerandolo un lungo periodo di stasi fra la grandezza dell'età classica e la rinascita umanistica quattrocentesca che ad essa s'ispira.

62 Si vedano gli studi a riguardo di Leopold Ettlinger e Maria Monica Donato e, soprattutto, GIOVANNI CIPRIANI, *Il mito etrusco nel Rinascimento fiorentino*. Firenze: Olschky, 1980.

63 Un indizio preciso è dato dal cartiglio della *Schiavonia*, che per il cosmografo di Francesco I «fu assegnata da Noè l'antico p[ad]re l'anno 3 di Belo». Beroso Caldeo, uno degli autori inventati da Annio, era sacerdote del dio assiro Belo e, nei suoi testi, le datazioni sono riportate agli anni del regno di Giove Belo, «secondo Re di Babilonia» e figliuolo di Nembrot, primo Re della Mesopotamia. Così, se Beroso ricorda come «Thuiscone gigante forma con leggi i Sarmati presso al Reno. Il medesimo da Tubal presso ai Centiberi», ecco che Bonsignori individua in Tuiscone il progenitore dei Germani e in Tubale quello degli Spagnoli. Ancora Beroso ricorda come «mentre che Camese regna nella Libia, partorisce di Rhea sua sorella, Osiri, il quale cognominò Giove», ma «Dioniso, figliuolo di Hammone, tolte

l'armi in mano, e scacciando Rhea e Camese del regno paterno, et ritenendo seco Osiri, et adottandolo per figliuolo, lo cognominò Ammone Giove, dal nome di suo padre». Il Bonsignori, nel cartiglio dell'Africa relativo al territorio biblico, riprende fedelmente la storia: «Ammone il quale p[re]se per moglie Rea sorella di Camese Re d'Egitto. Et perché egli d'Amaltea generò Dionisio, venne con essa in discordia, onde ella partita prese per marito Camese suo fratello et insieme levarono lo stato ad Ammone. Ma Dionisi per vendicare il p[ad]re gli cacciò di Libia et adottato Osiride loro figliuolo il fece Re d'Egitto».

Nel terzo cartiglio dell'Italia don Stefano ricorda come la Sicilia fosse stata colonizzata da genti toscane: «venne Galate figliuolo di Ercole Egizzio, mandato da Tusco Re d'Italia suo fratello con genti Toscane»; la fonte è ancora una volta Beroso Caldeo: «Thusco mandò in Sicilia con colonie, Gallo fanciullo mandato a Herode».

È ancora Annio la fonte delle origini delle popolazioni italiche. «Comero Gallo, figliuolo primogenito di Iafet, detto da Gentili Iapeto, et nipote di Iano, cognominato Gallo perché restò salvo dall'onde, lasciato da Iano che ritornò in Armenia

per condurre dell'altre colonie in altri paesi, al governo dell'Italia, vi regnò 53 anni».

Nel cartiglio dell'Italia il Bonsignori introduce anch'egli Comero Gallo e, seguendo Annio, gli fa succedere Camese, Noè Iano, Osiri Giove Giusto, Lestrigone, Espero, Italo... Stefano Bonsignori in diversi cartigli usa poi il termine Saturno per indicare un re: in un'altra opera del Nanni, *Gli equivoci*, attribuita a Senofonte, si spiega che «si chiamano Saturni, quelli che vecchissimi delle nobili famiglie de i Re, fabbricarono città. I loro primogeniti, Giovi, e Giunoni; e Hercoli, i loro fortissimi nipoti». Ecco spiegati gli innumerevoli Ercoli, Giovi, Saturni e Ammoni che popolano i cartigli del frate olivetano.

64 Giovanna d'Austria era figlia dell'imperatore Ferdinando I d'Asburgo, fratello di Carlo V e zio di Filippo II.

65 Cfr. cartiglio della tavola della Spagna.

66 AGOSTINO DI IPPONA, *De Civitate Dei contra paganos libri XXII* (La Città di Dio), pp. 412-426, XVI.8.1 «An ex propagatione Adam vel filiorum Noe quaedam genera hominum monstruosa prodierint» «Se dalla discendenza di Adamo o dei figli di Noè hanno avuto origine rampolli di uomini mostruosi».

Piazza della Signoria intorno al 1860. Sul fronte del palazzo verso via dei Gondi, in adiacenza alla testata del Salone dei Cinquecento al livello delle tre grandi vetrate si nota, ancora in essere, il passaggio esterno murato, *corridore*, realizzato in epoca vasariana con funzione di collegamento tra la cancelleria e le stanze nuove di guardaroba. Da tale passaggio, attraverso una scala in pietra posizionata nel piccolo corpo di fabbrica in elevazione visibile sull'estremità sinistra della costruzione, si accedeva alla zona sopra il palco ligneo del Salone dei Cinquecento. La muratura d'ambito del *corridore*, di cui rimarrà esclusivamente il piano di calpestio, e la scala verranno demoliti nel 1870 al tempo di Firenze capitale in occasione dei lavori di riassetto di tutto il prospetto del palazzo su via dei Gondi. Come si evince chiaramente dalla foto non risultano completati il paramento lapideo e la gronda del tetto di una rilevante porzione della facciata del corpo di fabbrica oltre il Salone dei Cinquecento verso San Firenze; ancora in occasione dei lavori del 1870 si provvederà al completamento del bugnato di facciata in stile ammannatesco ed alla prosecuzione della grande gronda lignea di coronamento e definizione dell'intero prospetto

Dalla Sala delle Carte geografiche al Quartiere della Guardaroba: un'ipotesi di ricostruzione topografica

Giancarlo Lombardi

Premessa

Si propone in questa sede una serie di considerazioni relative alla storia costruttiva della Sala delle Carte geografiche o della Guardaroba di Palazzo Vecchio che sono state, successivamente, ampliate all'intero Quartiere di Guardaroba al quale – come è noto – sin dalle origini, la sala è annessa: «Sua Eccellenza, con l'ordine del Vasari, sul secondo piano delle stanze del suo palazzo ducale, ha di nuovo murato apposta e aggiunto alla Guardaroba una sala assai grande…»[1]. Lo studio, fin dal suo avvio, è stato caratterizzato da un approccio fortemente interdisciplinare[2] e si è fondato, oltre che sugli inventari del fondo Guardaroba Medicea, redatti su base topografica, sull'analisi delle piante più antiche dell'edificio attualmente note – ovvero i cosiddetti *Cabrei lorenesi* custoditi nell'Archivio storico di Praga[3] – che sono state confrontate con quelle attuali del Palazzo. Al fine di comprendere la modalità con la quale, nel tempo, sono state modificate le strutture dell'antico edificio e, in particolare, della Sala delle mappe si è operato applicando, in una certa misura, la metodologia della cosiddetta archeologia dell'architettura analizzando le diverse fasi della storia della Sala e dei contigui corpi di fabbrica, con particolare attenzione alle demolizioni, alle ricostruzioni e ai riusi più tardi. Le stesse murature del palazzo – veri documenti di pietra – hanno così consentito di ricostruire, anche grazie al fondamentale supporto della documentazione fotografica novecentesca e – in particolare – di quella riferita ai lavori in Palazzo del 1908-1910 e del 1954[4], una ipotesi di restituzione delle diverse fasi costruttive della Sala che appare dotata di un certo fondamento. Successivamente, si è proceduto a una prima ricostruzione topografica del Quartiere della Guardaroba, anche se va precisato che l'analisi riferita ai locali del Palazzo affacciati su via dei Gondi – dopo l'attuale porta carraia – e via dei Leoni, essendo totalmente occupati da uffici dell'Amministrazione comunale non sono stati fatti oggetto di alcuna verifica *in situ* analoga a quelle compiute nei Quartieri monumentali. Infine, va precisato che per poter giungere a una conferma di alcune delle ipotesi che verranno formulate in questa sede si renderebbe necessario l'utilizzo anche di indagini stratigrafiche e diagnostiche realizzate con le più moderne tecnologie.

Cenni storici sulle fasi costruttive di Palazzo Vecchio

I primi lavori per la costruzione del Palagio risalgono al 1299 e terminano entro il 1315. La costruzione appare ancora oggi tipicamente trecentesca, con paramento a bugnato e sequenza di bifore, ballatoio e camminamento di ronda, sovrastata dall'alta torre di avvistamento. Si tratta di un corpo di fabbrica dalla pianta quadrangolare, ma con un andamento non regolare perché condizionato dalle fondamenta di case torri preesistenti. L'edificio si affacciava su una piazza molto diversa da quella attuale, per così dire più *frammentata*: basti ricordare la presenza delle chiese di Santa Cecilia, di San Romolo e di San Pier Scheraggio.

La seconda imponente fase costruttiva si verifica sotto l'egida di fra Girolamo Savonarola con l'edificazione della Sala del Maggior Consiglio, oggi nota come Salone dei Cinquecento, realizzato tra il 1495 e il 1496 e che sarà radicalmente modificato dall'architetto Giorgio Vasari negli anni Sessanta del Cinquecento.

La Sala del Maggior Consiglio, poi Sala grande all'epoca di Cosimo I de' Medici, funge, in un certo senso, da *cerniera* tra il corpo trecentesco del Palazzo – che possiamo definire il *dado arnolfiano* – e le stanze nuove che verranno via via edificate nel corso della seconda metà del Cinquecento, verso l'attuale via dei Leoni. Si tratta degli ambienti che danno sul cosiddetto terzo cortile, dove sono gli attuali Quartieri Monumentali e gli Uffici del Comune di Firenze.

Si può quindi schematizzare lo sviluppo architettonico di Palazzo Vecchio in tre grandi fasi costruttive: il primo nucleo che si affaccia sull'attuale Piazza della Signoria; la sala del Maggior Consiglio, quindi Sala grande e oggi Salone dei Cinquecento; il corpo di fabbrica esteso fino a via dei Leoni.

Ricostruzione volumetrica del corpo di fabbrica arnolfiano

Dalla Loggia del Tasso alla Sala delle Carte geografiche o della Guardaroba del Vasari

Passando ad analizzare l'area in cui si trova la Sala delle Carte geografiche, va preliminarmente precisato che è collocata fra il corpo di fabbrica arnolfiano e il volume del Salone dei Cinquecento. Nel 1540 – quando il duca Cosimo I trasferisce la propria residenza nell'antico Palazzo della Signoria – questo ambiente non esiste ancora. È invece già stato realizzato il corpo di fabbrica che funge da raccordo tra il *dado arnolfiano* e il volume dell'attuale Salone dei Cinquecento. Giovanni Cambi nelle sue *Istorie fiorentine* ricorda come nel 1511 «allato alla chamera del notaio de' Signori ella Chancelleria si rifecie che alzorono sopra la porta di Dogana di verso la Merchatanzia di pietre abbozzate chom'era el resto del Palazzo, e fecciono dua finestrati in su dua anditi che l'uno di sopto va nella sala nuova del Consiglio gienerale fatta l'anno 1496 e in su l'altro andito, che viene di sopra, e al piano della sala dell'Udienza, fecciono la Chanciellería che dove è la porta della Chanciellería in su detta sala, era una finestra che guardava in dogana...»[5]. Quindi, all'epoca del Gonfaloniere a vita Pier Soderini (1502-1512) viene edificata una sorta di *cerniera* fra il palazzo medievale e l'attuale Salone dei Cinquecento il quale, nel primo piano dell'edificio, consiste in un corridoio che collega il Salone dei Dugento e la Sala del Maggior Consiglio savonaroliana, al quale corrisponde, nel secondo piano, la stanza oggi denominata della Cancelleria, perché sede della Cancelleria dei Signori in età repubblicana. Per accedere a questo nuovo ambiente dalla Sala dei Gigli si realizzò una porta sfruttando il preesistente vano di una delle due finestre a bifora che illuminavano la Sala stessa dalla parete volta a oriente. Per ottenere questa porta viene dunque tamponata la parte superiore della bifora e abbattuta la colonnina centrale di sostegno. La Sala della Cancelleria così ricavata era – ed è ancora oggi – un ambiente stretto e lungo che si affacciava, da un lato, su via dei Gondi e, dall'altro, sul Cortile della Dogana. La parete che prospetta ancora oggi su via dei Gondi presentava tre finestre bifore – tuttora esistenti – mentre nella parete che si affacciava sul cortile interno della Dogana si trovavano tre finestre centinate sormontate da un occhio tondo.

Insediatosi nel 1540 nel Palazzo dei padri, il duca Cosimo I incarica l'architetto Battista di Marco del Tasso di realizzare i primi lavori di ampliamento e ristrutturazione dell'edificio al fine di renderlo più adeguato alle esigenze di residenza della famiglia ducale e della corte. Fra i molti interventi, il Tasso riorganizza il sistema dei collegamenti ver-

Ricostruzione volumetrica del corpo di fabbrica della Sala del Maggior Consiglio, oggi Salone dei Cinquecento

Ricostruzione volumetrica del corpo di fabbrica verso via dei Leoni

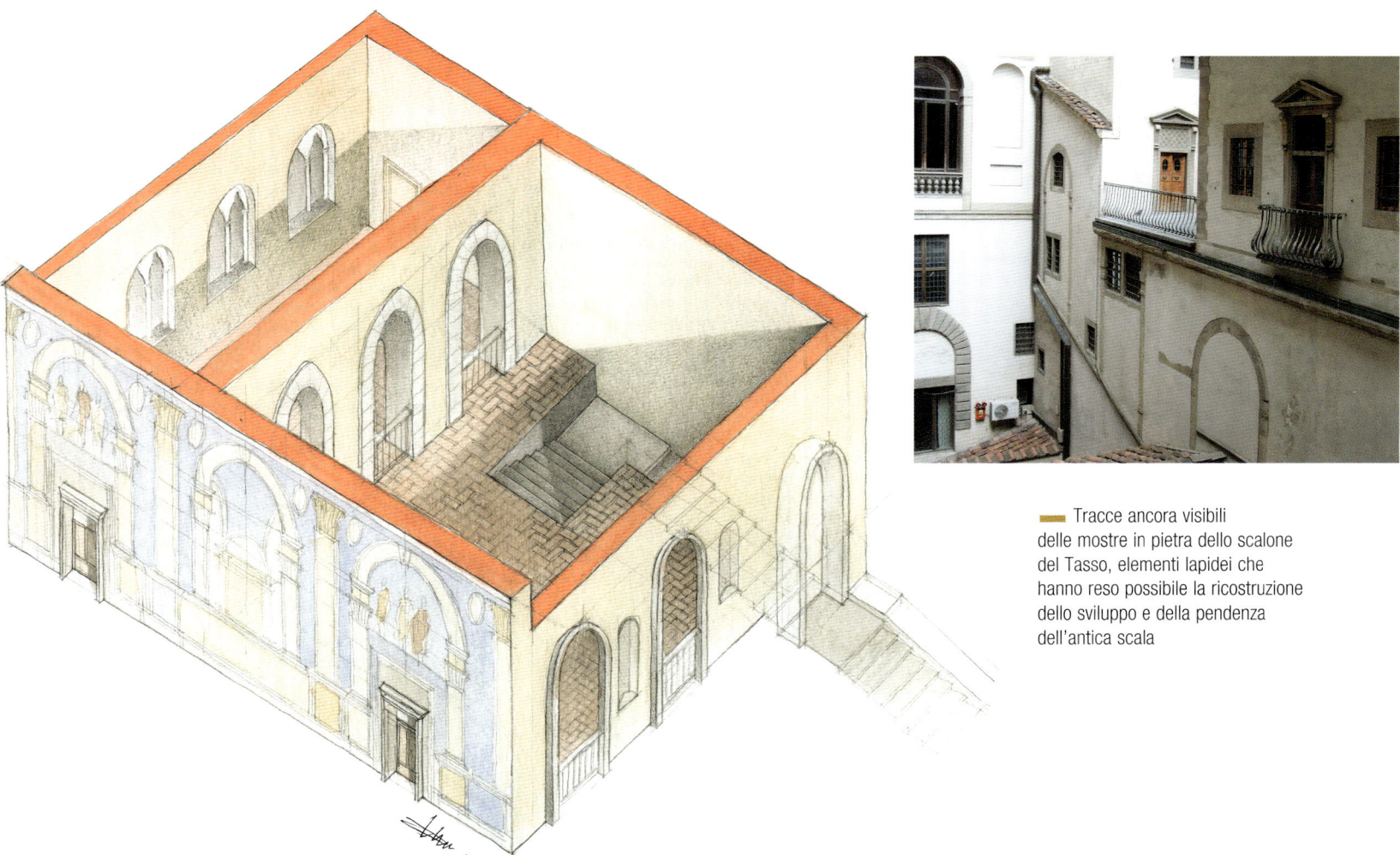

Tracce ancora visibili delle mostre in pietra dello scalone del Tasso, elementi lapidei che hanno reso possibile la ricostruzione dello sviluppo e della pendenza dell'antica scala

Ricostruzione assonometrica dell'area del Palazzo corrispondente all'attuale Sala delle Carte geografiche, interessata dai lavori di Battista di Marco del Tasso. La grande scala in pietra che collegava il Cortile della Dogana con il secondo piano del palazzo, attraverso una mostra ad arco decorata con il Toson d'oro in chiave, *entrava* nella loggia e da questa – attraverso l'apertura corrispondente alla bifora trecentesca, speculare all'accesso alla Cancelleria – sbarcava alla Sala dei Gigli. Dalla Cancelleria, sulla parete a confine con la Sala del Maggior Consiglio, si accedeva attraverso un'apertura alla parte superiore del palco in legno della Sala per poi arrivare alle successive stanze nuove di Guardaroba

ticali tra un piano e l'altro dell'edificio e realizza – in alternativa alla scala di pietra forte costruita dal Michelozzo alla metà del Quattrocento – uno scalone monumentale per giungere al secondo piano. L'intento del Tasso era quello di dotare il palazzo di un collegamento sontuoso, ampio e ufficiale, sviluppato su due rampe, con finestroni ad arco in pietra bigia. Questa scala, edificata nel biennio 1549-1550, cominciava al piano terreno – nel cortile della Dogana – e raggiungeva la Sala dei Gigli, all'epoca definita Sala dell'Oriolo per la presenza dell'orologio di Lorenzo della Volpaia, «cosa unicha et sopra ogni credulità meravigliosa e dono degno di una tanta Signoria»[6]. Sulla base della lettura delle murature, si ritiene di poter affermare che la scala monumentale del Tasso interessasse anche l'area che corrisponde all'attuale Sala delle Carte geografiche. Infatti, gli archi a tutto sesto con il Toson d'oro[7] scolpito sulla chiave d'arco, i montanti e il corrimano in pietra bigia segnalano, in forma ancor oggi evidente, lo sviluppo e l'andamento di quella scala. È anche possibile calcolarne la pendenza e, immaginando di proseguire lungo il corrimano, ci si accorge che per poter arrivare al livello del pavimento della Sala dei Gigli – cioè del secondo piano – la scala doveva, di necessità, svilupparsi per un'altra decina di metri. Questo significa, inevitabilmente, che la scala non poteva non occupare gran parte dell'area dove oggi si trova la Sala delle mappe.

Arrivati a questo punto della ricostruzione, risulta pertanto essenziale chiedersi dove fosse situato l'accesso della scala alla Sala dei Gigli. Analizzando l'aspetto attuale della Sala dei Gigli e confrontandolo con una serie di fotografie realizzate negli anni Cinquanta del Novecento, periodo in cui vengono effettuati in Palazzo molti lavori di ristrutturazione e ripristino, è possibile formulare un'ipotesi che sembra attendibile. Tuttavia, preliminarmente, occorre considerare che la parete est – posta fra la Sala dei Gigli, quella delle Carte e la Cancelleria – era stata affrescata, fra il 1482 e il 1485, dal Ghirlandaio.

L'aspetto attuale della parete della Sala dei Gigli con l'affresco eseguito nel 1485 da Domenico Ghirlandaio. In posizione semicentrale il portale vasariano di accesso all'attuale Sala delle Carte geografiche, a sinistra l'accesso alla Cancelleria attraverso una bifora, a destra la ricostruzione della bifora trecentesca eseguita durante i lavori del 1954

Decorazione neogotica della bifora ricostruita durante i lavori del 1954

Ancora oggi, l'intera parete è coperta da quell'affresco, suddiviso in tre parti: al centro sono rappresentati i santi Zanobi, Eugenio e Crescenzio, mentre ai due lati sono affrescati sei uomini illustri dell'antica Roma. Oggi, sotto le due triadi di uomini illustri si vedono due bifore di stile medievale, incorniciate da un'architettura illusionistica dipinta. Le due bifore rimandano alla situazione trecentesca del Palazzo che terminava in questa sala e le cui finestre bifore si affacciavano sull'esterno. In quella fase, ovviamente, il portale centrale – dal quale oggi si accede alla Sala delle Carte geografiche – non esisteva. Ma, come si è gia detto, all'inizio del Cinquecento viene realizzata la Sala della Cancelleria per accedere alla quale fu tamponata la bifora di sinistra e costruito un accesso con un portale in pietra serena. Un accenno a questo vano è riportato da Benvenuto Cellini nella sua autobiografia, quando ricorda che «Un giorno di festa in fra gli altri me n'andai in palazzo dopo il desinare e giunto in su la sala dell'Oriolo, viddi aperto l'uscio della guardaroba, e appressatomi un poco, il duca mi chiamò»[8]. L'«uscio di guardaroba» del quale scrive l'artista – com'è testimoniato dalle fotografie – è rimasto in loco fino alla metà del XX secolo, quando viene ripristinata la bifora, recuperando la doppia arcata superiore, integrandola con una nuova colonnina di sostegno – essendo andata distrutta andata nel 1511 quella originale nella fase di costruzione della porta di accesso alla Cancelleria – e dipingendo la volta e la finestra alla maniera antica. In quell'occasione, il portale cinquecentesco fu smontato e addossato a una parete della Cancelleria stessa, centrato rispetto all'arco

L'aspetto della parete della Sala dei Gigli con l'affresco eseguito nel 1485 da Domenico Ghirlandaio nello stato precedente i lavori del 1954. L'accesso alla Cancelleria, a sinistra dell'ingresso alla Sala delle Carte, avviene ancora attraverso il portale cinquecentesco e a destra la bifora trecentesca – utilizzata un tempo come sbarco della scala del Tasso – risulta completamente tamponata.

A destra, la fotografia, eseguita in corso d'opera, mostra chiaramente quali siano stati i caratteri dei lavori del 1954 in questa zona e quale sia stato l'intervento sulla struttura trecentesca operato nel 1511 per creare l'accesso alla Cancelleria. Osservando l'immagine si nota che il tamponamento perimetrale al portale cinquecentesco è stato demolito riportando in luce i modellati architettonici della trecentesca bifora del palazzo arnolfiano, priva della colonna centrale, la quale era stata eliminata per permettere l'inserimento della mostra lapidea del portale. Si evince dunque chiaramente che l'aspetto attuale di questo passaggio è il frutto di una ricostruzione eseguita con i lavori del 1954.

In basso, la mostra del portale in pietra cinquecentesco di accesso alla Cancelleria, precedentemente smontata, viene collocata sulla parete della Cancelleria in adiacenza alla Sala delle Carte, ad evocazione del passaggio tra la «Sala dell'oriolo» e la «prima stanza di Guardaroba»

d'imposta della volta, dove si trova attualmente. Conseguentemente, al momento della conclusione della scala del Tasso al secondo piano del Palazzo, delle due aperture trecentesche inquadrate, nella Sala dei Gigli, dalla pittura murale del Ghirlandaio, quella di sinistra era già stata trasformata nel portale d'accesso alla Cancelleria. Restava la sola bifora di destra che, molto probabilmente, il Tasso avrà scelto di utilizzare, piuttosto che praticare un'altra apertura nello spesso muro dell'originario palazzo trecentesco. Così facendo, infatti, al vantaggio di sfruttare un'apertura già impostata strutturalmente per la presenza della finestra a bifora, si aggiungeva anche quello di poter collocare la nuova porta in posizione simmetrica rispetto a quella di sinistra. Una conferma di questa ipotesi viene da un'altra fotografia, effettuata al momento dei lavori di cui si è detto, realizzati alla metà del Novecento. Come ben si vede, nell'apertura di destra non compare alcuna

La parte superiore della bifora trecentesca posta a destra del portale di accesso alla Sala delle Carte durante i lavori del 1954. Si nota chiaramente, data la stonacatura, la tamponatura in mattoni posti per piano e la mancanza di elementi architettonici riferiti all'antica bifora trecentesca, a conferma dell'ipotesi che questa fosse stata distrutta per la creazione del collegamento della loggia di sbarco della scala del Tasso con l'attuale Sala dei Gigli

traccia della bifora trecentesca, mentre si nota la presenza di un architrave, esattamente allo stesso livello d'appoggio della finestra bifora preesistente. Appare quindi verosimile ipotizzare che il Tasso, nel realizzare l'ingresso della scala nella Sala dei Gigli, abbia distrutto la finestra trecentesca, evocata nella ricostruzione realizzata durante i restauri novecenteschi.

A questo punto, sembra doveroso cercare di avanzare alcune ipotesi sulle caratteristiche della loggia in cui terminava la scala e che era stata anch'essa realizzata da Battista del Tasso. Questi, infatti, il 26 luglio 1550, viene pagato per la manifattura di un tetto di tegole piane, dell'estensione di 529 braccia fiorentine, cioè circa 300 mq, per «il ricietto della scala sopra la dogana». Nello stesso giorno il Tasso viene anche pagato per il terrazzo che ha costruito sopra le stanze dei Signorini – ovvero i figli della coppia ducale – verso via della Ninna[9]. Dal momento che la descrizione del tetto delle due terrazze

Terrazzo dei Signorini

Veduta dell'accesso alla Sala attraverso il passaggio dalla Porta dell'Armenia. Molto chiaramente si leggono sulla muratura le mostre in pietra della grande scala del Tasso, l'arco d'ingresso nella loggia, recante in chiave il Toson d'oro ed i marcapiani delle rampe. L'attuale livello di calpestio di questo ambiente, creato con gli interventi vasariani, è posto a circa metà altezza della sezione dell'antica scala

è identica[10] e che il «terrazzo dei Signorini» è tuttora esistente, si può ipotizzare, con una certa fondatezza, come si presentasse la loggia che occupava l'ambiente dove oggi si trova la Sala delle Carte geografiche. Con il tetto spiovente e sorretto da tre grandi capriate a vista, la loggia era, molto probabilmente, aperta nella parete che si affacciava sul cortile della Dogana grazie a tre grandi finestre, alle quali corrispondevano, nella parete opposta della Cancelleria, quelle centinate sormontate da un occhio tondo, di cui si è detto. Non è possibile, allo stato attuale delle ricerche, stabilire quando le tre finestre della Cancelleria, adibita a stanza di Guardaroba, siano state tamponate e siano state ricavate le due piccole finestre inferriate poste sopra le arcate laterali. Si può solo ipotizzare, in prima approssimazione, che il loro tamponamento sia parte di una più complessiva regolarizzazione di tutto l'ambiente, il che renderebbe plausibile l'attribuzione di questo intervento alla fase dei lavori vasariani che presentano spesso in Palazzo caratteristiche di questa natura.

La parete della loggia, opposta alla Sala dei Gigli, si affacciava sul tetto della Sala del Maggior Consiglio ed era probabilmente aperta anch'essa con grandi finestre analoghe a quelle della parete che prospetta sul Cortile della Dogana. D'altro canto – per confortare ulteriormente questa prima ipotesi di ricostruzione – si può paragonare la Loggia del Tasso con il già citato Terrazzo dei Signorini che risulta anch'esso aperto su due lati, come lo sarà anche il Terrazzo di Saturno nel Quartiere degli Elementi. Oggi, nella facciata esterna della Sala delle Carte geografiche che si affaccia sul Cortile della Dogana, sopra la finestra attuale della Sala e su un'altra tamponata, sono ancora visibili due archi decorati con il Toson d'oro che corrispondono alle grandi finestre della Loggia del Tasso.

Dopo aver configurato il probabile assetto dell'area della Sala delle mappe nei primi anni Cinquanta del Cinquecento, va preso in esame cosa avviene in questa zona del Palazzo con la direzione del Vasari che entra al servizio del Duca nel 1555[11]. Anche in riferimento all'area di nostro specifico interesse i lavori vasariani sono di grande rilievo, come lo stesso Vasari scrive: «sul secondo piano delle stanze del suo palazzo ducale, ha di nuovo murato apposta ed aggiunto alla Guardaroba una sala assai grande»[12]. Si può quindi sostenere che dopo poco più di dieci anni di vita, nel 1561, il Vasari demolisca la scala realizzata da Battista del Tasso, muri l'accesso fra la Sala dei Gigli e la Loggia, ed edifichi al posto di quest'ultima, fra il 1561 e il 1562, un nuovo ambiente che sarebbe stato, nel contempo, stanza di guardaroba e sala di cosmografia. In conformità con questo doppio volto della nuova sala, il Vasari prevede tre diversi accessi: quello principale e pubblico immette dalla Sala dei Gigli nel nuovo ambiente ed è stato aperto dal Vasari al fine di creare una sorta di *cannocchiale visivo* in asse con l'orologio del Della Volpaia, mentre gli altri due accessi hanno funzioni di servizio, a uso degli addetti alla Guardaroba. La prima porta di servizio crea un collegamento diretto fra l'attuale Cancelleria – cioè la prima stanza di Guardaroba – e quella delle Carte geografiche – cioè la seconda stanza di guardaroba – ed è ricavata dalla finestra centrale della Cancelleria murata probabilmente dal Vasari e che sarà celata, dagli armadi di guardaroba recanti le tavole di geografia sulle loro ante, dietro la carta dell'Italia[13]. La seconda porta – che consentiva l'accesso al piano superiore e a quello inferiore – sfruttava in parte il vano della scala del Tasso ed era posta – come lo è tuttora – dietro la carta dell'Armenia[14].

Dalla Sala delle Carte geografiche o della Guardaroba al Quartiere della Guardaroba

La realizzazione della nuova Sala delle Carte geografiche o della Guardaroba si colloca all'interno di un più ampio progetto architettonico che consiste nell'edificazione di un intero corpo di fabbrica, comprendente i volumi sottostanti e soprastanti che saranno utilizzati anch'essi come stanze di guardaroba per rispondere alle crescenti necessità di spazi conseguenti all'incrementarsi della corte ducale e dei suoi beni. Come risulta nell'inventario del 1574 sopra la Sala delle mappe si trova: «la stanza disopra a tetto, che si dice la stanza dell'Arme et Archibusi»[15], mentre sotto si accede «alla prima stanza di sotto, detta delli Argenti e delli Giachi, allo stanzino della guardaroba di sotto e alla stanza sotto alla stanza dove è l'horologio et nelli Armarii, pitture et Tavole di Geografia»[16]. Ma per comprendere appieno questi interventi è necessario esaminare i volumi e le architetture imme-

Il passaggio attraverso la carta dell'Italia, tamponato dalla parte della Cancelleria, attraverso il quale si poneva in collegamento l'attuale Sala delle Carte geografiche con la prima stanza di guardaroba

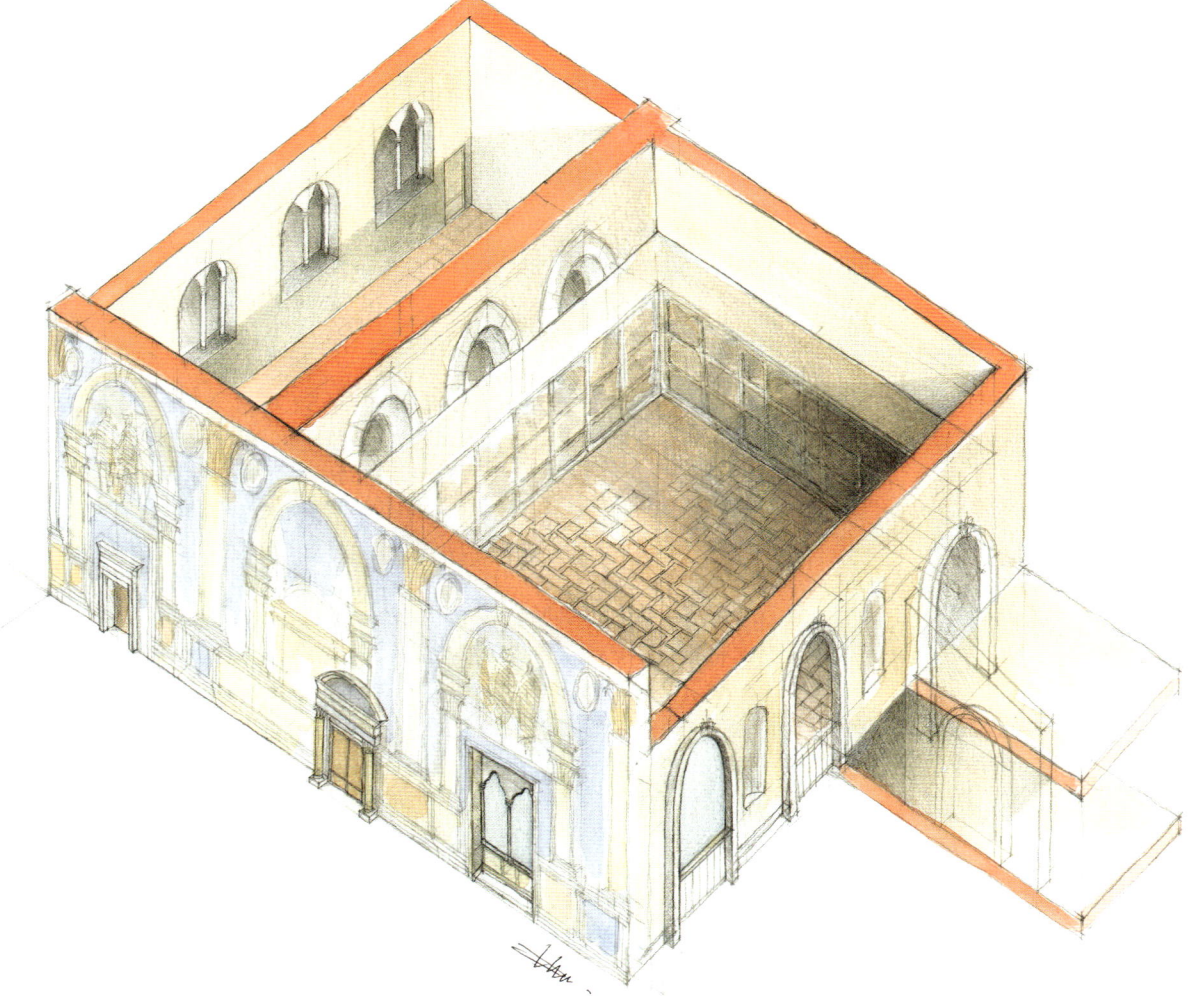

Ricostruzione assonometrica dell'area del palazzo corrispondente all'attuale Sala delle Carte geografiche, interessata dai lavori vasariani. La grande scala del Tasso è stata demolita, nell'area della scala Vasari ricava due disimpegni di accesso agli ambienti posti sopra e sotto la Sala delle Carte. Le mostre in pietra della scala, ancora leggibili nelle attuali murature, rimangono in opera "tagliate" dai nuovi solai. La loggia si trasforma nella Sala delle Carte attraverso il tamponamento delle sue aperture, anche il vecchio accesso alla Sala dei Gigli viene modificato. Il corpo di fabbrica del Salone dei Cinquecento non permette più il passaggio dalla Cancelleria alle stanze di Guardaroba verso via dei Leoni, per cui attraverso una nuova apertura viene dato accesso al corridore esterno

■ Questa sezione della zona del Palazzo corrispondente all'attuale Sala delle Carte, in riferimento all'inventario del 1553 ed antecedente ai lavori vasariani, ipotizza il rapporto tra i volumi di tre corpi di fabbrica distinti: lo scalone del Tasso e la Cancelleria, la Sala del Maggior Consiglio e i quartieri nuovi verso via dei Leoni. L'elemento rilevante di questo confronto è che, pur con qualche approssimazione, la quota di calpestio dei tre elementi volumetrici è la stessa, per cui dalla Cancelleria attraverso la struttura lignea del palco e del tetto della Sala del Maggior Consiglio si accedeva ai quartieri nuovi, e questo passaggio, in quest'area del Palazzo, era l'unico collegamento possibile tra questi tre ambienti e di conseguenza l'unico collegamento tra il Palazzo trecentesco e i quartieri verso via dei Leoni

■ Questa sezione analizza il rapporto tra i volumi della Sala delle Carte geografiche, del Salone dei Cinquecento e dei quartieri nuovi dopo l'intervento vasariano, in riferimento all'inventario del 1574. Lo scalone del Tasso è stato demolito, la loggia di sbarco della scala è stata trasformata nella Sala delle Carte, la Sala del Maggior Consiglio è stata rialzata per diventare la Sala grande. Si rileva come nonostante i lavori vasariani siano intervenuti pesantemente in questa zona, la quota del piano di calpestio del collegamento orizzontale tra la Cancelleria e i quartieri nuovi sia rimasto inalterato. Dalla Cancelleria, non più attraverso il palco della Sala a causa del rialzamento, ma attraverso il corridore esterno si accedeva ai quartieri nuovi verso via dei Leoni; e questo rimane ancora oggi l'unico collegamento tra il Palazzo trecentesco e il corpo di fabbrica su via dei Leoni

diatamente adiacenti alla Sala delle Carte geografiche, corrispondenti all'attuale Salone dei Cinquecento. Come si è detto, la Sala del Maggior Consiglio – edificata sul finire del Quattrocento per opera di Simone di Tommaso del Pollaiolo detto il Cronaca – è una sala «di straordinaria grandezza», ma «cieca di lumi e, rispetto al corpo così lungo e largo, nana e con poco sfogo d'altezza»[17]. Collocata fra l'antico nucleo trecentesco e il corpo di fabbrica verso via dei Leoni, annesso al Palazzo nel corso del Cinquecento, nel periodo in cui Battista del Tasso edifica la scala e cioè intorno al 1550, quella che è diventata la Sala grande del duca Cosimo I è ancora con «poco sfogo d'altezza», tanto che le Sale della Cancelleria e delle Carte geografiche si trovano allo stesso livello delle capriate di sostegno del soffitto e del tetto.

Questo consentiva di accedere dalla prima Sala di guardaroba – la Cancelleria – agli altri ambienti di Guardaroba situati nei Quartieri nuovi edificati verso via dei Leoni, grazie a un passaggio diretto proprio sopra il palco – il soffitto – della Sala grande, fra le capriate, come è testimoniato dalle notazioni registrate negli inventari di Guardaroba. Nell'inventario del 1553, infatti, sono citati uno «stanzino sopra l'audienza del Bandinello», cioè l'Udienza della Sala grande in corso di realizzazione a opera di Baccio Bandinelli, e uno «stanzino sopra il palco»[18]. Dagli stanzini i funzionari di guardaroba passavano per giungere alle altre sale del Quartiere e uno di questi passaggi, posto sul lato di via della Ninna, veniva utilizzato da Benvenuto Cellini, per raggiungere il duca Cosimo nel suo Scrittoio, probabilmente quello di Calliope nel Quartiere degli Elementi: «in questi giorni e' si murava quelle stanze nuove di verso i leoni; di modo che, volendo Sua Eccellenza ritirarsi in parte più secreta, ei s'era fatto acconciare un certo stanzino in queste stanze fatte nuovamente, ed a me aveva ordinato che io me n'andassi per la sua guardaroba, dove io passavo segretamente sopra 'l palco della gran sala, e per certi pugigattoli me n'andavo al detto stanzino segretissimamente...»[19]. Si desume che il Cellini dovesse attraversare il Quartiere di Eleonora per accedere al bugigattolo sopra al soffitto del Salone, in quanto nel testo l'autore ricorda che talvolta «entrando chetamente cosí inaspettatamente per quelle secrete camere, che io trovava la Duchessa alle sue comodità. Eleonora di Toledo, evidentemente infastidita dalla mancanza di discrezione dell'orafo, gli nega per ore l'accesso alle sue stanze, così da costringerlo a «spettare un gran pezzo per amor che la Duchessa si stava in quelle anticamere dove io avevo da passare». Il riscontro con le fonti documentali consente quindi di ipotizzare che i passaggi sopra il soffitto della sala grande fossero posti, soprattutto, alle due estremità corte del palco, sopra l'Udienza del Bandinelli a nord e sopra la parete che dà su via della Ninna a sud.

Con i lavori vasariani nella Sala grande degli anni 1563-1565, la situazione cambia in modo radicale: l'architetto rialza di dodici braccia fiorentine – cioè poco più di sette metri – il soffitto della Sala grande e, di conseguenza, ne sopraeleva anche la struttura di sostegno a capriate. Ne consegue che non è più possibile il passaggio diretto tra la prima sala di Guardaroba e gli altri ambienti di guardaroba, attraverso gli stanzini sul palco non più esistenti. Il passaggio fra la Camera Verde e il Quartiere degli Elementi, già utilizzato dal Cellini viene sostituito da un «corridore in su tre beccatelli o più secondo sia di bisogno»[20], un ballatoio che si affaccia sulla Sala grande. Sulla parete opposta, sopra all'Udienza del Bandinelli non c'è abbastanza spazio per un collegamento interno, per cui il Vasari ne realizza uno esterno, edificando un passaggio coperto adiacente alla parete settentrionale del Salone. Da questo «corridore» viene comunque mantenuta la possibilità di accedere sopra il palco della Sala grande, al livello delle capriate, attraverso una piccola scala in pietra di cui, ancora oggi, resta traccia. Questo breve corridore, nato per collegare le diverse sale del Quartiere di Guardaroba, rimane in essere per molto tempo, fino al 1865, quando viene demolito nel quadro delle trasformazioni dell'edificio per Firenze capitale. Ne restano, tuttavia, numerose testimonianze iconografiche realizzate fra il XVII e il XIX secolo, nonché indizi strutturali, come gli archetti di sostegno ancora visibili dal-

■ Il corridore esterno in due stampe della metà dell'Ottocento e lo stato attuale del collegamento tra la Cancelleria e i quartieri nuovi di Guardaroba: con i lavori del 1870 la copertura del corridore è demolita così come l'accesso al palco del Salone dei Cinquecento, vengono mantenuti il passaggio e tutte le sovrastrutture sottostanti, dato che costituisce l'unico accesso alla testata del Salone posta sul fronte di via dei Gondi

Ipotesi di ricostruzione del Quartiere di
Guardaroba in riferimento all'inventario del 1553
operata sulle piante di età lorenese attualmente
conservate presso l'Archivio di Stato di Praga

1 -   Sala dell'Oriolo
2 -   Prima stanza di Guardaroba
3 -   Scrittoio della prima stanza di Guardaroba

Sotto la prima stanza di Guardaroba
4 -   Prima stanza della Guardaroba segreta

5   Stanzino sopra l'aucienza del bandinello
6 -   Stanzino in sul palco
7 -   Ricetto
8 -   Sala
9 -   Prima camera
10 -   Seconda camera
11 -   Terza camera
12 -   Quarta camera

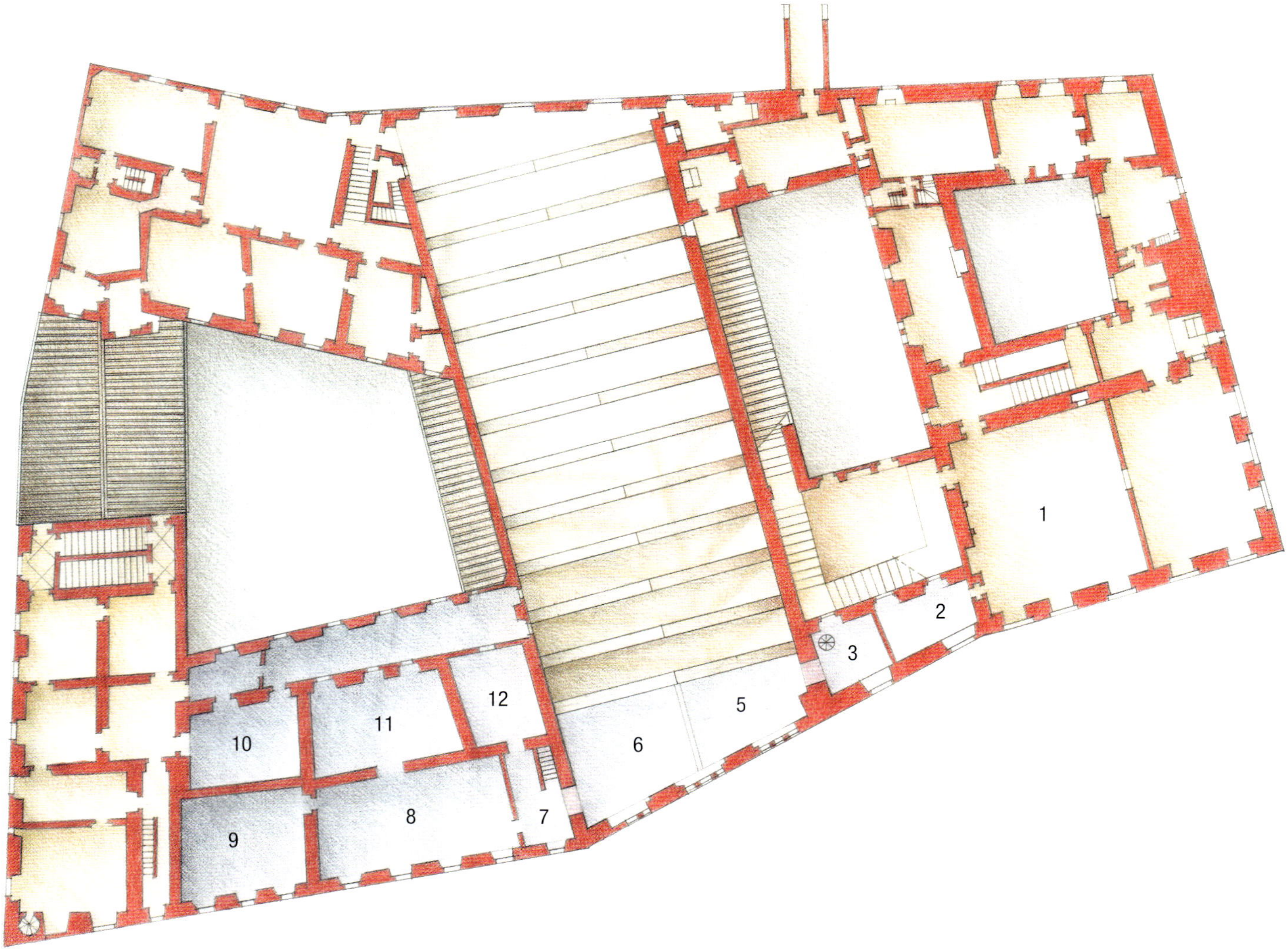

Sotto la prima stanza di Guardaroba

Sotto la stanza dell'orologio

▬ Ipotesi di ricostruzione del Quartiere di Guardaroba
in riferimento all'inventario del 1574 operata sulle piante
di età lorenese attualmente conservate presso
l'Archivio di Stato di Praga

1 - Stanza dell'orologio
2 - Stanza principale della Guardaroba dove è la mostra
3 - Andito che subito si esce dalla stanza dell'orologio

Sotto la stanza dell'orologio
4 - Andito che si entra nelle stanze di sotto
5 - Stanza seconda disotto
6 - Stanzino della Guardaroba di sotto il quale ha il palco in volta
7 - Prima stanza di sotto detta stanza degli argenti e dei giachi

Sopra la stanza dell'orologio
8 - Stanza a tetto sopra la stanza dell'orologio
9 - Stanza di sopra a tetto che si dice stanza
    dell'arme et archibugi

10 - Corridore
11 - Stanza terza detta del coccodrillo dove è appiccato
     al palco un coccodrillo
12 - Seconda stanza della camera del coccodrillo
13 - Prima stanza del canto delle stanze del coccodrillo
14 - Stanza prima in su detta sala
15 - Stanza seconda in su detta sala
16 - Andito che va in sul terrazzo
17 - Terrazzo

Sopra la stanza dell'orologio

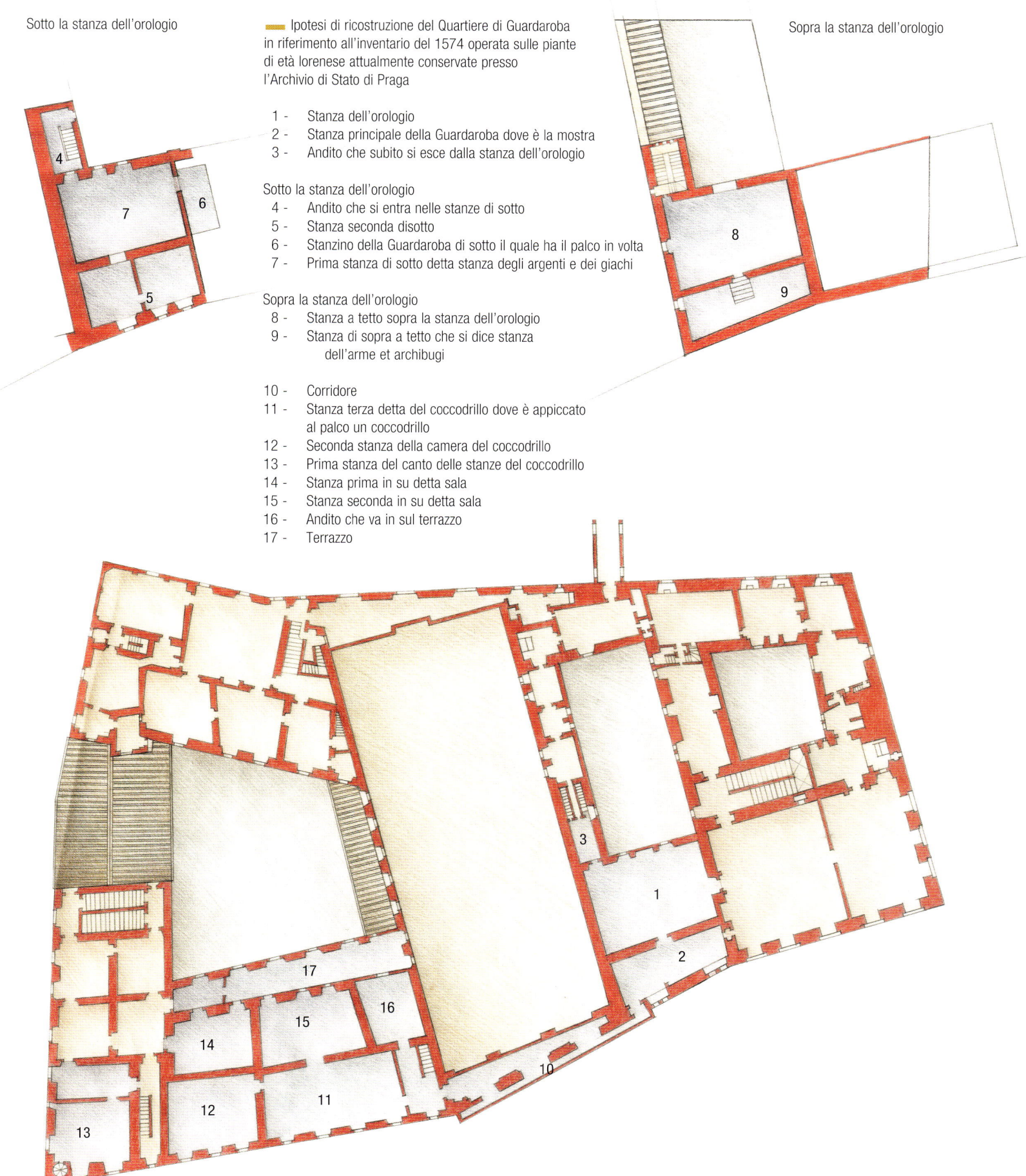

l'esterno. Oggi, al suo posto, si trova sulla facciata che si affaccia su via dei Gondi un terrazzino, ancora agibile.

Una volta percorso il piccolo corridore si giungeva al corpo *nuovo* di fabbrica sviluppatosi sul retro, verso via dei Leoni, dove nel 1553 erano state murate da Battista del Tasso numerose stanze, cui si accedeva anche tramite la «porta di dretro al palazzo e la scala nuova dove stavano e' lioni», cioè dalla porta monumentale con relativa scala tuttora esistente[21], anche se non è più consentito l'accesso per ragioni di sicurezza, dopo l'attentato alle Torri gemelle a New York. Fra queste stanze si trova l'appartamento *nuovo* di guardaroba, un insieme di sale adiacenti alla Sala grande, a settentrione, cioè affacciate su via dei Gondi. Quest'area non subisce in età vasariana trasformazioni sostanziali, in quanto l'architetto si concentra invece sul lato opposto, verso piazza del Grano, portando a termine i Quartieri degli Elementi e di Leone X. Nell'inventario di Guardaroba del 1553 sono denominate «stanze nuove» quelle affacciate su via dei Gondi e che sono state appena edificate da Battista del Tasso. Nell'inventario del 1574 le «stanze nuove» sono, invece, i Quartieri di Leone X e degli Elementi, ultimati dal Vasari intorno al 1560. In età ferdinandea – tra la fine del Cinquecento e il primo decennio del Seicento – le «stanze nuove» sono quelle all'angolo fra via dei Leoni e via dei Gondi. Gli inventari di questo periodo descrivono tre livelli: il terzo piano, le soffitte e, al piano inferiore, le stanze nuove basse. Tali ambienti verranno definiti nuovi per tutta la prima metà del XVII secolo, mentre dal 1690 in poi saranno le stanze «abbruciate», a causa di un incendio accidentale, quanto distruttivo. Lentamente, ma costantemente, nel corso degli anni, l'intero corpo di fabbrica dei Quartieri nuovi si trasforma in Quartiere di Guardaroba, inglobando anche i Quartieri monumentali di Leone X e degli Elementi. Sorte analoga subiranno, nel corso del Settecento, il Quartiere di Eleonora e le Sale pubbliche delle Udienze e dei Gigli, con la significativa eccezione dell'attuale Salone dei Cinquecento.

[1] GIORGIO VASARI, *Le Vite dei più eccellenti pittori, scultori e architettori*, Firenze 1568, Degl'accademici del disegno pittori, scultori et architetti e dell'opere loro e prima del Bronzino, tomo II, p. 877.

[2] Ringrazio Alessandro Cecchi, Massimo Marcolin, Paola Pacetti e Valentina Zucchi per avermi fornito preziose indicazioni sui documenti d'archivio relativi alla Sala delle Carte geografiche e, più in generale, ai lavori di trasformazione del Palazzo della Signoria nella Reggia del duca Cosimo e per il costante confronto che si è potuto attuare nella interpretazione delle diverse tipologie di fonti.

[3] L'Archivio Centrale di Stato di Praga conserva in un fondo dal titolo Fond Toskana un corposo materiale documentario sulla Toscana, portato nella capitale ceca dall'ultimo granduca della dinastia dei Lorena, Leopoldo II. Del fondo fanno parte anche 161 mappe, cabrei e piante sciolte relativi a edifici e beni di proprietà granducale, situati a Firenze e nel territorio toscano. I cabrei – cioè le mappe catastali dei beni granducali – relativi a Palazzo Vecchio sono otto piante dei vari piani del Palazzo, ciascuna corredata da una dettagliata legenda. Cfr. ROSALIA MANNO TOLU, *Firenze-Praga, 40 anni di studi storico-archivistici*. Firenze: 2007.

[4] Nel 1908 l'allora sindaco di Firenze Francesco Sangiorgi incaricò il segretario della Commissione di Belle Arti del Co-

mune, architetto Alfredo Lensi, di recuperare gli ambienti dell'antico Palazzo della Signoria per ospitare una grande mostra del ritratto italiano proposta dal critico d'arte Ugo Ojetti. Il Lensi riuscì a varare un imponente programma di recupero delle Sale del Palazzo: ricostruì lo Studiolo di Francesco I con la collaborazione dell'allora direttore del Museo Nazionale del Bargello, Giovanni Poggi; aprì al pubblico il Quartiere di Cosimo e quello degli Elementi, liberati dagli uffici comunali che ne occupavano le stanze; ripristinò le sale pubbliche repubblicane delle Udienze e dei Gigli e liberò dalle verniciature gli armadi della Sala della Guardaroba, oggi delle Carte geografiche. Cfr. CARLO FRANCINI, *Il Museo dei Quartieri Monumentali*, in *Palazzo Vecchio: officina di opere e di ingegni*, a cura di Carlo Francini. Cinisello Balsamo: Silvana 2006, pp. 296-307 e ALFREDO LENSI, *Palazzo Vecchio*, Firenze 1911. Nel 1954 venne avviata una nuova campagna di resturi nel Palazzo che interessò principalmente il secondo piano della parte trecentesca dell'edificio e il sottostante piano mezzanino, che dal 1934 – dopo un altro restauro diretto dal Lensi – conservava la collezione donata alla città da Charles Loeser. Dei restauri del 1954, come dei precedenti del 1908-1910, esiste una documentazione fotografica nell'Archivio storico fotografico del Comune di Firenze.

5 Il brano è riportato in GIULIO LENSI ORLANDI, *Il Palazzo Vecchio di Firenze*, Firenze: Martello Giunti, 1977, p. 112.

6 Questa descrizione è compresa nella lettera con cui i Capitani di Parte Guelfa fecero dono dell'orologio alla Signoria. Il testo è tratto da G. LENSI ORLANDI, *op. cit.*, p. 116.

7 L'Ordine del Toson d'oro fu istituito nel 1430 da Filippo III di Valois-Borgogna, detto il Buono, e divenne in breve tempo uno degli ordini cavallereschi più prestigiosi, tanto che farne parte significava essere riconosciuto come un membro dell'alta nobiltà europea. Cosimo I viene insignito di quest'onorificenza dall'allora Gran Maestro dell'Ordine, l'imperatore Carlo V, nel 1546, in rico-

noscimento degli aiuti militari ed economici forniti alla guerra portata dall'imperatore Carlo V ai principi luterani tedeschi. Il duca era tanto orglioso di questa onorificenza, concessa nei primi 120 anni della sua storia solo a 192 cavalieri, da farsi ritrarre sempre con il collare dell'Ordine al collo e da decorare le finestre del secondo piano del Palazzo ducale con il simbolo dell'Ordine, un *tosòn*, cioè il vello d'oro dell'ariete che nella mitologia greca Giasone doveva conquistare per riacquistare il suo regno, usurpato dallo zio Pelia.

8 *Vita di Benvenuto di Maestro Giovanni Cellini fiorentino, scritta, per lui medesimo, in Firenze* (1558-1566), cap. LXIX. Il ricordo non è datato, ma l'episodio dovrebbe collocarsi intorno al 1547-1548, quando ancora il Tasso non aveva realizzato la sua scala.

9 Il Quartiere dedicato ai figli di Cosimo era costituito da quattro stanze attigue a quelle delle balie e delle damigelle ed era ubicato sopra il Quartiere della duchessa Eleonora. Nella parte sudorientale del Quartiere dei Signorini, contiguo alla sottostante Sala del Maggior Consiglio c'era una scala che consentiva di salire al Terrazzo di Eleonora, costruito sopra le prime due stanze dell'appartamento dei piccoli principi. Le travi, le capriate e il fregio del terrazzo, che oggi ha acquisito la denominazione di Terrazzo dei Signorini, vengono decorate con eleganti grottesche e altre figurazioni da Francesco Umbertini, detto il Bacchiacca, fra il 1552 e il 1553. Il Terrazzo dei Signorini è oggi visibile dal medievale camminamento di guardia del Palazzo, a seguito di un accurato restauro condotto dalla Fabbrica di Palazzo Vecchio, con progetto dell'architetto Claudio Mastrodicasa.

10 La copertura del loggiato in cui terminava la scala è descritta come un «tetto di piane con sua archali e 3 cavalletti di doppie con tutte sua apartenenze»; analoga descrizione è utilizzata per la copertura del «terrazzo a canto al ballatoio del palazzo di pianoni larghi questo e legni interi con sua archali e 3 cavalletti di doppie con tutte sua apartenenze». Cfr. ASF, Scrittoio delle Fortezze e Fab-

briche, Fabbriche Medicee, f. 1, c. 123s.

11 Si veda, in particolare, il paragrafo *Un palazzo ducale posto sotto il segno dell'auctoritas degli antichi* nel saggio di Paola Pacetti che apre questo volume.

12 GIORGIO VASARI, *Le Vite*, cit., tomo II, p. 877.

13 Attualmente, dietro l'anta dell'armadio recante la carta dell'Italia – come ha rivelato un saggio sulle murature di tamponamento effettuato da chi scrive nell'estate del 2006 – sono emersi il passaggio fra le due Sala di Guardaroba e gli elementi architettonici delle finestre appartenenti all'antica Cancelleria i cui imbotti recano tracce di decorazione. Va infine segnalato che il portale in pietra serena dell'originario vano fra la Sala dei Gigli e l'attuale Sala della Cancelleria realizzato dal Tasso è stato posizionato – come si è detto – sulla parete a confine con la Sala delle Carte geografiche a segnalare esattamente questo antico passaggio.

14 Da questo passaggio i guardarobieri potevano raggiungere: al piano superiore la Stanza dell'Arme e degli Archibusi; a quello inferiore la cosiddetta Guardaroba segreta e, al piano della Sala, il Quartiere di Eleonora, attraverso una terrazza costruita dal Vasari fra il 1565 e il 1566 – forse su una struttura preesistente – che arrivava fino alla Cappella di Eleonora. Nel 1581 il granduca Francesco I fa costruire su progetto dell'architetto Bartolomeo Ammannati un Camerino al centro della terrazza. Il Camerino diventa lo Scrittoio privato della seconda moglie del Granduca, Bianca Cappello. Nel 1608, alla morte del granduca Ferdinando I, il Camerino è registrato come lo «stanzino dei donativi», entrando a far parte a tutti gli effetti del Quartiere della Guardaroba. Cfr. ASF, Guardaroba Medicea, f. 289, c. 41.

15 ASF, Guardaroba Medicea, f. 87, c. 46r.

16 *Ibidem*, c. 12v.

17 GIORGIO VASARI, *Le Vite*, cit., *Vita del Cronaca architetto fiorentino*, tomo I, p. 450.

18 Cfr. ASF, Guardaroba Medicea, f. 28, c. 17r e 23v.

19 *Vita di Benvenuto*, cit., cap. LXXXVII.

20 ASF, Archivio Notarile antecosimiano, f. 13400, rogiti di Matteo di Giovanni da Falgano, 1559-1563, c. 308v. Il ballatoio, cui si comincia a lavorare nel settembre 1563, poggiava sulla parete che Bartolomeo Ammannati, su disegno del Vasari, aveva realizzato sul lato meridionale della Sala grande per regolarizzarne l'aspetto. La Sala del Maggior Consiglio, per seguire l'andamento degli edifici preesistenti, presentava infatti una pianta trapezoidale, trasformata poi in rettangolare con la costruzione delle due pareti settentrionale (dell'Udienza) e meridionale (dove l'Ammannati doveva realizzare una fontana, poi smontata): «Giorgio Vasari di poi l'anno seguente condusse da Roma, et acconciò col Duca, Bartolommeo Ammannati scultore per fare l'altra facciata dirimpetto all'udienza cominciata da Baccio in detta sala e una fonte nel mezzo di detta facciata, e subito fu dato principio a fare una parte delle statue che vi andavano». GIORGIO VASARI, *Le vite*, cit., *Vita di Baccio Bandinelli scultore fiorentino*, tomo I, p. 185.

21 La porta a bozze rustiche con il frontone sormontato dallo stemma mediceo viene ultimata dal Tasso nel 1552. I documenti la ricordano come la porta «de lioni», in quanto in quell'area – fin dai tempi della Repubblica – c'era un serraglio con una trentina di leoni. Nel 1550, dopo la costruzione dei primi quartieri nuovi, il serraglio viene trasferito in via del Maglio, accanto al Giardino dei Semplici. Con i Medici il serraglio si arricchisce di nuovi esemplari: nella stalla di Francesco I de' Medici, come riferisce Michel Eyquem de Montaigne nel suo *Giornale di viaggio*, c'erano: «un montone di forma strana, e un cammello, leoni, orsi e un animale grande come un grosso mastino con l'aspetto di un gatto a chiazze bianche e nere, che chiamano tigre». Cfr. LUCIANO BERTI, *Il principe dello Studiolo*. Pistoia: M&M, 2002, p. 486. Nonostante il trasferimento, il toponimo "dei leoni" rimase a identificare la zona dietro il Palazzo ducale; ancora oggi la via che costeggia la facciata orientale del Palazzo si chiama via dei Leoni.

CHINA

L'ISOLE
MOLVCHE CON
L'ALTRE CIRCVVICINE
CHE
PRODVCANO LE GIOIE
ET LE
SPETIERIE
MDLXIII

Cangu

cchio

Duelopelle

S. Lazaro Vulcano

Atlante iconografico
Le mappe e i cartigli

A CURA DI MASSIMO MARCOLIN

━━ Egnazio Danti, *L'Isole Moluche*, 1563, particolare del cartiglio. Nel XVI secolo le isole Molucche erano la meta principale delle spedizioni spagnole e portoghesi in Oriente, spedizioni che avevano lo scopo di «andare a scoprire la spezieria nelle isole di Maluco», come ricorda Antonio Pigafetta nella sua *Relazione del primo viaggio intorno al mondo* compiuto da Fernando Magellano. Le spezie erano merce talmente pregiata nell'Europa del Cinquecento che le due grandi potenze marinare dell'epoca – la Spagna e il Portogallo – si contesero a lungo il controllo delle Molucche, ricchissime di questa risorsa

Le tavole della Sala delle Carte geografiche in Palazzo Vecchio sono cinquantatré, quante previste dal Vasari quando descrive il progetto. In realtà, Giorgio Vasari ne conteggia in tutto cinquantasette, includendo anche «quattro quadri, quattro mezze palle in prospettiva: nelle due da basso son l'universale della terra e nelle due di sopra l'universale del cielo, con le sue imagini e figure celesti», cioè due emisferi terrestri e due celesti che dovevano essere posti all'ingresso della sala.

Trenta delle tavole sono realizzate dal frate domenicano perugino Egnazio Danti, chiamato alla corte medicea nel 1563, dove diviene cosmografo di corte e vi rimane fino al 1575, quando Francesco I lo allontana. Egnazio Danti viene rimpiazzato dal monaco olivetano Stefano Bonsignori che, fra il 1576 e il 1586, dipinge le rimanenti ventitré tavole[1].

Se il numero complessivo di carte realizzate è uguale a quello previsto nel progetto vasariano, diversa è invece la loro ripartizione fra i quattro continenti[2]. Di seguito si riportano schematicamente le effettive realizzazioni e le differenze con quanto previsto dal Vasari.

EUROPA: il Vasari aveva previsto di raffigurarla in 14 tavole, ne vengono realizzate 13, delle quali 6 dal Danti e 7 dal Bonsignori;

AFRICA: il Vasari aveva previsto di raffigurarla in 11 tavole, ne vengono dipinte 12, delle quali due dal Danti e 10 dal Bonsignori;

ASIA: il Vasari aveva previsto di raffigurarla in 14 tavole, ne vengono realizzate 15, delle quali 14 dal Danti e 1 dal Bonsignori;

INDIE OCCIDENTALI: il Vasari aveva previsto di raffigurarle in 14 tavole, ne vengono realizzate 9, delle quali 8 dal Danti e 1 dal Bonsignori.

Le mappe vengono realizzate nell'arco di venticinque anni e quindi sono inevitabilmente soggette all'obsolescenza delle informazioni contenute, a seguito degli aggiornamenti apportati alle carte dalle esplorazioni geografiche proprie di quel periodo. Tuttavia, confrontando le carte di Palazzo Vecchio con il *Theatrum Orbis Terrarum* di Abraham Örtel, noto come Ortelio, del 1570 e con l'*Atlas sive Cosmographicæ meditationes de fabrica mvndi et fabricati figvra* di Gerhard Kremer, noto come Mercatore, del 1595, le tavole del Danti e del Bonsignori non risultano superate.

I paesi dell'Europa sono, ovviamente, i più conosciuti e meno suscettibili di aggiornamenti, ma fa eccezione la Groenlandia dove il Danti fa riferimento – come faranno anche Ortelio e Mercatore – alla «bella carta marina fatta da Niccolò et Antonio Zeni gentilhomini venetiani», dove sono raffigurate le fantasiose isole di Frislandia, Estotilandia e Icaria. Nella tavola queste isole immaginarie, repliche dell'Islanda,

La Sala delle Carte geografiche all'inizio del XX secolo, con gli arma di di noce verniciati di bianco e al centro della Sala, al posto del grande globo terrestre del Danti, il cratere neoattico detto il Vaso Medici, poi collocato agli Uffizi

erano rappresentate nella parte inferiore della carta, una parte che è andata perduta: fino dalla sua prima collocazione la parte inferiore della tavola sarà coperta dalla cornice in legno di noce dell'orologio di Lorenzo della Volpaia; all'inizio del Seicento, quando l'orologio, «tutto schonnesso», verrà rimosso dalla Sala, la tavola – evidentemente danneggiata dalla cornice – verrà grossolanamente ridipinta.

Anche per quanto riguarda l'Africa il contorno delle coste è rappresentato con una certa precisione, probabilmente grazie all'utilizzo da parte del Danti di carte portoghesi, evidentemente più accurate delle altre su queste regioni. Si veda, a titolo esemplificativo, il riferimento alla «fidata carta dei portughesi» su cui il geografo dice di essersi basato nel rappresentare l'isola di San Lorenzo, ovvero il Madagascar.

Per quanto attiene il continente asiatico si deve far rilevare che il subcontinente indiano appare sottorappresentato nelle dimensioni, in conseguenza del ricorso come fonte alla cartografia lusitana, la quale tendeva a spostare quanto più possibile a occidente le isole delle spezie, facendole cadere al di qua della *raja* del Trattato di Tordesillas, per porle sotto la sfera d'influenza portoghese. Che il profilo della Cina è di incerta definizione, come pure lo è la localizzazione del Giappone, dovuta alla scarsità di informazioni aggiornate provenienti da questi due paesi, allora chiusi agli stranieri (non a caso l'Ortelio stesso nell'Atlante del 1570 raffigura l'isola del Giappone in tre forme diverse, ma sempre collocandolo erroneamente – al pari del Danti – come giacente sullo stesso parallelo). Che la Siberia nella tavola del Bonsignori della Parte della Scitia è deformata, il che si deve alla proiezione conica tolemaica adottata come metodo di rappresentazione. Inoltre, sono del tutto assenti alcuni paesi del Pacifico: le Filippine sono solo parzialmente raffigurate nella tavola delle Molucche[3], mancano le isole Salomone[4] e la costa della Nuova Guinea[5]. Questi territori sono invece presenti nel grande globo terrestre realizzato da Egnazio Danti, anche se probabilmente sono

stati inseriti da Antonio Santucci delle Pomarance, nel suo intervento di restauro e aggiornamento avvenuto alla fine del XVI secolo.

L'America meridionale è quasi integralmente rappresentata, mentre le quattro tavole dedicate all'America centro-settentrionale si fermano tutte al di sotto del 35° parallelo. Non sono infatti raffigurati: la penisola dell'Alaska, la costa orientale degli attuali Stati Uniti e Canada che, invece, sono comunemente rappresentati negli atlanti dell'epoca. Può darsi che questi territori dovessero essere illustrati nelle cinque tavole mancanti rispetto al progetto originale, ma il non averle realizzate – o perlomeno l'averne procrastinato la realizzazione – potrebbe essere dovuto al fatto che le esplorazioni di Giovanni e Sebastiano Caboto e di Giovanni da Verrazzano erano state compiute sotto le bandiere inglese e francese, due paesi cui il Granducato di Toscana non era certo vicino.

Passando alla collocazione delle tavole sulle ante degli armadi della sala, si è cercato di verificare se l'attuale corrisponda a quella cinquecentesca. La Sala delle Carte viene restaurata fra il 1908 e il 1909 dall'architetto Alfredo Lensi che recupera l'originario aspetto dei grandi armadi costruiti dal Nigetti, compromesso, negli anni precedenti, dall'Ufficio tecnico del Comune di Firenze che aveva verniciato di bianco le cornici di noce degli armadi per aver più luce nella stanza nella quale era stato collocato[6]. Alcune lastre fotografiche[7] che raffigurano la sistemazione della Sala prima degli interventi del Lensi fanno supporre che questi non sia intervenuto nella collocazione delle tavole sulle ante degli armadi. In questo caso, la collocazione attuale delle mappe potrebbe essere quella esistente alla fine del Cinquecento.

A conferma di questa ipotesi si può far osservare che due tavole – quelle della Groenlandia e della Natolia moderna – appaiono segate verticalmente nella parte centrale. Questa particolarità si spiega rifacendosi a quanto aveva scritto il Vasari della parete di fronte all'ingresso della sala: «al mezzo della facciata che è a sommo dirimpetto alla porta principale, nel qual mezzo s'è posto l'oriolo con le ruote e con le spere de' pianeti che giornalmente fanno entrando i lor moti: quest'è quel tanto famoso e nominato oriolo fatto da Lorenzo della Volpaia fiorentino». Dunque, l'orologio dei pianeti era posizionato di fronte alla porta d'ingresso della Sala, al centro della parete orientale, dove oggi è presente un armadio privo di cardini e con le due tavole segate. Inoltre, la mappa posta in alto che rappresenta la Groenlandia mostra la parte inferiore grossolanamente ridipinta, come a celare una porzione rovinata. Da una fotografia a raggi infrarossi effettuata nel 2004 dall'Opificio delle Pietre Dure in questa stessa porzione ritoccata – sotto lo strato di colore – si intravede la presenza di una scritta: «qui sopra sta l'ornamento del Oriolo», cioè la cornice dell'orologio. Ne segue che le due tavole della Groenlandia e della Natolia moderna erano originariamente coperte dal-

▬ La Sala come appare nel 1909, dopo i lavori di restauro diretti dall'architetto Alfredo Lensi

▬ Ingrandimento della fotografia a raggi infrarossi della tavola della Groenlandia, che testimonia la presenza in quel punto, di fronte all'ingresso della Sala, dell'orologio dei pianeti, opera di Lorenzo della Volpaia

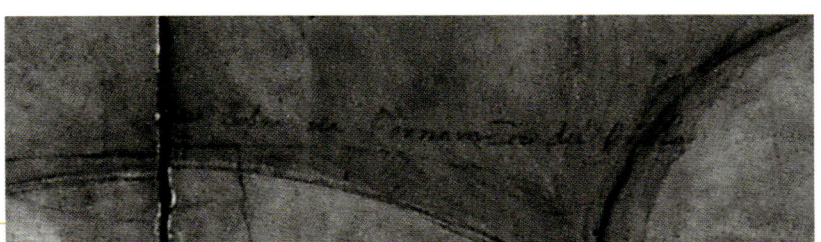

l'orologio di Lorenzo Della Volpaia, collocato in una struttura lignea portante. All'inizio del Seicento l'oriolo era stato smontato e collocato altrove, liberando l'armadio retrostante, e per consentire ai «guardarobi» di accedervi, vengono segate le due tavole e trasformate in ante[8].

Nelle pagine seguenti sono proposte le trascrizioni di tutti i cartigli e le annotazioni presenti nelle cinquantatré tavole della Sala della Guardaroba. Oltre al lavoro vero e proprio di trascrizione e decrittazione, a volte reso difficile dal precario stato di conservazione di alcune tavole e – forse – da manipolazioni successive, si è cercato di interpretare il testo di ogni cartiglio con l'obiettivo di associare ai toponimi cinquecenteschi gli attuali; identificare i personaggi citati, con particolare riferimento ai miti delle origini di paesi e città; identificare gli eventi storici narrati e le popolazioni citate. Il risultato di questo lavoro sono le note in calce a ogni trascrizione.

Per quanto riguarda invece la ricostruzione delle fonti storiche e letterarie utilizzate dai due geografi si rimanda al contributo di Massimo Marcolin in questo volume. L'ordine scelto per la presentazione delle tavole non rispetta quello oggi esistente nella Sala e neppure un criterio cronologico: si è preferito ricostruire le pagine di quella Geografia del Tolomeo che Cosimo I volle *squadernare* per porre sulle pareti della Sala. Alle tavole dedicate all'Europa, seguono quindi quelle dell'Asia, dell'Africa e, infine, le carte nuove delle Indie Occidentali, le Americhe.

[1] Non tutti gli studiosi concordano sull'attribuzione delle ventitré tavole al Bonsignori. Secondo Gemma Rosa Levi Donati le quattro carte delle regioni polari sono opera di un ignoto collaboratore del frate olivetano. In effetti, sono numerose le differenze fra queste quattro tavole e le rimanenti diciannove, sicuramente dipinte dal Bonsignori. Nelle tavole delle terre artiche i testi non sono incorniciati dai consueti, eleganti cartigli color marmo nero; il colore del mare appare più scuro e sono presenti i cosiddetti *rombi di navigazione*, mancanti nelle altre; il profilo dei rilievi montuosi e delle selve è meno accurato. Infine, i testi che illustrano le terre polari sono identici a quelli presenti in una carta del Mercatore, il famoso planisfero del 1569 (*Nova et aucta orbis terrae descriptio ad usum navigantium emendata accomodata*), ma uno dei testi è presente solo nella tavola *Septentrionalium terrarum descriptio* che Bonsignori non poteva conoscere, perché pubblicata dopo la morte del frate, nell'atlante che il Mercatore edita nel 1595 (*Atlas sive Cosmographicæ meditationes de fabrica mvndi et fabricati figura*); non si può però escludere che il Mercatore avesse tratto le sue informazioni da una carta preesistente. Non mancano anche somiglianze fra le ventitré tavole: i nomi dei mari, scritti in oro sullo sfondo blu, sembrano vergati dalla stessa mano e anche i testi illustrativi – seppure su uno sfondo diverso – presentano molte somiglianze calligrafiche. Alla luce di questi elementi, si può ipotizzare che il Bonsignori, ormai avanti negli anni, abbia affidato alcune parti della realizzazione di quattro tavole – come la stesura del colore – a un frate di Monteoliveto suo aiutante, rimasto anonimo, riservando a sé le parti più impegnative, come il profilo dei territori e la scrittura dei toponimi e dei testi. È quanto accade, per esempio, per le carte del Granducato di Toscana dipinte nel Terrazzo delle Matematiche agli Uffizi: Ludovico Buti, che realizza gli affreschi nel 1589, ricorda come «tutte le letere sono scritte per mano di don Stefano girografo». Per l'incertezza di questi indizi, oltre che per l'assenza di documenti che facciano ipotizzare la presenza di un terzo cosmografo impegnato nella realizzazione della Sala, si è qui preferito lasciare l'attribuzione di tutte le ventitré tavole al Bonsignori. Cfr. *Stefano Buonsignori. Le ventitre cartelle della Guardaroba Medicea di Palazzo Vecchio in Firenze*, a cura di Gemmarosa Levi Donati. Perugia: Benucci 2006.

[2] Nel progetto originario la distribuzione delle carte fra i vari continenti sembra inserita in uno schema matematico incentrato su «l'oriolo con le ruote e con le spere de' pianeti che giornalmente fanno entrando i lor moti»: i pianeti dell'orologio di Lorenzo della Volpaia sono sette e le carte previste da Vasari, con l'eccezione dell'Africa, sono un multiplo di sette: 14-11-14-14.

[3] Le Filippine sono raggiunte per la prima volta nel corso della spedizione di Magellano nel 1521, ma esplorate solo nel 1543 con la spedizione spagnola di Ruy Lopez de Villalobos.

[4] Le Isole Salomone sono scoperte dallo spagnolo Alvaro de Mendaña de Neira nel 1568.

[5] La Nuova Guinea è esplorata dal fiorentino Andrea Corsali nel 1519 e il suo resoconto pubblicato nel secondo libro del Ramusio. Andrea Corsali, figura oggi poco nota, è il primo a sospettare che le terre scoperte siano parte di un nuovo continente, «pars continentis australis». Ortelio inserisce questo territorio, come parte di un territorio australe non ancora conosciuto, nella carta dell'Asia del *Theatrum Orbis Terrarum* con una nota sul navigatore italiano. Nel planisfero dello stesso atlante Ortelio rappresenta invece la Nuova Guinea come un'isola.

[6] Gli armadi «in origine furono senza dubbio coloriti a noce, ed oggi son tinti di bigio sudicio» GIUSEPPE CONTI, *Il palagio del Comune in Firenze; appunti storico-descrittivi*. Firenze: Tipografia Barbera, 1905, p. 66.

[7] Le lastre facevano parte della documentazione dell'Ufficio Belle Arti diretto da Alfredo Lensi; oggi sono conservate nell'Archivio Storico Fotografico del Comune di Firenze.

[8] L'orologio, nell'inventario erroneamente attribuito a Girolamo della Volpaia, figlio di Lorenzo, viene portato nella soffitta della sala: «1 Horiolo grande che mostra e suona con le teoriche de sette pianeti di piastre tonde di rame smaltate a figure di piu colori con alcune altre piastre che vanno nelli angoli per adornamento di detto e sua contrapesi e altri ordigni il quale nel presente si ritrova tutto schonnesso e non messi insieme il quale oriolo fu fatto a tempo della Sig.ria da Girolamo della Volpaia» ASF, Guardaroba Medicea, f. 289, c. 181, 1608-12.

ISOLE BRITANICHE LE QUALI CONTENGANO IL REGNO DI INGHILTERRA ET DI SCOTIA CON L'HIBERNIA

Egnazio Danti, *Gran Bretagna e Irlanda*, novembre 1565

L'Ibernia hoggi chiamata Irlanda è posta fra l'Inghilterra et la Spagna et tira di lunghezza 280 miglia in circa et di larghezza 100. Ha 50 Vescovati et terre. Li principali fiumi suoi sono Suiro[9], Boanda[10] et Fineo[11] quali la dividano in quattro parti cioè Momonia[12], Laginia[13], Hultonia[14] et Connaccia[15]. In questa isola è tale temperie di aria che non solamente non vi nasscie animale alchuno venenoso né erba, ma ancora se vi è porto d'altronde non vi aligna ma si secca o muore. Nella parte settentrionale di questa isola vi è una profondissima voraggine la quale alcuni grandi scriptori dicano essere il pozzo di S. Patritio vescovo di detta isola. Parimenti affermano che in una delle isole orcade è un arboro il quale Ilario conte radicò nel aqua e nuota atorno il sito li cui pomi cadendo nel aqua producano Ucelli.
Anno XXX Ducat[u]s Ill[ustrissi]mi et Ecc[ellentissi[mi Cosmi Medices Florentie et Senarum Ducis II[16].

Questa prima tavola di Europa contiene l'Inghilterra et la Scotia in una sola isola a la cui parte verso ponente è l'Hibernia in oggi detta Irlanda e da gli Inglesi Irland. Verso tramontana ha le isole Orchade et Ebude[17]. Con l'ultima Thile hoggi detta Islanda overo perduta. È spartita la Scotia dal Inghilterra verso levante da Tueda[18] et verso ponente da Solveo[19], fiumi o come alcuni vogliano da un muro che vi edificò Severo imperatore[20].
Cesare nelli suoi comentarij djce detta isola essere in giro 2000 miglia e il venerabil Beda[21] 2600, ma li moderni (ali quali più si deve credere secondo il precetto di Ptolomeo) affermano non essere più di 1700.
L'Inghilterra ha tre fiumi principali quali sono il Tamesi[22], Sabrina[23] et Unbro[24] i quali la dividano quasi in tre parti equali. La Scotia parimenti ha tre principali fiumi Cluda[25], Fortea[26] et Thao[27]. La principale città d'Inghilterra è Londra et di Scotia Edinburg[28].

Tutta questa isola è divisa in quattro lingue cioè Scota[29], Inglese, Cornubicha[30] e Wallica[31].

La gente di questa isola che dagli antichi fu detta non havere lettere né musica hoggi nell'una et altra facultà si vede esser eccellentissima et sopra il tutto valorosa in arme et molto intenta ala professione della nobiltà et dello splendore ma hoggi sono tutti eretici et segreghati dalla Chiesa catolicha. La detta isola è ricchissima di Oro, d'Argento et altri metalli, ma principalmente di Stagno finissimo che pare Argento. Così è parimente molto copiosa di lane, carni et biade di ogni sorte. Non vi naschano vini ma sempre ne ha abundatia del forestiero[32]. Nella Scotia è una sorte di pietra, che arde mirabilmente come il carbone qual dicano che è specie di Gagate[33].

M. DLXV DIE II. NOVEMBRIS

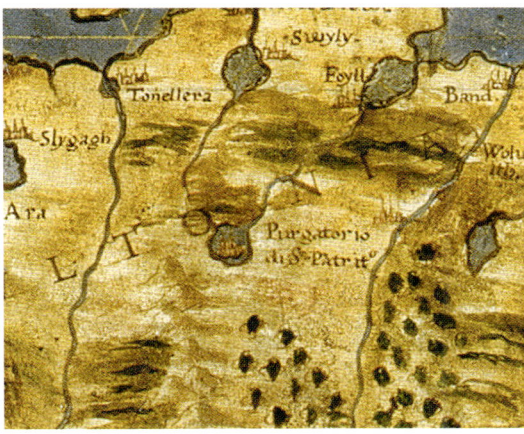

«Purgatorio di San Patritio»

«Termine posto da Severo tra la Scotia e l'Inghilterra». *Vallo di Adriano*

9   Il fiume Suir che sfocia nell'Atlantico nella parte meridionale dell'isola, dividendo Munster da Leinster.

10 Il Boanda va forse identificato nel fiume Boyne, che sfocia nel mare d'Irlanda sulla costa orientale dell'isola, separando l'Ulster dal Leinster.

11 Forse l'attuale Feale, che sfocia nella foce dello Shannon, dividendo le regioni di Munster e Connaught.

12 Munster, a sud-ovest.

13 Leinster, a est.

14 Ulster, a nord.

15 Connaught, a nord-ovest.

16 La tavola, come attestato nel cartiglio relativo alla Britannia, è datata novembre 1565. Cosimo succede ad Alessandro de' Medici nel gennaio 1537, ma il calendario fiorentino considerava i primi tre mesi dell'anno come appartenenti all'anno precedente: per questo motivo il ventinovesimo anno di governo del Duca Cosimo diventa il trentesimo nel calcolo del Danti. L'appellativo di secondo duca di Firenze e di Siena si riferisce evidentemente ad Alessandro, primo duca, anche se questi regnava sul solo territorio fiorentino, dal momento che Siena viene annessa solo nel 1557.

17 Ebridi.

18 Tyne.

19 Solway.

20 Il Vallo fu costruito dall'imperatore Adriano nel 122 d. C., Settimio Severo nel 208 d.C. si limitò a ripristinarlo per difendere la Britannia dai Caledoni.

21 Beda il Venerabile (673-735 ca.), monaco benedettino anglosassone, erudito e santo. È noto soprattutto per la sua *Historia ecclesiastica gentis Anglorum* (Storia ecclesiastica degli angli), che narra la storia dell'Inghilterra dall'occupazione romana al 731.

22 Tamigi.

23 Severn.

24 Humber.

25 Clyde.

26 Forth.

27 Tay.

28 «Dividunt Angliam in tres veluti Regiones. tria ingentia flumina, Tamesis, Sabrina, Humbrus. Scotia item tria, Cluda, Forthea, Taus. Regia Angliae est LONDINIUM; Scotiae, EDINBURGUS» (dal testo della tavola di GEORGE LILY, *Britanniae Insulae Quae Nunc Angliae Et Scotiae Regna Continet Cum Hibernia Adiacente Nova Descriptio* del 1546).

29 Scozzese.

30 Lingua cornica, della Cornovaglia.

31 Gallese.

32 «Se bene le Regioni Settentrionali, non possono godere del vino, che quivi nasca, per gli estremi freddi, nondimeno con vini forestieri, e con la bevanda de la cervosa di molte sorti, che essi fanno, non poco si rallegrano fra loro» (OLAUS MAGNUS, *Historia de gentibus septentrionalibus*, libro XIII, cap. XIX).

33 Altro nome della lignite picea o giaietto. Questo minerale nel Medioevo era usato come talismano contro il male e, in medicina, per alleviare i dolori di stomaco e curare le affezioni dell'apparato digerente.

Stefano Bonsignori, *Penisola iberica*, 1577

Fu habitata la Spagna l'anno XII del Regno di Nembrot[34] et dalla creazione del mondo MDCCC. Di essa fu il p[rim]o Re Tubale[35] di Iafet di Noè detto Cielo da questo et da Tubale fu detta Celtubasia. Di poi dal Re Ibero Celtiberia et Iberia. et alla fine dal Re Ispano fu detta Ispania negli anni circa MMCCC. Fu per molti secoli sotto il

[34] Nimrud o Nemrod, mitico fondatore di Babele, figlio di Chus e nipote di Cam, è detto dalla Bibbia «cacciatore robusto davanti al Signore» (Genesi, 10:9). «L'inizio del suo regno fu Babele, Uruch, Accad e Calne, nel paese di Sennaar. Da quella terra si portò ad Assur e costruì Ninive, Recobot-Ir e Càlach e Resen tra Ninive e Càlach; quella è la grande città». (Genesi, 10:10 ss). Dante lo chiama «Nembrotte» alla fiorentina, e lo descrive condannato a non parlare alcuna lingua comprensibile e a non capirne nessuna, proprio perché «per lo suo mal coto [=pensiero] pur un linguaggio nel mondo non s'usa» (Inferno XXXI, 77-78).

[35] Thubal (Genesi, 10:2).

[36] San Giacomo apostolo, figlio di Zebedeo e Salomè e fratello di san Giovanni Evangelista. È venerato soprattutto in Spagna poiché, secondo una tradizione non documentata, vi andò a predicare poco prima di morire.

[37] I Visigoti estendono il loro regno alla Spagna con Ataulfo nel 419 d.C.

[38] Il re visigoto Suintila regna effettivamente dal 621 al 631 d.C., anno in cui viene spodestato da Sisenando. Ai Visigoti succedono gli Arabi dopo il 700, esattamente nel 711, quando viene sconfitto Roderico. L'avanzata musulmana verso nord viene fermata dal principe carolingio Carlo Martello nella famosa battaglia di Poitiers, nel 732.

[39] Visconti.

governo regio, ma regnando Abido si disabitò per il secco il quale durò anni XXVI, né rimasero in essa altri habitatori, fuori che i vicini a i monti Pirenei, detti così dallo incendio grande che patirono per il quale si distrusse dentro ad essi monti gran quantità d'oro che dipoi negli anni circa MMMD si scoperse per le rovine di un gran[dissi]mo tremuoto e dagli Spag[nol]i che non co[no]scevano il valore di esso, fu dato ai Fenici et a quei di Marsilia. Tornati gli Spag[no]li doppo il secco, non hebbero uno che commandassi a tutti come avanti però vi entrarono i Cartaginesi co[l] disegno d'aquistarla, ma doppo lunghe guerre lasciarono tal acquisto ai Romani. Iacopo apostolo[36] e i suoi discepoli predicando l'Evangelio di N[ostro] S[ignore] I[esu] C[risto] fecero gran frutto. Vennero i Gotti[37] et altri nationi da Tramontana i quali molti anni poi ne hebbero l'intero governo, sotto Suentilla[38] loro Re negli anni di Christo DCXXX ma doppo gli anni DCC fu occupata da i Mori quali la possederono fino a che Ferdinando il Re Cattolico la ridusse, fuori che il Portogallo, a sua ubbidienza. Questo comando anchora non solo a una parte d'Italia, et all'isole di Sicilia et Sardigna, ma scoperse il mondo nuovo et d'una parte ne fece acq[u]isto onde ha tratto tanto oro in cambio di cose vili che ha ristorato il danno di quello trassero i Marsiliani et i Fenici. Et è in essa V Regni Duchi XXI Marchesi XX Conti LX et Viceconti[39] VII. Et è molto riccha di beni ecclesiastici perché vi sono Archivescovi IX Vescovi XLVIII dotati di larghe entrate.

LA FRANCIA

Stefano Bonsignori, *Francia*, 1576

40 È Giulio Cesare a dividere la Gallia in Narbonensis (dalla città di Narbo Martius, l'odierna Narbonne) e Comata (cioè chiomata, per i lunghi capelli dei suoi abitanti) e a suddividere quest'ultima in Belgica, Celtica e Aquitania. Fu invece Augusto a suddividere la regione Comata nelle province imperiali di Belgica, Aquitania e Lugdunensis (dalla città Lugdunum, l'attuale Lione).

41 Secondo Diodoro Siculo Galate era figlio di Eracle greco (e non Egizio come invece sostenuto da Bonsignori) e della bellissima figlia del re dei Celti. Secondo lo storico greco Timeo di Tauromenio invece Galate era figlio della ninfa Galateia e del ciclope Polifemo. Per Diodoro Galate sarebbe il capostipite dei Galli, mentre per Timeo dei Galati, la denominazione con cui i Greci conoscevano i Celti.

42 Popolazione semitica abitante l'attuale Siria. Il loro regno durò poco, sconfitto dagli Ebrei e dagli Assiri, mentre sopravvisse la loro lingua, l'aramaico: divenuta lingua ufficiale in molte zone del medio oriente, fu diffusa dal Cristianesimo (Gesù predicava in aramaico).

43 Franca contea.

44 Brabante.

45 Champagne-Ardenne.

46 Nievre.

47 Borbonese.

48 Poitou.

49 Limousin.

50 Saintes (Charente-Maritime).

51 Alvernia.

52 Perigueux (Dordogna).

53 Les Causses (Lozère).

54 Guyenne.

55 Guascogna.

56 Delfinato.

57 Linguadoca.

58 Ferramondo è nome leggendario di un sovrano che si dice abbia regnato sui Franchi Salici prima dell'avvento della dinastia merovingia. A Ferramondo si è attribuita la promulgazione della legge salica, la raccolta di leggi consuetudinarie dei Franchi. Si veda a riguardo la confutazione di questa leggenda in William Shakespeare, *Enrico V*, atto I, scena II, v. 63 ss.

La Francia già ditta Gallia transalpina fu divisa in Comata et Bracata. La Comata in Belgica, Celtica ovvero Luddunese et Aquitania[40]. La Bracata fu detta Narbonese. Acquistò il nome di Gallia da Galate[41] figlio di Ercole Egizzio, ovvero da i Galli primi habitatori di essa così chiamati dagli Aramei[42] e dagli Ebrei perché havevano corso pic[c]olo dalle acque del diluvio. La Belgica contiene, Francia[43], Piccardia, Fiandra, Brabant[44] Olanda Loreno et Campaigne[45]. La Celtica contiene Normandia Bretagna Borgogna Nivernois[46], Borbo[g]nois[47], Pictou[48] Limosin[49] Sainton[50] Auvergne[51] Perigort[52] Lecaux[53] Berri et Gevondai. L'Aquitania contiene Guienne[54] et Gascogne[55]. La Narb[onien]se contiene Savoia, Dalfinato[56] Provenza et Lingadocha[57]. Tutta insieme fu detta Francia da i popoli Franconi, quali sotto Feramondo[58] vennero ad habitarla.

LA GERMANIA

Stefano Bonsignori, *Europa centro-settentrionale comprendente: Belgio, Paesi Bassi, Danimarca, Germania, Polonia, Svizzera, Austria e Ungheria*, 1577

Non è da credere che gli habitatori di così nobile Provincia, quale è la Germania, data in governo dal gran Padre Noè a Tuiscone[59], il suo più caro figliuolo e il minore di tutti, vivessero così rozzamente e tali fussero come et quali li descrissero i Romani loro

Il dio Teuth o Tuistone è citato da Cornelio Tacito come il
progenitore della popolazione germana (*De origine,
situ, moribus ac populis
Germanorum*, cap. 2). La
fonte del Bonsignori è però
Annio da Viterbo, che nel suo
apocrifo *Le antichità di
Beroso* riporta che «Giano
padre creò Tuiscone re della
Sarmantia».

inimici, i quali non meno de i Greci, cercarono di distruggere tanto le memorie antiche dell'altre nazioni, quanto i loro governi, per arricchire et honorare se stessi. Chi
dunque crederrà che i Romani avarissimi spendessero tanti denari, perdessero tanto
tempo, sopportassero tante fatiche, spargessero tanto sangue, senza sperare premio
alcuno. Vissero i Germani quietamente, dentro ai loro confini, difesi da' fiumi grossissimi, dall'alpe asprissima, dal mare pericolosissimo, servando le loro antiche leggi et
S[an]ti costumi et però cresciuti di numero usarono mandar fuori colonie, quali furono i Cimbri, i Gotti, i Vandali, gli Alani, i Franconi, i Longobardi, gli Unni et altri che diedero assai da fare a Spagna, a Francia, ad Italia, et ad altre provincie, o vero, con i buoni
ordini di guerra, allargare i confini, et con la prudenza ritenerli, non volendo ne i luoghi loro servire ad altri che ai loro propri, et a questi sono fedelissimi né meno a quelli con i quali fanno lega. Et perché con essi sono come fratelli, lasciato il nome di Teu-
toni, s'acquistarono il nome di Germani, et lo ritengono.
Franc. Med. Mag. Dux Ætrurie II
MDLXXVII

BREVE ANNOTATIONE SOPRA LA PROVINCIA DI LIVONIA ET LITUANIA

Egnazio Danti, *Lettonia e Lituania*, s.d. (1565 ca.)

ono talmente paludose et piene di boscaglie che l'anno di state né mercanti né forestieri di altri paesi, vi possino andare. Ma l'invernata più facilmente vi si va, essendo dette paludi ghiacciate e coperto ogni cosa di neve. È abundantissimo questo paese di Mele[60] et Cera et di bellissime pelle e spetialmente di Zibelini et Armelini[61]. Le matrone si stanno publicamente con consentimento dei mariti con li adulteri e li chiamano aiutatori a la generatione. Spesso si disgiungano e dissolvano il matrimonio et maritonsi con altri et dinovo dissoluto il secondo si tornano a maritare insieme: et come agli homini è cosa proibita, et brutta havere concubine, alle donna è cosa leccita et approbata tenersi gli adulteri, Costume non solo bestiale ma differente da tutte le altre nationi che possiamo dire esser vero quel detto di Haristippo Honestus[62] non natura sed consuetudine constare[63]. Le città principali di Livonia[64] sono Vilna[65] quale è in circuito miglia 8 et Novugrodek[66] in Lituania e Riga.

Alcuni dei migliori Geografi moderni chiamano Russia tutto quel tratto il quale dai fonti

del fiume Vistola, ha per termini il monte Carpato[67], il fiu[m]e Tiram[68] et il fiume Boristene[69] fino a Kiovia[70] poi comprendendo Sewera Provincia, col domino Moscovitico ha communi confini arrivando fino al fiume Oby[71]. Il quale tratto, poi cinto dal mar Gronio, dal seno Granduico, dal fiume Polna et dal seno finnico, contiene in sé la Livonia, et Littuania, la Samogitia, la Masovia, et la Polonia. Et è chiamata Russia da Rosscia cioè dispertione dei populi Russi, avengha che i Russi habitano sparsamente mescolandosi fra di loro molte nationi.

Hanno dominio sopra detta Russia, il granduca di Moscovia, il granduc[a] di Littuania, il Re di Pollonia e il gran Maestro della religione Teutonica, a cui è subiecta la Livonia. La detta Russia è divisa in parti quanto a la religione perché la Littuania, et la Samogitia[72] seguitano il costume Romano, le altre provincie sopradette il Greco.

«Wotzka provincia[73] nella quale tutti gli animali che vi sono portati diventano bianchi»

«Taiona nuova»
«Sigismondo Re di Pollonia[74] l'anno 1514 nella giornata qual fece col Duca di Moscovia amazzò 80.000 moscoviti nel luoco qui da basso»

[60] Miele.

[61] Zibellini ed ermellini.

[62] Enrico Aristippo fu uno dei primi traduttori dal greco di opere scientifiche e filosofiche di cui si abbia notizia. Poco si sa della vita: fu arcidiacono di Catania, ebbe rapporti importanti con la corte di Guglielmo I. Tradusse in latino opere di Diogene Laerzio, il manoscritto della *Syntaxis mathematica* (o *Almagesto*) di Tolomeo, il *Menone* (1155) e il *Fedone* (1156) di Platone, il IV Libro delle *Meteore* di Aristotele.

[63] La citazione non è stata rintracciata nei testi di Aristippo, ma in uno di sant'Agostino, il *De fide et symbolo liber unus*: «Pars enim eius quaedam resistit spiritui, non natura, sed consuetudine peccatorum».

[64] Lettonia.

[65] Vilnius.

[66] Novgorod, che però è in Russia.

[67] I Carpazi.

[68] Dnestr.

[69] Dnepr. «Boristene, il quale essi nella lor lingua chiamano Dnieper». (*Paolo Iovio istorico delle cose della Moscovia, a monsignor Giovanni Rufo, arcivescovo di Cosenza* in GIOVANNI BATTISTA RAMUSIO, *Delle navigazioni et viaggi*, in Venetia: appresso i Giunti, 1606, vol. III.

[70] Kiev, Ucraina. «Chiovia, principal città già ricchissima e magnificentissima, posta appresso 'l fiume Boristene», *ibidem*.

[71] Ob.

[72] Regione occidentale della Lituania, nota anche come Zemaiciai o Zemaitija.

[73] Poiché la zona indicata è compresa fra il lago Ladoga e il golfo finnico, dovrebbe trattarsi della regione di San Pietroburgo, con la città di Vyborg.

[74] Sigismondo I il Vecchio, della famiglia lituana degli Jagelloni. Il Duca di Moschovia è Vassili o Basilio III, padre di Ivan il Terribile. La battaglia cui si riferisce il Danti è quella presso il fiume Boristene. La battaglia è citata nel terzo libro di Ramusio da Paolo Iovio, «istorico delle cose della Moscovia».

LA MOSCOVIA

Egnazio Danti, *Russia*, s.d. (1565 ca.)

La Moscovia è paese grandissimo et è così chiamata dal fiume Moscho qual gli passa per il mezzo. È tutta piana e come l'experienza ne ha dimostro nei tempi moderni li monti Rifei[75] et Hiperborei postovi dagli antichi non vi sono. È la più parte palustre et piena di boscaglie et grossissimi fiumi, per il che è molto abundante di pescie et animali selvaggi. Il grano vi matura difficilmente per il g[r]an freddo i[l] quale anche è cagione che non hanno arbori fructiferi, eccetto il Ciliegio. È abundantissima di Mele et Cera come la Livonia con la quale confina.

È governata detta provincia da proprio Signore, quale è potentissimo avengha che ha sotto di se molti ducati e gran parte della Tartaria. Si stende il suo dominio fino al fiume Obi et allo Oceano Scitico. Gli habitatori sono christiani ma osservano (nella Religione) ij modi della Chiesa greca. La ci[t]tà regia è Moscha qual dicano essere il doppio magiore di Pragha di Boemia gli edifitii della quale son tutti di legno come sonno anche in tutte l'altre ci[t]tà di detta provincia. Li tartari habitano la più parte per li boschi nelle capanne, tende et Carri coperti di quoio.

«Bielorusaro»
«In questa forteza il Duca di Moscovia nel tempo de la guerra serba tutti li suoi tesori»

«Scorsna fiume»
«In questo luoco Ptolomeo pose li monti Hyperborei, dove hoggi si è visto essere per tutto pianure paludose»

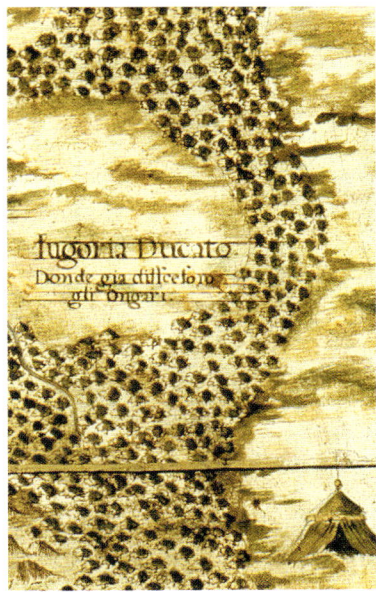

«Iugoria Ducato»
«Donde già disscesoro
gli Ongari»

«Ustyug»
«Qui si fa una grossissima fiera»

«Bocca del Fiume Oby[76] qual è talmente grande che di qui vogliano alcuni si sfoghi il mare Caspio o Ircano»[77]

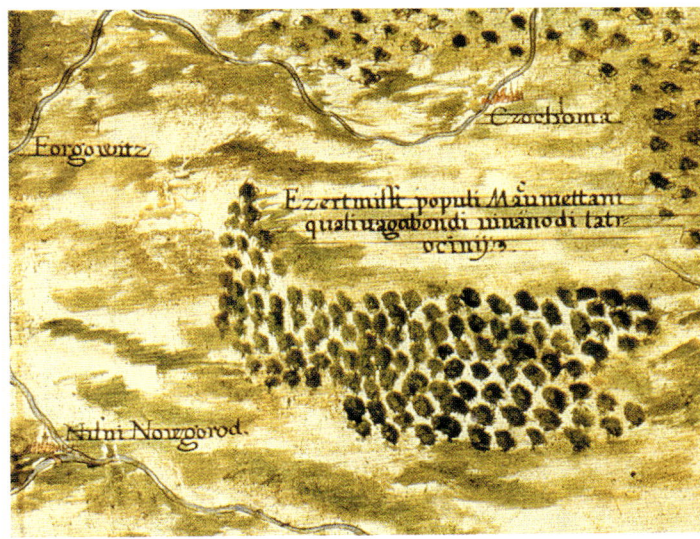

«Ezertmissi populi Macumettani quali vagabondi vivano di latrocinij»

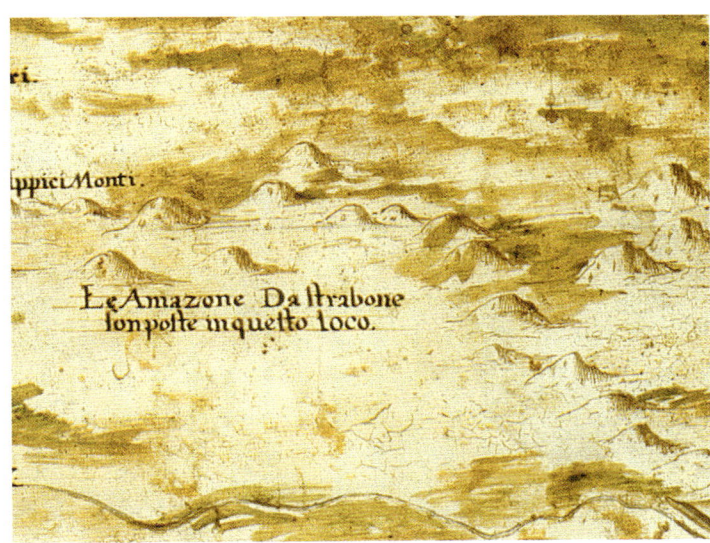

«Ippici monti»
«Le Amazone da Strabone[78] sono poste in questo loco»

[75] Monti Ripei, antico nome dei monti Urali. Citati in Plinio il Vecchio come il confine del paese abitato dalla mitica popolazione degli Iperborei, cioè coloro che abitano oltre Borea, oltre il nord.

[76] Il fiume Ob-Irtyš

[77] "altri dicano Caspio da' monti Caspii, altri il mare Ircano da Ircania, ch'ora è chiamato paese di Strava" Breve narrazione della vita e fatti del signor Ussuncassano, fatta per Giovan Maria Angiolello in GIOVANNI BATTISTA RAMUSIO, op. cit., vol. III.

[78] In realtà Strabone nella sua Geografia dubita che questo popolo sia mai davvero esistito: «Per quanto riguarda le Amazzoni le storie che si raccontano oggi sono le stesse di un tempo, sebbene non siano del tutto credibili. Per esempio, chi crederebbe mai possibile che un esercito di donne, una città o una tribù possano organizzarsi senza uomini, e non solo organizzarsi, ma addirittura vincere le genti vicine e intraprendere una spedizione fino all'Attica? Ciò equivarrebbe a dire che in quel tempo gli uomini erano donne e le donne uomini». Alle Amazzoni dedicano pagine altri storici come Erodoto, Diodoro Siculo e Pompeo Trogo, che le collocano nel nord della Turchia, oltre il fiume Termodonte, che sfocia nella parte meridionale del Mar Nero.

Stefano Bonsignori, *Carelia e Russia settentrionale*, 1582

Favoleggiano gli Sciti essere già nata una vergine della terra, con forma mezza di donna, et mezza di Vipera. Et che essendosi con Giove congiunta, partorì un fanciullo il cui nome fu Scita. Altri vogliano essersi congiunta con Ercole che essendo poi divenuto famoso diede il nome alla Provincia. Questi sendo da prima di poco numero, et possedendo presso al fiume Arax poco paese, crebbero in moltitudine. Et per la loro virtù appoco appoco ampliato il loro paese, vennero a grande imperio. Questi havendo accresciute le forzze loro, hebbero Re degni di memoria. Poi passato il fiume Tana, si sottoposero le due Sarmazzie, distendendosi fino al mare Oceano Boreale. Sendo dipoi mancato il principato delli Sciti, dicesi havere regnato donne nomate Amazoni, che per gagliardia, et arte militare divenute famose, Furono si eccellenti, che non solo si sottomiss[e]ro gran parte dell'Asia, ma molte vicine nazioni di Europa. Queste distruss[e]ro l'esercito di Ciro, et haven[do]lo p[re]so vivo lo posero in croce. Ercole d'Alcmena et di Giove, movendo lor guerra le vinse, et prese Hippolita loro Reg[i]na fu per questa battaglia spento detto Regno. Tentò Dario dopo l'Amazoni di soggio[ga]re questa nazzione, ma quasi destrutto tornò indietro. Sono tenuti gli Sciti per orrigine, i primi della humana generazzione. Da questi dirivò Iano, Diri et i progenitori, che condussero colonie in Italia, et in altre parti d'Europa.

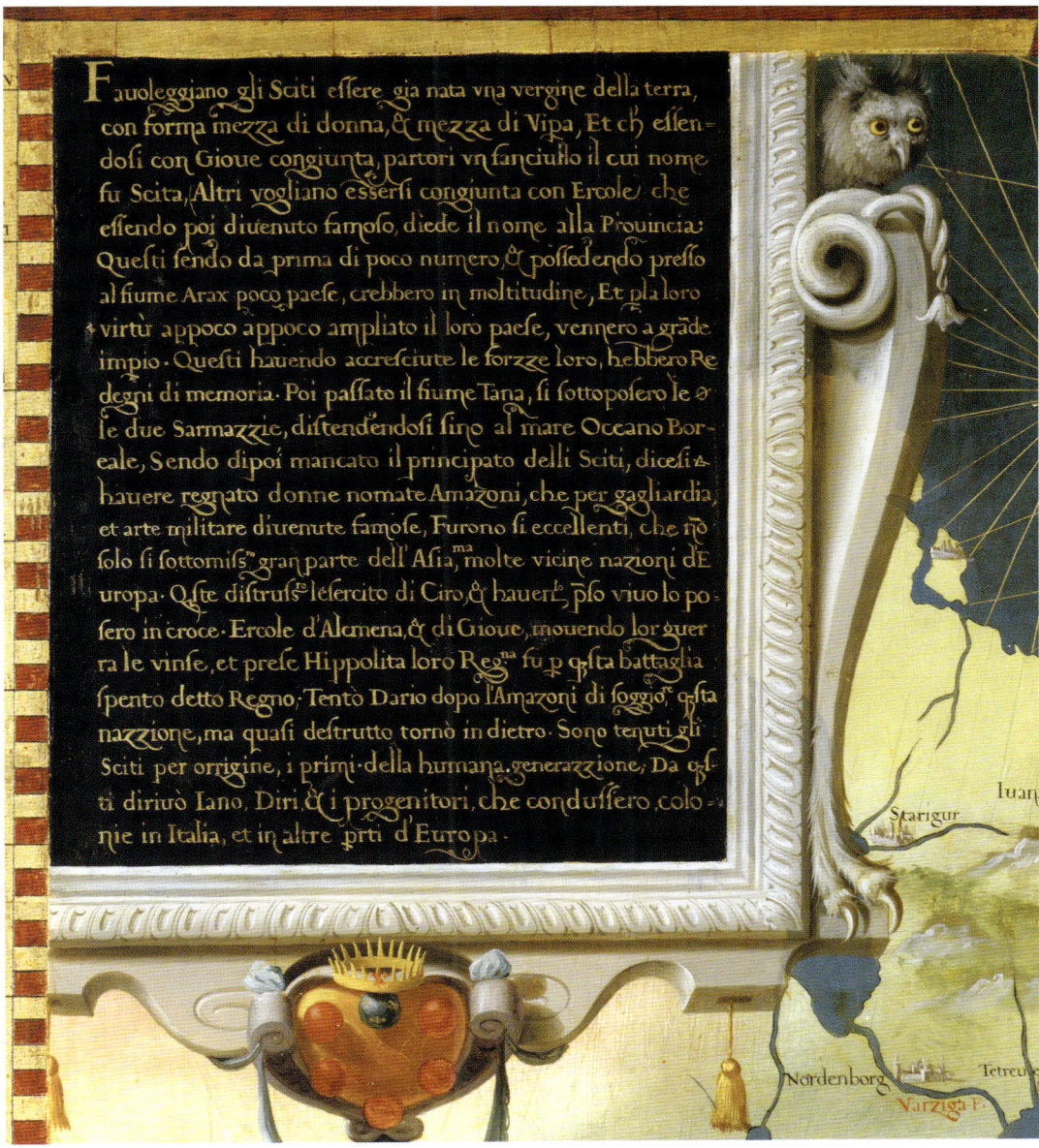

Stefano Bonsignori, *Italia*, 1578

Comero[79] Gallo figliuolo di Iafet, primo ottenne questo regno dall'avo Noè, et a bene operare indirizzò le sue genti. Ma Camese[80] scacciato dagli altri qua venne et cominciò ad corromperle. Però venendo Noè, detto Iano[81], il cacciò. Et più anni poi che egli fu passato a miglior vita i Popoli oppressi da i Grandi chiamarano in soccorso Osiri Giove Giusto. Questi gli liberò e sotto nome di Api regnò più anni.

Lasciato poi Lestrigone tornò in Egitto, ove morto dal Fratello Tifone per congiura di Lestrigone et de gli altri grandi, diede occasione ad Ercole, per vendicare il p[ad]re, di levargli questo stato et poi l'ehebbe retto più anni, darlo a Tusco suo figl[iol]o. Né passò molto che Espero, cacciato di Spagna dal fratello Italo, l'occupò, che lasciando il nome di Enotria et gli altri fu detta Esperia. Godella poco Espero perché perseguito da Italo Atlante Chitim Re di Spagna gli fu levato et chiamato Italia[82]. Non regnarono molto i suoi che Dardano per torlo a Iasio suo fratello l'uccise et temendo della vita fuggì in Samotracia. Ove rinunziate le ragioni che haveva sopra il regno d'Italia a Turreno figli[uol]o di Ato Re di Lidia ottenne in cambio uno stato in Asia, quale fu il fondamento del regno Troiano. Et Turreno ottenne questo. Haveva Italo dato il governo degli Aborigeni a Roma sua figliuola, et da lei hebbe origine il regno di Latio quale dipoi passò ne i Troiani sotto Enea, i cui discendenti fondarono Roma, che doppo più secoli comandò quasi che all'universo. Ma non sendo le cose humane stabili, anco questo hebbe il suo fine. Et fu la misera Italia calpesta, et lacera, da Gotti, Alemanni, Longobardi, Saracini, Normandi, Franzesi, Spagn[o]li et altre genti forestiere. Ma oggi quieta si gode sotto i suoi principi, i quali con il loro sapere et buon giudizio, la libereranno da il gran pericolo et rovina, quali dicano gli Astrologi sop[r]astarli, simile alla di Grecia. Atteso che le Stelle con i loro movimenti, non sono cagione di male alcuno, bene dimostrano agli huomini i pericoli, acciò con la prudenza e buon governo possino, provvedendo ad essi, liberarsene.

A ppare che gli Antichi per la propinquità tenessero le isole di Sardigna et Corsica per una stessa. Conciosia che Forco figliuolo di Nettunno mandato con colonie Toscane da Lestrigone suo fratello Re d'Italia ne lasciasse parte a i Liguri. Et questa parte si può credere fusse la Corsica da i Greci detta Cirno, quale ancora ubbidisce loro. Poi di Forco venne di Africa Sardo figliuolo di Ercole Egizzio con gran' gente affricana. Et da questo Sardo acquistò il nome. Fu poi da i Greci molestata, a i quali succes[s]ero i Cartaginesi, che cederono a i Romani. Ma doppo vari accidenti ubbidisce al Re di Spagna dal quale è difesa da i Barbarbari[83], tenuta in pace, et retta con Giustizia.

79 Gomer, figlio di Jafet e padre di Àskenaz, Rifat e Togarma (Genesi, 10:2-3).

80 Cam, fratello di Jafet, la cui stirpe è maledetta da Noè perché il figlio si è preso gioco di lui mentre era ubriaco (Genesi, 9:21-27).

81 Giano. La divinità greca ha molti punti di contatto con il patriarca ebreo: considerato il dio dei passaggi e degli inizi (con Noè inizia nuovamente la popolazione della Terra) è ritenuto l'inventore della prima nave (per Noè l'arca, la prima nave della storia). Nella *Nova cronica* di Giovanni Villani, Iano è uno dei figli di Noè, mentre per Beroso Caldeo Noè fu nominato Iano per essere stato l'inventore del vino.

82 L'etimo di Italia è argomento che ancora fa discutere gli storici della lingua. Secondo alcuni deriverebbe dall'appellativo con cui i Greci chiamavano l'isola d'Elba, *Aithále* «la fumosa o la fumante». Secondo la maggior parte proviene invece dalla parola latina *vitulus* o umbra *vitlu* «vitello» oppure dal greco *italós* «toro».

83 I Berberi.

Cacciato Camese d'Italia dal p[ad]re Noè, p[rim]o entrò in questa isola con colonie, doppo al quale venne Galate figliuolo di Ercole Egizzio, mandato da Tusco Re d'Italia suo fratello con genti Toscane. Venne dipoi Sicano S[ignore] di Spagna, et da questo, lasciato il nome di Trinacria, fu detta Sicania. Acquistò dipoi il nome di Sicilia, da Siculo fig[liuol]o di Ercole Greco, o vero da Siculo et Siceleo sig[no]ri di Spagna, co[m]e altri credano. Entrarono poi in essa i Greci i quali non uniti derono luogo a i Cartag[ine]si che ne ottennero quasi il prim[a]to, quale restò appresso de i Romani. Et mancata la monarchia romana, Restò preda di varie genti. Ma oggi difesa dal Re di Spagna, gode la bontà dell'aria et fertilità del suo terreno. Di questa Isola scrissero i Greci assai favole, le quali sotto i loro veli conteng[on]o cose importanti.

Stefano Bonsignori, *Costa dalmata*, 1578

Questa Provincia et più oltre fino al mare Maggiore et allo Arcipelago, fu assegnata da Noè l'antico p[ad]re l'anno 3 di Belo[84] Re degli Assiri a Tira[85] suo nipote et figliu[o]lo di Iapeto[86] et insieme ad Arcadio[87] et Ematio[88] nati di Canaam[89] detto Cam

84 Nella mitologia caldeo-assira Bel o Belo (derivazione da Baal) è il Signore di tutta la Terra, il «Re dei paesi» e di tutti gli uomini che vi abitano. I suoi simboli erano la Tiara e il trono, gli era dedicato il primo mese dell'anno. Si fuse col dio Marduk diventando Bel-Marduk. Nella mitologia greco-romana è un leggendario re d'Egitto, figlio di Poseidone (Nettuno) e di Libia e padre di Danao. Beroso Caldeo, l'autore babilonese dietro cui si cela Annio da Viterbo, era sacerdote di Belo e cita Giove Belo come secondo re di Babilonia.

85 Thiras, figlio di Jafet e per la tradizione progenitore dei Traci (Genesi, 10:2).

86 Jafet.

87 Archita, settimo dei dodici figli di Canaan di Cam (Genesi, 10:15).

88 Amatita, il più piccolo dei figli di Canaan di Cam (ibidem).

89 Chanaan, figlio di Cam, maledetto da Noè (Genesi, 9:25).

90 Slavi.

91 Sono in effetti originari di una zona compresa fra la Polonia, la Russia, la Bielorussia e l'Ucraina.

92 Foca, imperatore bizantino dal 602 al 610 d.C.

93 Bosniaci.

94 Serbi.

95 Russi.

Fenice, quale fu figliuolo di Camese. Et doppo molti anni signoreggiata da Illirio figliuolo di Cadmo, da cui prese il nome di Illiria et lo ritenne assai tempo, fino a che gli Schiavoni[90], populi Settentrionali[91], cacciati i propri habitatori la occuparono al tempo di Foca Imp[erato]re[92]. Questi le diedero il nome di Schiavonia et ancora che Barbari, hanno allargato il nome loro et di essa, quanto si habbia allargato, quale si voglia altra Provincia et Nazione, da che la lingua loro et i loro caratteri sono in uso et si osservano oggi non solo da i Bossinesi[93], Serviani[94], Bulgari, Rossi[95], Boemi, Polacchi, Lituani et Moscoviti, ma anco passando in Asia da i Tartari et che più nella stessa corte del S[igno]re de i Turchi domatore di buona parte di essa. Governossi questa Provin[ci]a anticamen[te] per i suoi propri Sig[no]ri ma al fine gli fu forza cedere agli Imp[erato]ri Rom[ani], da i quali, come di sopra è detto, passò agli Schiavoni et di poi una parte agli Ungari. Ma oggi parte rende ubbidienza al Gran Sig[nore] de i Turchi, parte al Senato Veneto et parte al Arciduca di Austria. Et ancora sia la maggior parte montuosa, nondimeno è fertile et ricca di pasco[l]i et di miniere, dalle quali cose et dal comodo della marina, traggono gli habitatori grande utilità, mediante la quale vivono con abbondanza e quiete.

Stefano Bonsignori,
Penisola ellenica: comprendente Grecia, Albania, Bosnia e Bulgaria, 1585

La Grecia da p[rim]a fu detta Ellade conteneva quel poco spatio di terra che giace rincontro a Euboea[96] oggi chiamata Negroponte. Acquistò poi tal nome da Greco suo antico principe. Si allargò poi et hebbe per confini il mare Ionio et l'Egeo. Nelli studij delle scienzie e nella arti più nobili superò tutte le nationi, e nella gloria delle arme avanti la grandez[z]a dello imperio Romano a nessuna fu inferiore, e dominò a molte parti dell'Asia e del Europa, e benché travagliata da civili di[s]cordie, benché da Parti dagli Egitij e da Sciti assalita, pur valorosamente si difese sino che da Romani fu superata i quali non ingrati de benefitij delle leggi e delle scientie da lei ricevute la lasciorno nella sua libertà. Essendo poi con sinistro augurio transferita da Const[anti]no la sede dello imperio, in Bisantio da lui Costant[inopo]li nominata, fu più volte molestata da Ungari, Rossi, Bulgari et Saracini, finalm[ent]e dalla tirannide Turchesca fu oppressa finché oggi della sua gloria non resta altro che il nome, essendo state destrutte da Barbari quelle antiche grandezze, et ogni cosa confuso così nelli antichi ter[mi]ni delle sue regioni, come nelle proprie voci de luoghi.

96   L'isola Eubea, ribattezzata Negroponte dai Veneziani. È una delle maggiori isole greche, poco distante dalla penisola dell'Attica.

NORVEGIA GOTIA ET ALTRE PARTI SEPTENTRIONALI

Egnazio Danti, *Penisola scandinava*, s.d. (1565 ca.)

97 In realtà i tre regni scandina-
vi sono unificati dalla regina
danese Margherita I con il
trattato di Kalmar un anno
prima della data indicata dal
Danti, nel 1397.

98 Byelo-ozero, lago nella regione russa di Vologda, vicino
alla storica città di Novgorod.

99 «A una giornata di navigazione da Tule c'è il mare solidi-
ficato, che taluni chiamano
Cronio». PLINIO IL VECCHIO,
Naturalis historia, liber IV,
104.

La Norvegia, Gotia, Svetia, Finlandia et l'altre parti Septentrionali contenute in questa tavola (hoggi tutte comprese sotto il nome di Scolandia) poco da gli antichi sono state cognosciute. Avengha che detta tavola si stende fino a G[radi] 75 et la cognitione degli antichi non passò G[radi] 62 seppero bene che quivi era terra ma credevano fusse inhabitata. Land apresso quei populi vuol dire il medesimo che apresso di noi terra. Scolandia significa amena terra così detta per la gran fertilità et optime pasture per li bestiami et copia di animali selvaggi et pessci et per la comodità di molti porti marittimi che detta terra ha da ogni intorno et per le min[i]ere di tutti li metalli che in essa si ritrovano. Norvegia in nostra vuol dire Via septentrionale, Gotia buona, Gotlandia buona terra, Finlandia bella terra, Grolandia verdeggiante terra. Dai sopradetti paesi vennano già ij Goti, gli Unni et gli altri populi che guastorno l'Italia con tutto il resto di Europa. Gli habitatori dei sopradetti paesi sonno hoggi tutti Christiani ma credano a lor modo. Sonno di statura grande, bellicosi et molto exercitati nel arte della caccia et del pescare. Vivano il più di pesscie del quale hanno gran copia et benché il mare sia in più luochi congelato nondimeno essi ingegnosamente lo rompono et da quelle buche ne pigliano in gran quantità. Dell'ossa et pelle de quali fanno le case dove habitano. Inoltre del grasso ne cavano Olio in gran quantità qual ardeno mentre hanno quelle longhe et continue notti. La Norvegia et Svetia con alcune altre parti vicine sonno hoggi sotto il Re di Dania quali furno da quello conquistate l'anno 1398[97].

«Laco Bianco[98] dove sonno più sorte di pessci et ucelli»

«Parte del Mare Cronio[99], o Amachio cioè congelato»

Egnazio Danti, *Groenlandia*, s.d. (1565 ca.)

[100] Vedi *Dello scoprimento dell'isola Frislanda, Eslanda, Engrovelanda, Estotilanda e Icaria fatto per due fratelli Zeni, messer Nicolò il cavaliere e messer Antonio, libro uno* in Giovanni Battista Ramusio, *op. cit.*, vol. IV. La relazione viene pubblicata anonima nel 1558, ma è attribuita al più giovane dei fratelli Zeno, Niccolò: al testo è allegata una carta, ricavata da un originale inciso da Antonio Zeno. Per alcuni storici la carta, come la descrizione del viaggio, sono ricavati dalla *Carta marina* di Olaus Magnus. Nella relazione, sulla cui veridicità molti storici dubitano, si narra come Niccolò Zeno, antenato dei due autori, naufraghi in seguito a una tempesta sulle coste della Frislandia e qui incontri il Re Zachmni che, considerandolo esperto di mare e di guerra, gli affida una flotta composta di tredici navi per conquistare nuovi territori a ponente. Nell'edizione del 1561 del Ramusio la mappa è pubblicata nella versione di Giordano Ruscelli. Mercatore, nel planisfero del 1569, include le isole come descritte nella mappa di Zeno e così pure fa Ortelio nella tavola *Septentrionalium regionum descriptio* dell'atlante del 1570. Grazie al credito dato dai due cartografi alla mappa, fino alla fine del Seicento si genera una gran confusione nella cartografia dell'Atlantico vicino al polo artico, con errata collocazione della Groenlandia e l'esistenza di isole immaginarie come la Frislandia descritta dai fratelli Zeno.

[101] Tempesta.

In questa provincia [ch]iamata Cnorollandia non vi è altra cognitione [che] quella che [viene] da bella carta marina fatta [da] Niccolò et Antonio Zeni gentilhomini venetiani[100] quali [tras]portati [da] fortuna[101] [tremenda alla fine] ruppero nel isola Frisla[ndia] [questa è posta a settentrione et è …] da Zichmi Signore di [que]sta isola [che havendoli riconosciuti come] homini pratichi di mare gli f[ornì di una grande] armata [sopra la] quale navigorno per tutte altre parti septentrionali fino a Gradi 76. Non cognobbero però se [là fosse] terra sia congiunta o separata [in qu]elle parti d'Asia che lì sonno artiche.

Gronlandia vuol dire verdeggian[te] terra così detta per l'optime pasture che sonno sempre verde et di qui è [che] hanno grandissima copia di bestiami. Gli habitatori sonno di gr[an]de statura respecto ai pigmei quali poco più oltre habitano sotto il polo e son molto pratichi e dedichi al pescare per le buche che fanno nel conge[lat]o mare. Sono [marinai abilissi]mi et insieme idolatri et fondat[iss]imi a arte magica [et] ora alcuni referiscono quando vanno.

THILE I[SOL]A

Egnazio Danti, *Islanda*, 1565

Tile isola hoggi chiamata Islandia cioè terra glaciale, da gli antichi molto celebrata qual pensorno che fusse l'ultima parte della terra habitata verso il polo artico, nella quale Seneca in Medea quasi pronosticando disse ... et è acaduto in questa nostra felicissima Età nella quale furono scoperti molti paesi più settentrionali assai di questa isola. Gli habitatori son christiani et il Vescovo ... ha il dominio tanto spirituale come temporale su tutta l'Isola[102]. Hanno scrittura et lingua propria et le cose memorabili che alla giornata occorrano [scriva]no in versi et ritmi sopra alcune piramidi di pietra et sopra gli scogli dei promontori maritimi [acciò che] durino perpetuamente[103]. Il sito di detta isola è assai montuoso et quel che hanno di piano fa pasture eccellentissime talché abondano di ogni sorte di bestiame. Evvi da la parte verso ponente un promontorio che sempre arde a guisa di Etna che ne pensano quelli del isola vi sia la bocca del Inferno perché vi si sent[o]no spesso grandissime grida come di homini che si dolgano[104] ma quello che gli inganna è che navigano per il mare grandissimi pezzi di ghiaccio il quale percotendo in quel promontorio fa un suono orribile che pare voce umana.

venient annis saecula seris,
quibus Oceanus vincula rerum
laxet et ingens pateat tellus
Tethysque novos detegat orbes
nec sit terris ultima Thule[105].
Seneca in Medea ac. 2°
          1565

«PIRAMIDI nelle quali gli antichi
di quella isola scrivevano gli Annali»

«Hekeltort Pro. qual sempre si vede coperto di fumo
et fiamme onde si cava gran quantità di zolfo qual si
paga per tributo al Re di Dania»

[102] Qui le informazioni del Danti non sono aggiornate. Dalla metà del Duecento, perduta l'indipendenza, l'Islanda era soggetta al potere dell'arcivescovo norvegese di Nidaros (Trondheim). Ma nella prima metà del Cinquecento, la Norvegia protestante impone il luteranesimo alla cattolica Islanda che cede nel 1550, a seguito della condanna a morte del loro vescovo Jon Arason.

[103] «Afferma Sassone Silandico essere huomini contentissimi, e molto buoni Christiani e ritengono scritture & historie de le cose loro, e de' lor egregi fatti, e magnifici, & ancora hoggi si scrivono i successi de' fatti loro, li quali poi in versi, con canti, narrano e si sculpiscono sopra alcuni pro-

montorij, & in certi scogli, in modo, che non possono essere ascosi a li posteri» (OLAUS MAGNUS, *op. cit.*, libro II, cap. III).

[104] «Questa isola, è memorabile per molti insoliti miracoli, perché in essa è una Rupe, overo un Promontorio (come nel Cap. di sopra s'è accennato) il quale a guisa di Etna, sempre getta perpetue fiamme. E quivi credono essere il luogo dove si puniscono le anime de gli rei, e scelerati huomini. [...] Né a Vergilio furono occulti così fatti misterij, quando egli disse, S'odon subito voci, & alte strida / Si veggon, ne l'entrar l'anime triste / de i miseri fanciulli, e i larghi campi / campi di pianto detti, in ogni parte». (*Ibidem*, libro II, cap. III).

[105] «Verrà giorno, in secoli lonta-

ni, che Oceano sciolga le catene delle cose e immensa si riveli una terra. Nuovi mondi Teti scoprirà. Non ci sarà più sul pianeta un'ultima Tule». SENECA, *Medea*, atto II, 375-379. La frase è citata da Ramusio nella sua introduzione al quinto volume di *Delle navigazioni et viaggi* dedicato alle scoperte delle Indie occidentali. Queste le parole di Ramusio: «Del quale non posso far che non mi stupisca, avendo trovato che un poeta spagnuolo di Cordova, nominato Seneca, già 1500 anni, mosso dal furor poetico ne dipinse tutta questa impresa, perciochè nella tragedia ch'egli compose di Medea, nel fine d'un coro, scrisse questi versi latini: "Venient annis / secula seris, quibus Oceanus / vincula

rerum laxet, et ingens / pateat tellus, typhisque novos / detegat orbes. / nec sit terris ultima Thyle". Li quali tradotti suonano in questo modo: Tempi verranno ancora / dopo lunga dimora, / che 'l gran padre Oceano ad altre genti / delle cose mondane il fren rallenti, / che 'l gran corpo terreno / tutto apparisca e si dimostri a pieno / che di Tifi solcando a parte a parte / de l'onde il vasto seno / nuovi luoghi discopra il senno e l'arte, / né sia Tile del mondo ultima parte».

NATOLIA

Egnazio Danti, *Penisola anatolica con i toponimi moderni*, s.d. (1565 ca.)

Questa prima tavola di Asia fu dagli Antichi divisa in più provintie et cioè nel Ponto et Bitinia, Asia minore, Frigia, Licia, Galatia, Panphlagonia, Pantilia, Cappadocia, Armenia minore e Fenicia quasi tutte hoggi son comprese sotto un sol nome cioè Turchia overo Natolia che vuol dire [paese] Orientale[106]. La parte superiore di questa tavola che è sopra li monti Fenice et Tauro et anticamente chiamata dai barbari Romea et l'altra parte verso Ostro Cottomannia cioè della famiglia Ottomana. Ha questa provincia aria temperatissima et più fertile [assai] di qualsivoglia altro paese del mondo. Havendosi questa tavola a rifare di miglior proportione al presente non se è [h]a di dire altro.

In questa prima tavola del Asia sono poste solo le città che al presente in essa si ritrovano con i nomi moderni. Quale se hora trovasi sproportione quanto al occhio, circa alle misure risponde… [ad una vera. È impostata] per hora tra l'altre dove poi con commodità et tempo se ne porrà un'altra di migliore proportione nella quale saranno non solo le moderne sua città et etiam tutte le antiche e famose città di questa.

[106] In greco *anatolè* indica la parte del cielo dove sorge il Sole e, per estensione, il levante, l'oriente.

Egnazio Danti, *Penisola anatolica con i toponimi antichi e Medio Oriente*, 1565

L'Asia terza parte del mondo è maggiore lei sola del Europa et Aph[r]ica insieme. La quale è divisa in diverse provincie et regioni le quali hanno diverse qualità secondo che è diverso il sito, et la positione respecto a diverse parti del Cielo. Et da qui è che alcune parti producano gli homini ingegnosi civili et dediti ale virtù, et alcune altre incivili, indocili, inhumani, li quali piuttosto debbano essere chiamati bestie che homini. La presente provincia adunque dagli Antichi chiamata Asia Minore quale Ptolomeo divise nel Ponto, Bitinia, Asia propria, Licia, Frigia, Lidia, Paflagonia, Galatia, Panfilia, Cappadocia, Armenia minore e Cilicia. Hoggi chiamata Natalia overo Turchia; per essere quasi sotto li medesimi paralleli che l'Italia, mandò fuori nella anticha età tanti ingegni illustri et preclari. Di qui uscì Galeno la cui patria fu Pergamo et Smirna di Homero, Licia di Proclo, Rodo de Hiparco, Coos di Hippocrate, Alicarnasso di Dionisio et oltre di questi infiniti altri homini illustri sono usciti di questa provincia. Non è uscita da Troia la nobiltà di Roma, et di tutta Italia, per non dir di tutta Europa? Ma hoggi tutta questa è sotto lo imperio Turchescho et tuti li populi sonno Maumettani eccetto alcuni pochi Christiani che habitano in Cappadocia. È talmente condocta hoggi questa provincia che non solo le provincie et le città hanno mutato il nome, ma non vi si vede più vestigio nessuno di tanti famosi edifitij, et dove erano tante illustre città, hoggi vi sono appena ville et borghi. Non cognoscano nobiltà né l'antiquità del sangue. Sono tutti equali, et dallo imperatore loro tenuti in luoco de servi. Tra quali le lettere non hanno luoco nessuno perché dicano che fanno gli animi effeminati et molli. Cipro isola fu famosa per il tempio di Venere et per il monte Olimpo. Nicosia et Famagosta sonno le sue principali città. È abundante primieramente di Vino et Zuccari. MDLXV

La Sala delle Carte geografiche

La Siria fu c[e]lebratissima dagli Antichi per la temperie del'aria et fertilità della terra et per le populatis[si]me e nobili città di quella. Et è divisa principalmente nella Palestina, la qu[a]le contiene la Galilea, Samaria, Giudea et Idummea. Et la Siria ha in se Fenice, Celesiria, Calcidica, Comagena, Appamena et Laodicina. La principale città di Siria è Damasco fra le più antiche città del mondo. Li Finici, principalmente in Tiro et Sidone, fur[o]no inventori della mercatura et del arismetica[107] e li primi che trovassero la astrologia et che osservassero il movimento dei cieli.

La Palestina hoggi detta terra Santa fu anticamente data in possessione ali figliuoli di Israel et fattene tante parti quanti erano figlioli perché da ciascuno di loro deriva una tribù. Ed è fertilissima da quelli chiamata produttrice di lacte e mele la cui città principale è Hierusalem celeberrima in tutto il mondo per il tempio edificatovi da Salomone et per essere stata sempre sia di tanti Profeti et sommi eroi et finalmente del Figlio di Dio Redentore ... il cui sepolcro è in grandis[si]ma veneratione non solo apresso li Christiani ma etiam tutti li Saraceni et Turchi. Gli habitatori di questa provincia sonno hoggi quasi tutti Maumettani, gente incivile e senza fede e con virtù nessuna, per il che detta provincia è hoggi quasi deserta. Il fiume principale è il Giordano il quale nascie nel monte Libano e muore nel laco Asfalt[108] donde poi per meati subterranei passa nel mare per la qual via passava ancora prima che Dio fondasse Soddoma e che qui vi fusse il lago.

[107]Sta per aritmetica.
[108]Lago Asfaltide, altro nome del Mar Morto. Nella tavola dell'Armenia, a fianco dello specchio d'acqua, Danti scrive: «Palude Asfalt ho[ra] Mare Morto».

Egnazio Danti, *Medio Oriente:*
Georgia, Armenia, Azerbaigian, Iraq, Iran occidentale, s.d.

La presente carta contiene la Colchide, l'Hiberia in parte, l'Armenia magiore, la Mesopotamia et la Caldea overo Babilonia. La Colchide è celebratis[si]ma per la favola di Medea figliola del suo Re la quale se ne fuggì con Iasone venuto quivi cogli Argonauti per aquistare il vello d'oro; è hoggi sotto lo imperio dei tartari, et è da quelli chiamata Mengrelia, e l'Iberia Giorgiana li cui popoli son Cristiani ma Eretici et Scismatici; et sopra questa provincia l'Albania è chiamata Zuiria nella quale Pompeo magno vinse Mitridate. L'Armenia maggiore si estende dalla Capadocia fino al mar Caspio, et ha in se tre nominatissimi fiumi, Eufrate, Tigre et Arasse[109] et è piena di altissimi monti che per la più parte del Anno sono coperti di neve, sopra dei quali si posò l'Archa di Noè doppo il Diluvio, della quale fino al dì d'hoggi sen vedono li vestigij. Fu così chiamata da Armeno di Armena città di Tesaglia, compagno di Iasone, il quale navigò seco in Colchide, e doppo la morte di Iasone rimase in Armenia.

La Mesopotamia, in Hebreo si chiama Aram Nearot cioè Siria dei fiumi et Mesopotamia in voce Greca che vuol dire in mezzo ai fiumi per essere tra l'Eufrate e il Tigre, la quale hoggi si chiama Diarbees. Et è famosa per essere di qui disceso il Patriarcha Abraam et per la fertilità sua causata dalle inondazioni del Eufrate. La Babilonia p[ro]vincia (già parte di Assiria) prima chiamata Caldea, et hoggi detta Bagdet, la cui Città principale fu già Babilonia metropoli degli Assiri, famosa per gli orti pensili di Semiramisse, et per la grandezza sua la quale dicano che era in circuito miglia 48 et l'altezza delle sue mura braccia 50 la cui grossezza erano piedi 32 di maniera che andandovi sopra le carrette incontrandosi non si impedivano. La qual città fu destructa da Xerxe le cui ruine hoggi da turchi o sofiani[110] sono chiamate Baldac overo Babil da più moderni. Lo edificatore et primo re di Babilonia fu Nenbroto padre di Belo e avolo di Nino il quale fu il primo che con l'armi cominciasse a soggiogarsi le nationi vicine et a confondere il seculo d'oro la cui monarchia durò per anni 1234 poi si divise et tale divisione durò fino al tempo di Ciro anni 304 et riunisse et durò anni 191 fino ad Alessandro magno. Babilonia fu così detta da babel cioè confusione di lingue fatta in questo luoco quando Nembroto vi edificò quella gran torre, doppo il diluvio universale. Nella presente tavola li confini tra il Sofi[111] et il gran Turco son notati con una linea di punti[112].

[109] Aras.

[110] Persiani, da Sofi altro nome della dinastia dei Safavidi, che regnò in Persia dal 1502 al 1736.

[111] In realtà il re di Persia è lo scià, titolo assunto nel 1502 dallo sceicco Ismail I, fondatore della dinastia dei Safavidi. I Safavidi erano inizialmente un ordine sufi (la setta ascetica musulmana) fondato dallo sceicco Safi ad-Din nel XIV secolo, da cui deriva l'appellativo Sofi, ripreso dal Danti. Cfr. *Trattato III di Matteo di Micheovo, dottor fisico e canonico cracoviense, nel qual si tratta della successiva generazione de' Tartari, divisa in famiglie* in GIOVANNI BATTISTA RAMUSIO, *op. cit.*, vol. IV: «Baiazete [...] spesse volte contro il Sofi, re della Persia, combatté, e ne restò inferiore quasi sempre».

[112] Non è stato possibile rintracciare sulla tavola questo confine delimitato da punti.

«ARABIA PETREA così detta da Petra metropoli città di quella»

«Ninive ho[ggi] ruinata affatto et riedificata nell'altra parte del fiume dove è il segno X»

Egnazio Danti, *Penisola arabica*, luglio 1575

L'Arabia tanto dagli antichi come anco da moderni vien divisa nella Arabia Felice nella Petrea et nella Deserta. La Felice hoggi è chiamata Acaman. La Petrea ov[v]ero Bengeval et la Deserta è detta Beriara et è quella ove passando i figlioli d'Israel vissero 40 anni senza alcuno presidio humano, poi che dalla omnipotente mano de Dio furono per il mare rosso cavati dello Egitto. Gli habitatori sono da Strabone chiamati Sceniti cioè gente vagabonda che habita nelle tende et dice che per la penuria dell'acqua et deserto del paese vivono liberi senza che Re forestiero vi possa ire a soggiogarli.

L'Arabia petrea è chiamata da Strabone et da Plinio Nabatea la cui metropoli è Petra, la quale hoggi si chiama Arac. Fra le cose memorabili di quella regione è il monte Sinai ove Moisè ebbe la legge hoggi celeberrimo per la sepoltura di Santa Caterina Martire, vi è anco il monte Oreb e ne confini dello Egitto vi è celebratissimo il monte Casio con la sepoltura di Pompeo magno, et è chiamato Casio dal tempio di Giove Casio. Vi è anco il sepolcro di Macometto nella Città di Medina Tamabi cioè del profeta, perché Nabi in lingua Arabesca vol dire profeta.

Ma l'Arabia felice è così detta dalla grandissima fertilità, che ha per la temperie del aria e per la moltitudine de fiumi che la rigono, ha oltra alle min[i]ere dell'Oro et dello argento, et d'ogni altra sorte di metallo, grandissima abundantia di spetierie d'ogni sorte le quali barattano con ogn'altra cosa che fa loro di bisogno con mercanti forestieri che perciò vi vengono in gran copia essendo essa da ogni intorno ricca di sicurissimi porti.

MDLXXV DIE XXVIII IULII

ΕΝ ΔΥΣΤΥΧΑΙΣΤΑΤΗ ΗΜΕΡΑ ΕΜΟΙ[113]

[113] Nel giorno più triste per me.

PERSIA

Egnazio Danti, *Iran*, s.d.

Questa tavola contiene la Persia, la Susiana, la Media, l'Hircania, la Partia et la Carmania. Et quantunque al tempo di Tolomeo tutte queste provincie havessero li particolari confini, tuttavia hoggi elle stano quasi tutte sotto l'imperio del Sofi et tutte communemente vengano dette il regno di Persia. Il paese è fertilissimo e il cielo temperatissimo onde dicano per cosa nota[bi]le che passando per quelle pianure il fiume Rogomane ovunque bagna fa nascere copia grande di vaghissimi fiori d'ogni sorte. È paese molto habitato et in se stesso posto in piano ma circu[m]dato da monti. La Assiria fu così detta da Assur figliolo di Sem la cui città principale era Babilonia hoggi si chiama Azimia. La Susiana vogliano che sia quella che hoggi è chiamata Cusistan, la cui metropoli è Susa. La Media In.i detta Serv[i]a fu famosissima nel armi e dette che fare anche ella ai Greci; è paese sterilis[simo] qual non produce alc[u]na sorte di biada. La Partia è paese anche egli sterile et quasi tutto in monti. Sono stati sempre homini fieri et nimici al populo Romano, onde lassorno fra molte altre la miserabile memoria di Crasso da loro occiso et sconfitto. Sono i sopradetti populi quasi tutti Maumettani ma con diverse osservationi dei Turchi onde da quelli sonno chiamati Eretici per il che sono tra loro in continua guerra.

SOGDIANA

Egnazio Danti, *Pakistan e Afghanistan occidentali*, s.d.

Si contengano nella presente tavola le infrascritte provincie cioè la Sogdiana, nella quale si vedano molte piramidi, Colonne, Altari et altre memorie lassatovi da Bacco, Hercole, Ciro, Semiramis et Alex[andr]o Magno in memoria delle victorie acquistatovi. Sacca fu gloriosa nel armi et dominò molte nathioni sotto la sua Regina Tarina[114]. Li Massageti sonno ferocissimi et experti molto nel combattere con l'arco et l'asta. Amazzano li vecchi parenti, et se li mangiano et quelli che muoiano di lor morte li sotterrano. La Bactriana è fertile d'ogni cosa eccetto di olio. Gli habitatori sonno potenti nel combattere dei quali fu già Re Zoroastro[115] Filosopho et inventore dell'arte Magica. L'Aria è fertilissima di vino il quale dicano conservarsi lunghissimo tempo. La Drangiana anche ella come la Bactriana è abundante di tutte le cose eccetto del olio; dicano bene che vi sonno vene di Stagno in gran copia. Aracososia[116] per esser più orientale et australe produce il Nardo[117] et la Mirra[118]. Gedrosia è delle medesime qualità che la Drangiana. Paropanissade[119] così detta da Paro monte la quale provincia è sterile per causa delle continue nevi et g[h]iacci che la coprano. Perché in questa tavola sonno diverse provincie comprese sotto diversi nomi, però la denomineremo da la principale di quelle.

[114] Si tratta probabilmente di un refuso per Mirina, mitica regina delle Amazzoni libiche, anche se le Amazzoni qui evocate sono quelle asiatiche. Nel *Romanzo di Alessandro*, che tanta fortuna ha nel Medioevo, viene riportato che nell'estate del 330 a.C., durante la sua spedizione asiatica, Alessandro abbia conquistato la capitale dell'Ircania, Zadracarta. Qui giunse Thalestris, regina delle Amazzoni, con un seguito di 300 guerriere con l'espresso desiderio di avere un figlio dall'uomo più potente del mondo. Alessandro accondiscese, giacendo con la regina per tredici notti. Plutarco accenna a questo episodio, spostandolo però in Scitia e precisando che alcuni storici di Alessandro la credevano un'invenzione. Cfr. Plutarco, *Vite Parallele. Alessandro*, c. XLVI.

[115] Nome con cui in Occidente era noto Zarathustra (VII-VI secolo a.C.), il profeta persiano fondatore dello zoroastrismo. In realtà Zarathustra non fu mai re, ma fu appoggiato nella sua opera di proselitismo da Vishtaspa, re di Chorasmia. Può darsi che la fonte da cui attinge il Danti confonda Zoroastro con il suo protettore, oppure che sia stato tratto in inganno dalla circostanza che i sovrani della dinastia che regna in Persia dopo la morte di Zoroastro, quella degli Alchemenidi, da Achemene a Ciro a Dario, furono tutti seguaci dello zoroastrismo.

[116] Refuso per Aracosia. Vedi cartiglio successivo.

[117] Probabilmente il nardo indiano, erba delle Valerianacee (*Nardostachys jatamansi*), dai cui rizomi si estrae un olio essenziale con profumo analogo al muschio, molto ricercato per la preparazione di profumi.

[118] Gommoresina che scorre in gocce gialle oleose dalla corteccia di alcune piante Burseracee (specialmente della *Commiphora myrrha*); al contatto dell'aria si rapprende in forma di grani tondeggianti: è usata in farmacia e in profumeria (specialmente nella preparazione di dentifrici), mentre nell'antichità serviva per imbalsamare i cadaveri. È anche uno dei doni, insieme all'oro e all'incenso, recati dai Re Magi a Gesù Bambino.

[119] Refuso per Paropaniside. Vedi cartiglio successivo.

Egnazio Danti, *Parte orientale di Pakistan e Afghanistan*, s.d. (1574 ca.)

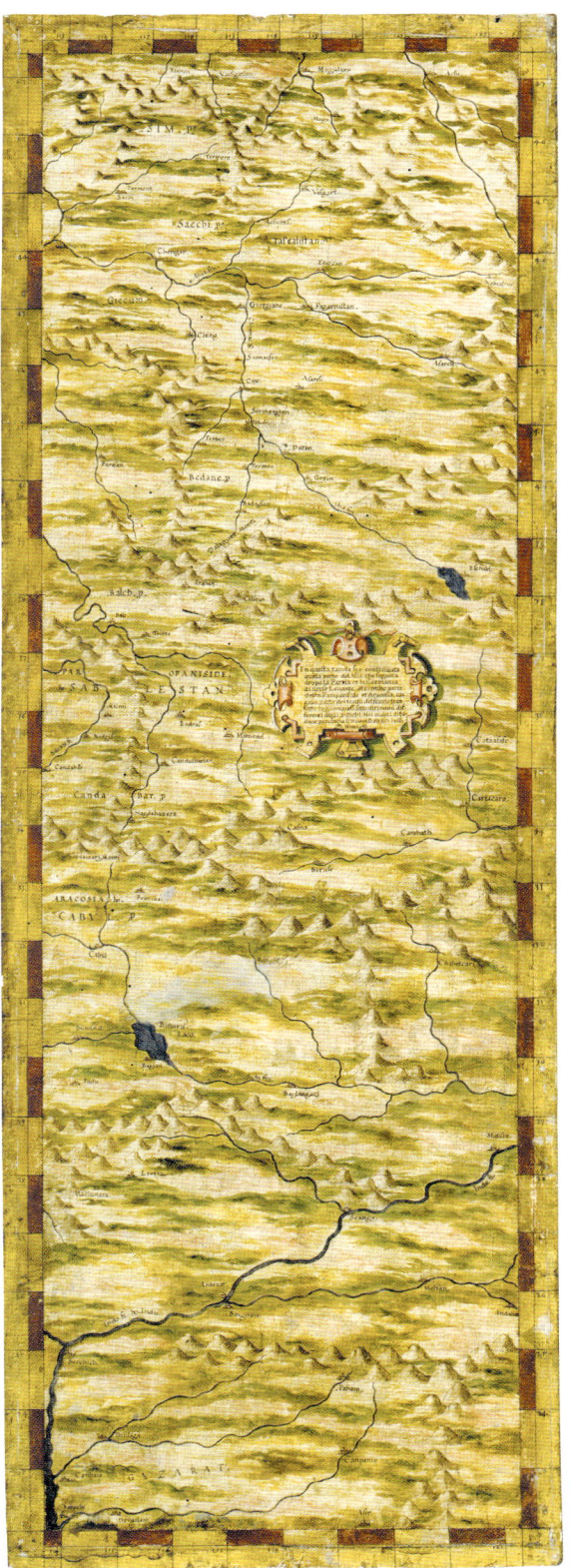

In questa tavola si è continuata quella parte del Asia che seguita doppo la Partia et la Carmania di verso Levante, et contiene parte della Paropaniside et Aracosia, con gran parte del tratto del fiume Indo, tutte hoggi comprese sotto altri nomi differenti dagli antichi. Nei monti di Bedane, provincia, si trovano balassci[120] bellissimi.

[120] Rubini.

INDOSTAN

Egnazio Danti, *Tibet, Nepal e parte settentrionale dell'Hindustan*, s.d. (1574 ca.)

Questa continua la precedente tavola nella quale è incluso il restante del fiume Indo, che nella precedente tavola mancava, et anche parte de l'INDIA dentro il Gange, hoggi detta Indostan, con parte del monte Imao, hoggi preso sotto diversi nomi.

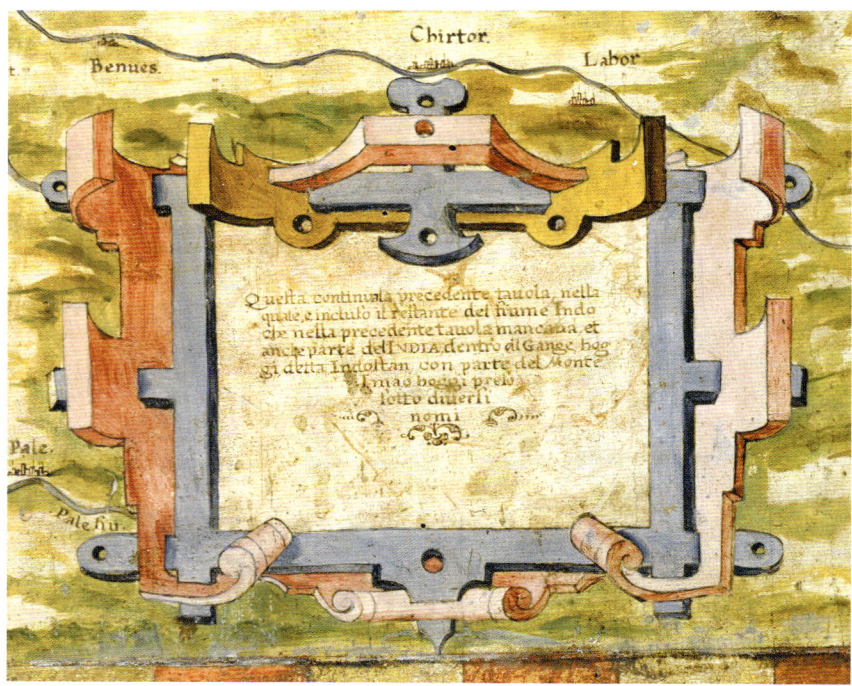

Egnazio Danti, *Subcontinente indiano e Isola di Sri Lanka*, settembre 1575

In questa tavola si è finita di stendere quella parte dell'India dentro al Gange che mancava a la precedente tavola, con tutto il corso del fiume Gange, et di quel tratto di terra che scende a basso verso l'Equinoctiale, il quale contiene tra gli altri Regni, et provincie la Città, et Regno di Calicut hoggi sottoposta al Re di Portogallo. Questi paesi a gli antichi furono quasi incogniti afatto et è da seicento anni che li Arabi di Mecca navigando per le Spetiarie scoprirno queste provincie, et habitavono gran quantità di essi in Calicut, li quali tutti hanno diloggiato poi che li Portoghesi si impatronirno della detta città. Caricavano ogni anno questi A[rab]i del mese di febraio dieci o dodici navi di spetiarie, et gioie et facevano il lor viaggio per il mar Rosso a la volta di Mecca e del Sues, donde poi per terra al caiero et di quivi in Alexandria. Ritornavano in dietro le dette navi del mese di Agosto nel medesimo anno cariche di diversi Drappi, panni, ferri, et altre mercantie. Ma hoggi li Portughesi ne portan dette spetiarie in ponente senpre per mare fino a Lisbona. Sonno gli habitatori per la più parte gentili et maumettani. Hanno diversi riti et modi di vivere di maniera che nella sola provincia di Malabar vi sono diciotto sette di gentili.

Hebbono questi populi anticamente cognitione della fede di Christo per le predicationi di San Thomaso Apostolo, onde fino a hoggi si vede nella città di Coulan, sotto il Calicut una antica Chiesa edificata quivi dal sopradetto Apostolo nella qual città convertì molti populi a la fede di Christo, per li molti miraculi che in essa fece per il che essendo dal Re di quella perseguitati se ne fuggì nella città di Malipur nel Regno di Narsinga, et per tutta quella riv[i]era e nella detta città convertì tanta gente che fino a hoggi

[121] «Ma vèngovi molti cristiani e molti saracini in pellegrinaggio, ché li saracini di quelle contrade ànno grande fede in lui, e dicono ch'elli fue saracino, e dicono ch'è grande profeta, e chiàmallo varria, cio(è) "santo uomo"». (MARCO POLO, *Il Milione*, cod. Magliabechiano, Cl.II.IV.88).

[122] L'isola di Sri Lanka era nota nell'antichità col nome di Seilan. Forse Seilan è la Seilla ricordata da Marco Polo: «Quando l'uomo si parte de l'isola de Angaman e va 1.000 miglia per ponente e per gherbino, truova l'isola di Seilla, ch'è la migliore isola del mondo di sua grandezza». I portoghesi, che se ne impossessano nel 1505, la ribattezzano Zeilan.

[123] Cannella.

[124] Nome con il quale viene messo in commercio il legno rosso, fornito da diverse piante delle Papilionacee. Al verzino si deve il nome del Brasile, che di queste piante era abbondante.

[125] Giacinti, varietà di zircone rosso-arancio.

vi sono da sedici o diciotto mila case di Christiani benché hab[b]ino pochissima cognitione di Christo né della legge Evangelica. Il detto Apostolo fu martirizato in detta città, dove fino al presente [g]iace il suo corpo con grandissi[m]a veneratione di tutta l'India[121]. Nel descrivere li liti marittimi di questa tavola non ho osservato le misure delle carte marine dei Portughesi per esser false et da essi falsate in prova per volere includere nel territorio loro l'Isole Molucche essendo fuori.

M DLXXV

L'isola di Zeilan[122] è filicissima et oltre che in essa nascie il Cinnamomo[123] et Verzino[124], vi si ritrovano anche molte gioie pretiose cioè Rubini, Zafiri, Topazij, Iacinti[125] et Granati. Questa isola dagli Indiani è chiamata Tenarisim, che vuol dire terra delle delitie. Il Re et habitatori di essa sonno gentili et magior mercanti del India.
MENSE SEPTEMBRIO

«Qui sta il corpo di S. Tommaso Apostolo»

INDOSTAN FUORI DEL GANGE

Egnazio Danti, *India nord-occidentale*, s.d. (1574 ca.)

126 Si tratta dello yak (*Bos grun-niens mutus*), bovide degli altipiani desertici e delle alte montagne dell'Asia centrale, caratterizzato dalle grandi dimensioni e dal folto mantello.

Questa parte dell'India fuor del Gange si stende in longhezza fino al Catai, et contiene molte provinzie nelle quali si ritrovano molto notabil cose, come nel Regno di CAMUL vicino a Succuir nascie il vero Riobarbaro. Et in Erginul di detta provinzia si trova il perfettissimo Muschio. Nei monti di Ava si trovano bellissimi Rubini, et nei monti di Salgatgu oltre ai Rubini si trovano anche dei diamanti. In Caindu e nelle città vicine si spendano ij coralli in cambio dei denari, et nel lago salzo si pescano bellissime perle. Nel territorio di Caravan si trovano serpi di stupenda grandezza, et nei monti di Iachi vi sonno Lioni ferocissimi. In Agrigaia provincia vi si trovano Buoi della grandezza degli Elefanti[126] li quali hanno la lana finissima come seta. Si trovano anche dei Rinoceronti nei monti di sotto a Carazan. Dicano che nel deserto di Camul si trovano molti spiriti che ingannano li viandanti mostrandoli il falso camino per farli perdere nel deserto.

«Lago salso
nel quale
si pescano
perle bellissime»

TRAPOBANA O SAMOTRA

Egnazio Danti, *Penisola indocinese e isole maggiori dell'Indonesia*, 1573

[127] Dovrebbe trattarsi dell'abbreviazione di Cresonesso, come il Danti più oltre la chiama. Aurea Chersonesus (o Chersoneso) è infatti l'isola aurea descritta da Tolomeo. Vedi, fra gli altri *Di Andrea Corsali fiorentino allo illustrissimo signor duca Giuliano de' Medici lettera scritta in Cochin, terra dell'India, nell'anno MDXV, alli VI di gennaio* in GIOVANNI BATTISTA RAMUSIO, *op. cit.*, vol. II.

[128] Anche Mercatore, nelle note al suo mappamondo del 1569, esclude che l'Aurea Chersoneso sia la penisola Malacca, anche se poi la identifica – diversamente da Egnazio Danti – nel Giappone: «et Auream esse non quae nunc Malaca est, sed Japan insulam, ut ex Arriano et Mela liquet, tametsi peninsulam faciat Ptolomeus, apud quem et Sabana emporium hodiernum insulae nomen videtur obtinere, Marcus Paulus Venetus lib: 3. cap: 2. dicit eam convenienter antiquo nomini suo auro abundantissimam esse». Favorevole all'identificazione di Chersoneso con Malacca è invece Andrea Corsali: «Come la terra detta Malacha già si chiamava Aurea Chersonesus, dalla qual si naviga a Sumatra, qual dicono esser la Tabrobana, non ancora da ogni parte scoperta». (*Andrea Corsali fiorentino allo illustrissimo principe e signor il signor duca Lorenzo de' Medici, della navigazione del mar Rosso e sino Persico sino a Cochin, città nella India, scritta alli XVIII di settembre MDXVII* in GIOVANNI BATTISTA RAMUSIO, *op. cit.*, vol. II).

La Trapobana o Samotra altro non credo che sia che l'Aurea Cres.[127] da Tolomeo così chiamata per essere abundantissima d'oro et se bene hoggi non è peninsula come era al tempo di Tolomeo possibil cosa è che dal flusso dell'Oceano sia stata separata dal continente. Et quelli che pensano che l'Aurea Cresonesso sia il cresonesso Malacca s'ingannano senza dubio alcuno[128], avengha che in esso non vi sia altro oro che quello che di fuori vi vien portato et se congiungnerai la Samotra con un Istimo al cresonesso Malacca vedrai che converrà appunto con l'Aurea Cresonesso di Tolomeo et nella longitudine sarà quasi conforme alla sua. Senza che l'Isola Trapobana o Samotra è abundantissima di Oro d'Argento et di diverse gioie pretiose per il che si può chiaramente comprendere che questa sia l'aurea cresonesso e non Malacca.

1573

Malacca è hoggi una delle principali Città dell'Oriente et è la maggiore et più importante che 'l Re di Portogallo possieda in tutta l'India la quale fu conquistata et presa con gran travaglio da Alfonso d'Alboquerque l'anno MDXI adi primo di Luglio con mille fanti con tutto che dentro vi fusseno sessantamila soldati e ottomila pezzi d'artegliaria della quale non se ne trovò se non tremila pezzi havendo quei di dentro gittato parte del resto in mare et parte nascosta.

F. Egnazio Danti

L'ISOLE MOLUCHE CON L'ALTRE CIRCUMVICINE
CHE PRODUCANO LE GIOIE ET LE SPETIERIE

Egnazio Danti, *Isole Molucche e parte delle Filippine*, 1563

L'isole Moluche con l'altre circumvicine che producano le gioie et le spetierie. MDLXIII

CHINA

Egnazio Danti, *Cina*, 1575

La China che dagli Antichi fu chiamata regione dei Sini è habitata da huomini ne' costumi et bianchezza et qualità di corpo molto simili agli Italiani, ma nel vestire et nel tuono et pronunzia della voce simigliano ai Todeschi. Si lavorano in quella provincia gran quantità di Drappi di seta et d'oro et di lana, et di cotone, Hanno hauta la stampa et l'artegliaria prima di noi, ma fra l'altre cose rare vi si lavora la prozellana la quale cumpongono di scorze di Caracoli marini et di gusci d'ovi li quali polverizzati insieme con altri materiali impastano et sotterrano la massa per spazii di ottanta o cento anni per raffinarla e la lasciano [fini]re ai loro figliolì, ne hanno di molte buche et in mano in mano che ne votano una ne riempono un'altra. Et si bene in molti lochi della China se ne lavora nondimeno nella città di Ma[rtabano][129] nel regno di Pegu … M[alacca] se ne fa in gran copia et di rara bellezza.
1575

[129] Martaban nel Regno di Pegù, nella penisola di Malacca non è in Cina, ma in Indocina, nell'attuale Thailandia ed è in effetti famosa per i suoi vasi di ceramica: in arabo *martaban* identifica un particolare tipo di vaso in porcellana. La penisola indocinese è rappresentata dal Danti nella tavola della Trapobania.

«Capo Daitan»
«Qui si pescano le perle»

Egnazio Danti, *Costa della Cina e Giappone*, s.d.

Gran diversità è fra i Geografi nel situare questa costa della China, e l'isola del Giapan le quali nella presente tavola si sono poste secondo l'oppinione de più moderni se bene par che si dovesse far correre questa costa dal capo Liampo fino a Pangiu per Scirocco et Maestro et non per Greco et Libeccio come sta qui et l'isola del Giapan dovria correre per Ostro e Tramontana et non per Levante et Ponente. Ma perché nel gran globo si son posti (con la determinazione dello Seren[issi]mo Cos[i]mo Gran D[uca] di Toscana) nel modo che li descrive Marco Polo e nel modo che la pone il S[ignor] Giovan di Baros[130] il quale [e]spressamente dice che il più orientale capo dell'Indie scoperte sia capo Liampo il quale capo è vicino alla città di Nimbo dal quale è chiamato anche capo Ninfù. Senza che si vede questa costa della China posta per Scirocco e Maestro in un antico Mappamondo fatto a simigl[i]anza d'uno che già fece in Venetia Marco Polo[131] il quale scrisse molte cose di questa provincia le quali se bene alora non se li credevano si è poi trovato non di meno tutto esser vero.

Fra l'altre gran Città della China è il Quinsai cioè città del Cielo, la quale gira al intorno cento miglia, et tutte le strade sono in canale sopra i quali dicono essere 12mila ponti. Questa città come tutto il resto della china è abitata da persone ingegnosissime dotati di tutte l'arti e scienze mecaniche, et liberali, et particolarmente delle Matematiche; i quali molto tempo avante noi hebbono la stampa e l'artigliaria. In questa si fanno quei bei vasi di Porcellana de i quali dicano che mettendovisi il veleno subito si rompano. È in oltre questa China abundantissima di min[i]ere di tutti i metalli, di spetiarie, et di diverse preziosissime Gioie.

[130] João de Barros nacque a Viseu nel 1496 (morì presso Pombal nel 1570), ebbe importanti incarichi nell'amministrazione delle colonie portoghesi in India. Per la sua attività fu definito «il Tito Livio portoghese».
È autore delle tre *Decades de Asia* (1552, 1553, 1563), la sua opera maggiore, che tratta dell'espansione portoghese in oriente: storicamente non attendibili, sono esempio tipico della prosa del tempo. Così descrive la posizione del Giappone: «discoprirno li mercatanti portoghesi una isola chiamata Giapan, nella medesma altezza che è Italia, longa da levante a ponente».

[131] Il Danti sembra riferirsi al mappamondo di fra Mauro, monaco camaldolese nel convento di San Michele a Murano che completa nel 1560 (ma il disegno probabilmente è anteriore di una decina d'anni) un planisfero circolare orientato, come era frequente allora, a sud. Giovan Battista Ramusio, nella prefazione al *Milione* di Marco Polo, cita la carta come gli viene descritta da «don Paolo Orlandino di Firenze, eccellente cosmografo e molto mio amico, che era priore del monasterio di Santo Michele di Murano» a questo modo: «E questo è come quel bel mappamondo antico miniato in carta pecora, e che oggidí ancor in un grande armaro si vede a canto il lor coro in chiesa, la prima volta fu per uno loro converso del monasterio, quale si dilettava della cognizione di cosmografia, diligentemente tratto e copiato da una belissima e molto vecchia carta marina e da un mappamondo, che già furono portati dal Cataio per il magnifico messer Marco Polo» in GIOVANNI BATTISTA RAMUSIO, *op. cit.*, vol. III.

Stefano Bonsignori, *Tartaria, l'attuale Siberia*, 1586

I Tartari che sono sotto l'imperio del Gran Cham nelle ultime parti del Asia, così detti dal fiume Tartar, ove habitavano seguendo i loro armenti, furono da principio in poca stima, come gente vile e di costumi barbari. Vennero in pregio per la virtù d'un loro Capitano nominato Cingis, il quale si vantava di parlare con il loro Dio, detto Negais. Negli Antichi tempi furon nominati Sciti, e di essi fu regina Tomiris quella che combatté con Ciro Re dei Persi, e lo vinse e lo prese. Ne tempi più moderni sotto il Re Tamburlano[132], scorsero tutta l'Asia, et in un fatto d'Arme ruppero l'esercito di Baiazet[133] gran Sig[nore] de Turchi e lui fecero prigione. Hanno costumi diversi dalle altre nazioni, tengono poche terre murate, ma usano Carra le quali insieme unite a guisa di città chiamano Orde. Da poco tempo in qua hanno cominciato a lassare la setta Maumettana, e pigliare la vera fede di Christo per le predicazioni de sacerdoti della compagnia del nome di Iesu.

[132] Timur lo zoppo ovvero Tamerlano (1336-1401).

[133] Bayazid I (1360-1403), sultano degli Ottomani (1389-1402), sconfitto da Tamerlano nel 1402. Vedi *Paolo Iovio istorico delle cose della Moscovia, a monsignor Giovanni Rufo, arcivescovo di Cosenza*: «Tamburlano, overamente, come Demetrio insegna che si debba dire, Temircuthlu, il qual prese Baiazete ottomano, terzo avo di questo Solimano, appresso Ancyra, città di Galizia, avendolo vinto in un gran fatto d'arme» in GIOVANNI BATTISTA RAMUSIO, *op. cit.*, vol. III.

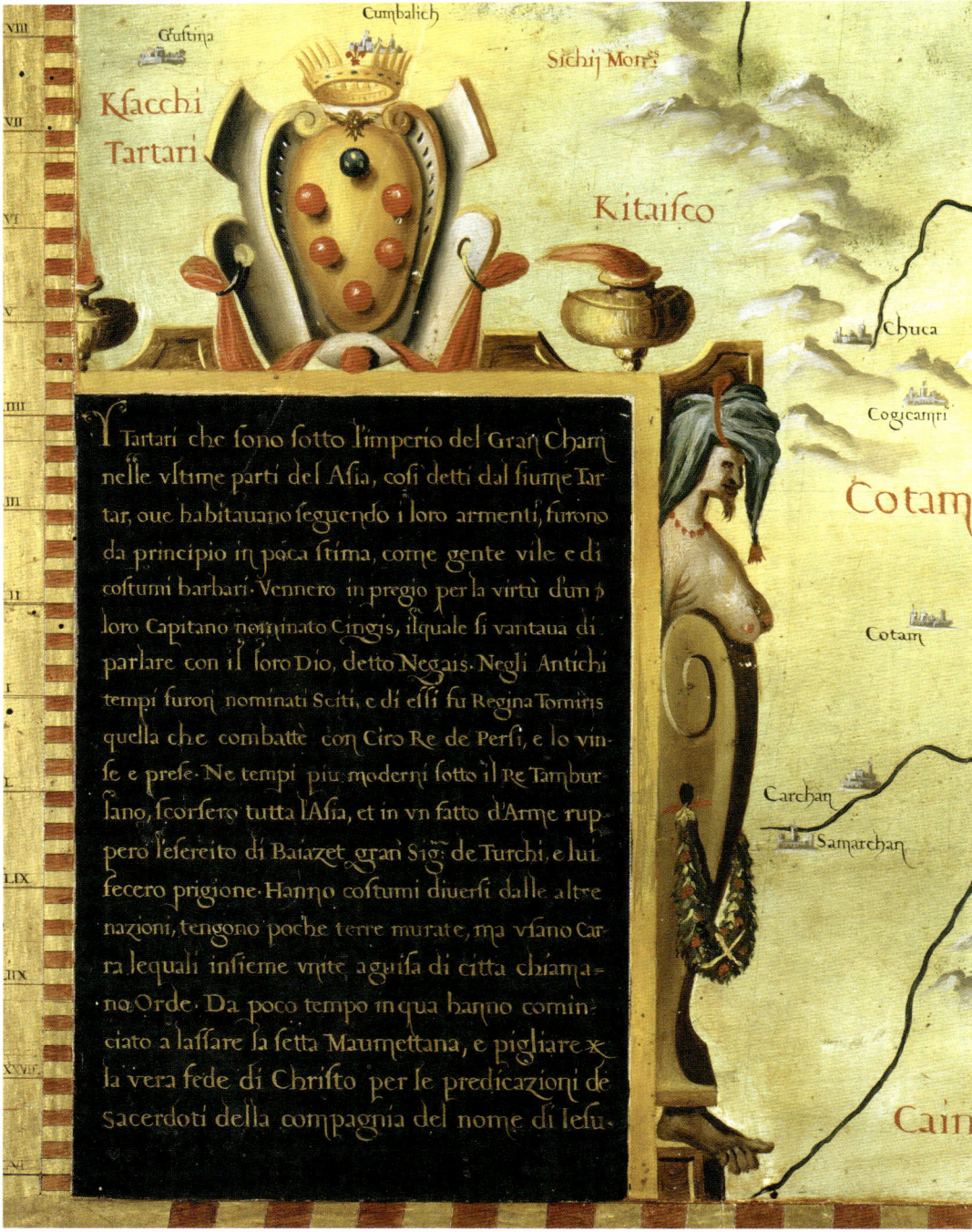

Stefano Bonsignori, *Mauritania, Mali, Marocco e Algeria*, 1579

Favoleggiando dissero gli antichi che il monte Atlante toccava con la sua sommità il cielo, volendo significare che Iapeto cognominato Atlante, primo Sig[no]re di questa Provincia poi la inondazione maggiore era figliuolo di Noè detto Cielo. Qua passò Ercole per vendicare la morte del p[ad]re Osiri, diede morte ad Anteo che la reggeva et di Tingena moglie di esso hebbe il figlio Sisace. Edificò la Città Tingena quale diede nome a parte della Provincia, ma il restante lasciati gli altri lo prese da i Cesari. Accrebbe Sisace lo stato lasciatogli dal padre, ma i Fenici turbarono dipoi la quiete di questi popoli, et i Cartaginesi si insignorirono di parte. Ma insieme con essa passarono a i Romani i quali mancati comparsero assai gente straniere et in ultimo i Saracini da i quali ancor oggi è posseduta, eccetto però quella parte quale posseggono i Portoghesi et gli Spagniuoli. Questi se bene barbari hanno in pregio la virtù et le buone arte, di che è manifesto segno pubblici studi quali in più luoghi di essa si ritrovano.

Stefano Bonsignori, *Tunisia e Libia*, 1579

Della Libia o vero Affrica minore fu il P[rim]o Signore Tritone di Saba, di Cur di Camese di Noè. Questo prese lo stato con le sue colonie l'anno XVIII di Nimbrot Re degli Assiri, lasciò il figliuolo Ammone il quale p[re]se per moglie Rea sorella di Camese Re d'Egitto. Et perché egli d'Amaltea generò Dionisio, venne con essa in discordia, onde ella partita prese per marito Camese suo fratello et insieme levarono lo stato ad Ammone. Ma Dionisi per vendicare il p[ad]re gli cacciò di Libia et adottato Osiride loro figliuolo il fece Re d'Egitto. Adottò ancora Pallade la quale insegnò l'arte della guerra a i Libici. Ma le sue Donne doppo alquanto tempo molestarono il Re Iarba P[rim]o[134] et egli tutto humano, fatti loro molti doni, si rimesse ad esse, vennero di poi i Fenici. Questi edificarono molte Città e tra le altre Cartagine quale combatté con i Romani il principato ma distrutta stette questa P[ro]vincia sotto i Romani sino a che Genserigo Re dei Vandali l'acquistò. Accettò la fede di X°[135], ma poco la ritenne, occupata dagli Arabi Saracini, questi la possederono sino passò ai Turchi, da i quali ancora è retta.

[134] È il mito delle Amazzoni libiche, riportato da Diodoro Siculo, e della loro lotta contro Jarba, re della Numidia.

[135] Acronimo per Cristo.

L'EGITTO

Stefano Bonsignori, *Egitto*, 1578

D ello Egitto Provincia nobiliss[im]a et famosiss[im]a in la qua[le] sino da principio fiorirono tutte le scienze et tutte le buone arti, et da cui tutte le altre Provin[ci]e traendole, se ne mostrarono inventrici fu Saturno cioè P[rim]o Re, Cam detto Camese minore de i figli di Noè nati avanti al diluvio. Questa Provin[ci]a non hebbe, come le altre, il governo regio assoluto, me fu governata da più, i quali mod[e]rarono le azzioni regie per certi d[e]terminati tempi, et fu tal governo chiamato Dinastia cio è Potentato, quale da prima si mutava spesso. Ma poi tirati dalla dolcezza, quelli che reggevano cominciarono a mantenersi più tempo nel governo et tal ora senza Re. Ma nella XXV dinestia gli Etiopi[136] dato morte al Re Buccoro[137] occuparono l'Egitto. Dipoi nella XXVII i Persi[138], dai quali libero fu ripreso e posseduto, fino a che insieme con esso passarono sotto Alessandro il Grande[139]. I cui successori lasciando il nome di Faraoni si chiamarono Tolomei[140]. Comandarono questi non solo a gran parte dell'Affrica, ma all'isola di Cipri et alla Fenicia fino che i Romani presero l'Egitto e lo ridussero in Provincia. Ma fu loro tolto al tempo di Eraclio Imperatore[141] dalli Arabi[142] et Saracini, i quali lo ritornarono sotto un solo Principe da loro chiamato Sultano. Et Selimo[143] gran Signore de i Turchi l'ottenne regnando Massimiliano Imperatore[144] et ridusse in Provincia. Hanno i Sultani et questi spento la nobiltà et virtù antica di esso, ma della grandezza et potenza fanno ancora fede le superbe piramidi. Et gli habitatori ancora godono la fertilità del suo terreno qual è grandiss[im]a la merce del Nilo, che ogni anno inonda la campagna tutta. Perché sendo i suoi fonti oltre l'equinozziale da quelli luoghi ove del mese di Giugno è l'inverno viene grossiss[im]o. Il Nilo fu detto Occeano, da Occeano figliuolo di Noè. Et la Provincia Aeria, che poi prese altro nome dal suo Re Egitto[145]. Contigua all'Egitto è la Marmarica[146], Provincia intorno al mare fertile, altrove sterile celebrata per il tempio del gran Giove Ammone[147] a cui tutto il mondo concorre per havere le rispo[ste] dal suo oracolo[148].

[136] In realtà si tratta dei Cusciti, popolazione che abitava anche l'Etiopia.

[137] Wahkara Bekenrinef, faraone della XXIV dinastia (720-714 a.C.) noto in Occidente con il nome di Boccoris di Sais.

[138] I Persiani guidati da Cambise II.

[139] Nel 332 a.C.

[140] La dinastia dei Tolomei fu iniziata da Tolomeo I Sotere (367-283 a.C.), re d'Egitto (304-285 a.C.), figlio di Lago, fondatore della dinastia tolemaica. Tolomeo, detto Sotere (salvatore), era generale dell'esercito di Alessandro Magno ed ebbe un ruolo di primo piano nelle ultime campagne di Alessandro in Asia Minore. Alla morte di Alessandro nel 323 a.C., l'impero venne diviso dal reggente Perdicca tra i diadochi (successori) e Tolomeo fu nominato satrapo (governatore) d'Egitto. Conquistò la Palestina, la Cirenaica e Cipro e nel 304 a.C. si proclamò re d'Egitto; nel 285 a.C. abdicò a favore di uno dei figli, che divenne re con il nome di Tolomeo II.

[141] Eraclio (575 ca.-641), imperatore bizantino (610-641). Figlio dell'esarca d'Africa, Eraclio si impadronì del trono sconfiggendo l'imperatore Foca.

[142] Sotto il Califfo Omar ibn al-Khattab (634-644) furono conquistate Siria, Palestina, Mesopotamia ed Egitto.

[143] Selim I (Amasya 1467 ca. - Istanbul 1520), nono sultano dell'impero ottomano (1512-1520), in meno di dieci anni assoggettò quasi tutto il mondo arabo, raddoppiando i territori dell'impero. Soprannominato Yavuz (il Terribile) si volse all'obiettivo di consolidare ed espandere il dominio ottomano: tra il 1514 e il 1517 sottomise la Persia dei Safavidi, sconfisse la Siria e, attraversata la penisola del Sinai, conquistò l'Egitto, dopo averne catturato e ucciso il sultano mamelucco.

[144] Massimiliano I d'Asburgo (Wiener Neustadt 1459 - Wels 1519), re di Germania (1483-1519) e imperatore del Sacro romano impero (1508-1519).

[145] Egitto, re d'Arabia e fratello gemello di Danao, che nella mitologia greca conquistò l'Egitto, chiamandolo con il proprio nome.

[146] La Marmarica è una zona costiera oggi compresa fra Egitto e Libia.

[147] Ammone, divinità dell'antico Egitto, era venerato nella colonia greca di Cirene, città della Libia (l'antica Marmarica), e identificato con Zeus: da qui l'appellativo di Zeus Ammone utilizzato da Bonsignori.

[148] L'oracolo di Ammone, famoso in tutta l'antichità, cui lo stesso Alessandro Magno si rivolse, si trovava nell'oasi di Siwah, nel deserto del Sahara. Siwah e Dodona, in Epiro, erano i due oracoli e i due templi dedicati a Zeus più famosi del mondo greco.

Stefano Bonsignori, *Corno d'Africa: Etiopia e Somalia*, 1579

[149] La regione prende il nome dai Trogloditi, antica popolazione che, secondo Strabone e Tolomeo, abitava un'ampia zona dell'Africa che cominciava dalla costa dell'Egitto fino a raggiungere l'Etiopia e l'Eritrea.

[150] Nell'Antico Testamento la città di Meroe e la regione etiopica sono chiamati il «paese di Kush» (Secondo Libro dei Re 19:9; Isaia 37:9; Et 1:9; Ezechiele 29:10).

[151] Acronimo per Cristo.

Poche cose scrissero gli antichi della Trogloditica[149] et quelle tanto inhumane che apportano horrore. Ma altro appare da che Mosè generale di Faraone combattendo la città di Meroe[150], né potendo prenderla per forza, la p[re]se mediante lo ardente amore che la figlia del Re dei Trogloditi, udendo la fama delle sue virtù, gli pose. Dalle quali vinta il p[re]se per marito et gli diede la Città. Crudeltà dunque non ha luogo, ove la stessa virtù ha tanta forza. Osservano i Troglo[di]ti parte la leggie di X.°[151], parte la di Maometto. Rendono ubidienza al gran Sig[no]re degli Etiopi detto Prete Ianni. Tolsero i Portoghesi più terre lungo queste marine delle quali ancora ritengono parte.

Stefano Bonsignori, *Kenia e Tanzania*, 1581

[152] Acronimo per Cristiani.

[153] L'episodio è riportato negli Atti degli Apostoli: «un Etìope, un eunuco, funzionario di Candàce, regina di Etiopia, sovrintendente a tutti i suoi tesori, venuto per il culto a Gerusalemme, se ne ritornava, seduto sul suo carro da viaggio, leggendo il profeta Isaia» (Atti degli Apostoli, 8, 26 ss.).

[154] Pontifex Papa.

[155] L'ammiraglio Diego Lopez de Sequira succederà nel 1510 a Francisco de Almeida nella carica di viceré delle Indie portoghesi.

[156] Massaia, porto marittimo sul Mar Rosso.

[157] Manuele I il Grande (Alcochete, Setúbal 1469 - Lisbona 1521), re del Portogallo (1495-1521); pronipote del re Giovanni I e cugino di Giovanni II, al quale successe nel 1495.

Questa parte dell'alta Ethiopia fu così detta da Ethiope figliuolo di Vulcano che la signoreggiò. Fu molti secoli incognita se bene di essa molti ne scrissero, et delle fonti del Nilo, et del suo crescimento ma variamente. Tolomeo Re d'Egitto detto il filadelfo il fece manifesto, il quale per havere nuovi diporti et tratteni[men]ti, mandò gente a posta et trovò che le gran' pioggie causavano tali innonda[zio]ni. Ma innanzzi a lui conciosia che gli altri Re si dilettassino molto di sape[re], non si curarono molto di simili cose. Ma ai dì n[ost]ri nel hanno mostr[at]o i Portoghesi chiaramente, che con il conquisto che hanno fatto delle Indie Orientali, anchora hanno fatto manifesto non solo le fonti del Nilo essere molte, ma di tutta questa parte oggi per altro nome detta Abasia et i popoli Abissini. È questa provincia sotto L'imperadore delli Ethiopi detto il prete Ianni, il quale ha sotto il suo imperio XV gran regni, et tutti uniti insieme. Di[c]esi che appresso dessi fu primieramente ordinato il culto delli Dei, et le prime cirimonie de sacrifizzi. Sono questi popoli Xi[152] convertiti da S[an] Filippo Appostolo, che prima convertì l'eunuco maggiordomo della Regina Candace[153]. Tengono che la stirpe dei Re loro derivi da Salomone, et dalla Regina Sabba. Hanno questi popoli molte cirimonie Giudaiche come il guardare del sabato, il circuncidersi, et altre. Tengono uno loro patriarca in vece di PP.[154] che in lingua loro si domanda Alima e nella n[ost]ra vuol dire p[ad]re. I Portoghesi hanno con il conquisto dell'Indie Orientali anche scoperto questi paesi dove n'hanno tratto molto utile. Il primo discopritore di essa fu il S[ignor] Diego Lopezze di Sequeira[155] che nel golfo Arabico al porto di Mazzua[156] la discoperse. Seguì poi stretta amicizzia tra Emanuello[157] Re di Portogallo e questi popoli che ancho oggi si conserva. Era questa gente rozza, et con poche arti, o industria alcuna. Ma oggi per il conmerzzio de i Portoghesi sono venuti industriosi, et ogni dì vanno migliorando.

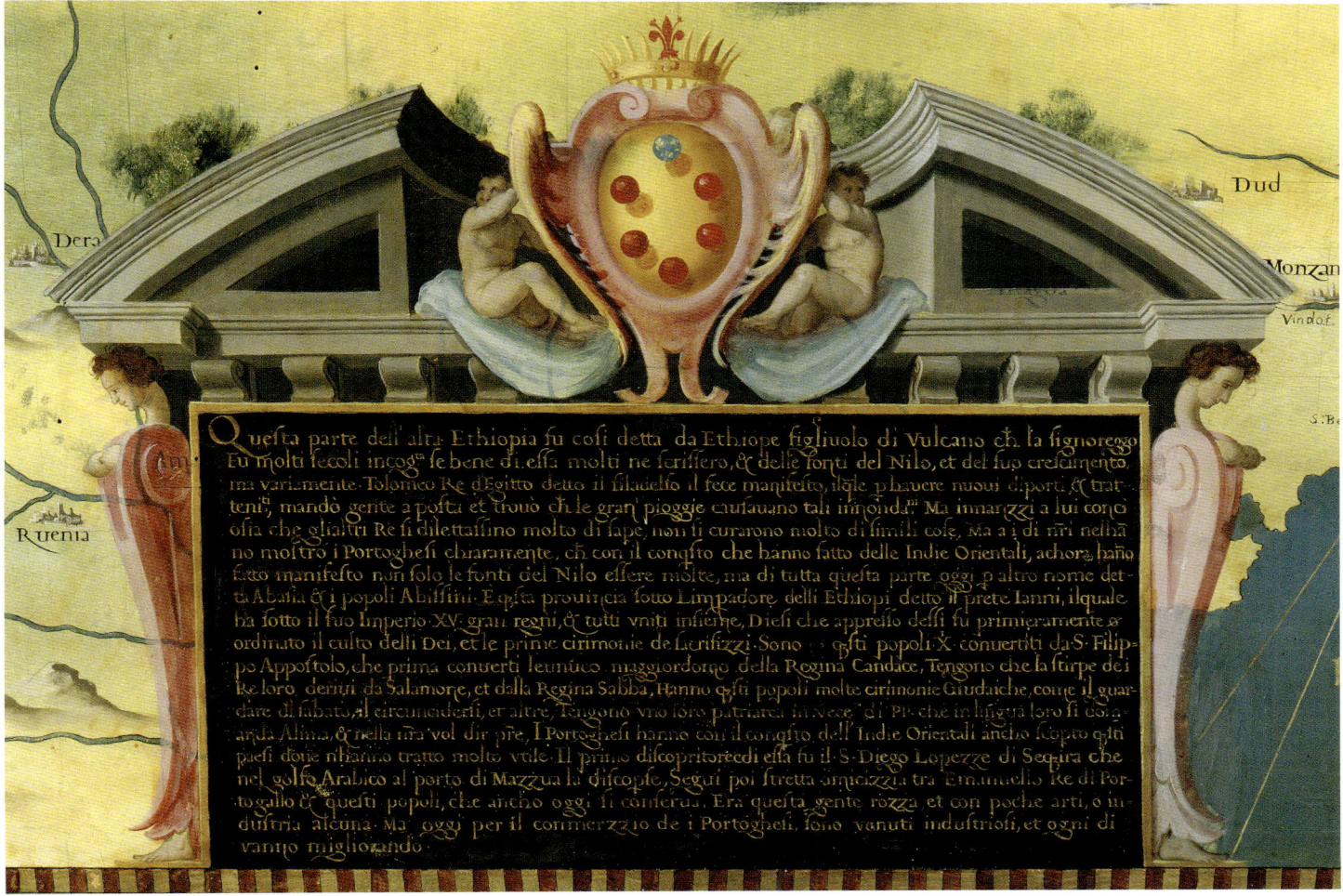

Stefano Bonsignori, *Sudan*, 1579

[158] Chus, figlio di Cam, i cui discendenti popolarono una parte d'Arabia, che è perciò detta nella Sacre Scritture «La terra di Chus». Ma nella Bibbia si dà questo nome anche all'Etiopia.

[159] Alla confluenza del Nilo bianco e del Nilo azzurro, più o meno coincidente con l'attuale Kartoum.

[160] Nel deserto libico si trovano le rovine di Garama, capitale dei leggendari Garamanti.

Di questa provincia, p[rim]a chiamata Eterea, fu Saturno o vero p[rim]o Re Cur[158] figlio di Camese, dipoi dal Re Etiope acquistò il nome di Etiopia, in la quale semp[re] si attese al culto divino. Fu occupata parte di essa dagli Indiani i quali non però le cangiarono il nome, né entrareno altre genti in essa. Solo Cambise disegnò occuparla ma distrutto l'esercito per manc[amen]to di vettova[gli]e abbandonò la imp[re]sa. Gli Etiopi mandarano colonie in Egitto et in Italia sotto Fetonte. Tennero il segg[i]o reale in Meroe[159], poi in Garama[160], oggi in Zambra. Fu questo sino da principio regno potentiss[im]o et anco è tale né mutarono governo. Dicano che il loro Imper[atore], detto Prete Ianni, è nato dalla stirpe di David. Et per levare le occasioni di rivolgimenti di stato et dissensioni, solo di suo sangue vive in libertà, gli altri tutti a buona guardia. Accettarono per le predicazioni di Filippo appostolo la fede di Cristo, né la hanno lasciata.

Non seppero gli Antichi Egizzij i fonti del Nilo, né gli Etiopi antichi lo effetto delle acque sue cioè, che esse inondano lo Egitto. Ma lo intesero, regnando i Sultani, quando gli Egizzij furono forzati pagare tributo non piccolo allo Imperatore degli Etiopi perché non volgesse il Nilo nel mare Rosso, et seguono di pagarlo.

LIBIA INTERIORE

Stefano Bonsignori, *Africa occidentale comprendente:*
Senegal, Guinea, Mali, Sierra Leone,
Liberia, Costa d'Avorio, Burkina Faso, Ghana, Togo e Benin, 1580

[161] Diodoro Siculo parla di una popolazione di amazzoni libiche, la cui regina era Mirina, che scorrazza per l'Africa settentrionale. Mirina con le sue guerriere, dopo aver conquistato la Libia, passò in Egitto, fece guerra agli Arabi, conquistò la Siria, la regione del Tauro e le isole dell'Egeo. Morì combattendo contro i Traci.

[162] Jarba, re dei Massili e dei Gatuli, figlio della ninfa Garamantide e di Zeus Ammone e nipote di Massinissa. Fu pretendente respinto da Didone per Virgilio: («Hai disdegnato Jarba e altri condottieri…»); il mito racconta che offrisse alla principessa fenicia Elissa (Didone, cioè "l'errante") che chiedeva un terreno su cui costruire una città, solo tanta terra quanta ne poteva contenere una pelle di bue. Didone taglia la pelle in sottili striscioline con cui cinge a semicerchio un grande territorio su cui fonderà Cartagine.

Chiamarono gli antichi questa Provincia Libia interiore la quale per molti secoli fu ai n[ost]ri pass[a]ti incognita se bene habitata fino doppo il diluvio, da che in essa fu nudrito Dionisio dato dal p[ad]re Tritone in guardia alla Regina Minerva, la quale fuggendo la pratica degli huomini volse che le sue donne si esercitassero nelle armi et ne i governi, onde doppo molti anni, Mirina[161] con valoroso esercito delle sue donne occupò, vincendo il Re Iarba[162] et altri signori, la Mauritania et quasi tutta Affrica, et fatto accordo con Oro re di Egitto, passò in Arabia onde tornando fu vinta et morta, et le sue Donne ritornate qua, posarono le armi. Ma dipoi o che i tremuoti rendessero questo mare non navigabile o pure che gli habitatori stessi fuggissero il commercio di tutti i forestieri, stette molti secoli ascosa, sino a che i Portoghesi costeggiando questa marina la discopersero, et presi più luoghi si fecero in essa forti e ancora gli posseggono. Non hebbero notizia gli antichi del fiume Negro, et però non seppero che egli inondava questa Provincia non altramente che il Nilo inondi l'Egitto, nasce ne i medesimi monti che il Nilo, et la rende fertilissima.

Stefano Bonsignori, *Niger, Nigeria e Camerun*, 1580

Usarono i Geografi terminare i paesi da loro non conosciuti con selve orribili, mari non navigabili, et monti asperissimi. Né mancarono gli istorici di aiutarli, con descrivere costumi di huomini più che bestiali, nature d'animali crudeliss[im]i et impedimenti pericolosiss[i]mi; con le quali cose ascondevano la verità, e celavano tanti belli Paesi, privando di così belle notizie, e spaven[tan]do gli huomini di ricercarle. Et a tanti spaventi si aggiungevano le oppinioni de i Filosofi et degli Astrono[m]i, i quali non volevano che tra i tropici e sotto l'equinozziale si potesse habitare, per il soverchio caldo, né dentro ai cerchi artico et antartico, per il soverchio freddo. Et tanto era indurata questa oppinione nelle menti de gli huomini, che ancor'ancora ne i tempi di Lione Decimo Pontefice Massimo, ne seguirono dispute sottilissime. Né volsero i Filosofi et gli Astronomi di quel tempo cedere apertamente alla verità, poco avanti discoperta da i Portoghesi. I quali desiderando honore et ricchezze, passarono et derono aiuto ad altri che passassero le colonne poste da Ercole antichissimo Re di Spagna. Et costeggiando questi lidi, scoprissero questi belli paesi, et turbassero la quiete di questi popoli, con fare nuove fortezze, et servirsi di essi a nuove arti.

Stefano Bonsignori, *Gabon, Angola e Congo*, 1580

163 I portoghesi sbarcano in quella che oggi è chiamata Angola nel 1483, alla ricerca del regno del mitico Prete Gianni. Convertito al cattolicesimo il re del Manicongo, stringono alleanza nel 1572 con il re N'Gola (da cui il nome della regione) contro le incursioni dei nomadi dell'Est (forse quelli che Bonsignori definisce Etiopi).

Qual cagione movesse Ercole il figlio di Osiride Giove Giusto, che regnò in Italia et in Spagna, a vietare la navigazione oltre lo stretto di Gibilterra, non è manifesto. Ma bene è manifesto che la sua intenzione era ottima. Perché non pensò né operò ad altro fine che di giovare al genere humano, desiderando per questa strada conseguire eterna gloria. Né fallì il suo pensiero, da che i Poeti i Pittori et gli Scultori, ancora oggi che sono pass[a]ti i tremila anni, di lui scrivono, et le sue opere dipingono, con loro utile, et scolpiscono. Giudicò dunque il valoroso et prudentiss[im]o huomo, al quale non mancò notizia de i paesi oltre lo stretto detto, che egli fusse bene vietare il commercio tra i n[ost]ri huomini et questi, considerate le menti et operazioni di ciascuno, acciò non fusse il debile et semplice mal' trattato da il gagliardo et sagace. Et tale vietazione spense del tutto la notizia degli huomini et del paese. Ma il desio di honore, accompagnato da voglia d'acq[u]istare, indusse i Portoghesi[163] et altri con l'aiuto loro, sono circa cento anni a ricercargli et turbare la quiete di questi popoli. Questa nuovamente ha mosso gli Etiopi a cercare il dominio non solo del paese dentro a terra, ma di tutti questi lidi, et cercare di levarne del tutto i Portoghesi, per questo hanno cangiato il seggio di Garama in Zambare, desiderando mantenere questi popoli nella loro solita quiete, et mettergli a parte delle loro antiche belle et sante leggi.

PARTE D'AFFRICA

Stefano Bonsignori, *Namibia, Botswana e Sudafrica*, 1582[164]

[164] La tavola, in basso a sinistra, è firmata «D[o]n Stephanus Bonsig[no]ri Florentinus Monach[u]s Montolivetanus Faciebat A[nno] V[irgine] P[raenunciata] MDLXXXI». A Firenze si usava iniziare l'anno *ab incarnatione*, cioè dal 25 marzo, giorno dell'Annunciazione della Vergine: i primi tre mesi del nostro 1582 nel calendario fiorentino facevano ancora parte dell'anno 1581 *ab incarnatione*.

[165] L'imperatore Filippo II, Re di Spagna, dopo la morte di Enrico di Portogallo, rivendica la corona lusitana, acquistando così non solo il controllo sull'intera penisola iberica, ma anche l'impero coloniale più vasto del mondo, comprendendo i possedimenti portoghesi in Brasile, Africa e Asia (1580).

Questa parte d'Affrica fu a i n[ost]ri antichi incog[ni]ta fin ché il Ser[enissi]mo Re don Gio[vanni] di questo nome secondo e XIII Re di Portogallo la scoperse. Egli per desio di gloria et per la fama de i gran tesori che delle Indie Orientali si traeevano dispose per via del mare scoprilla. Abenché havesse tentato per via di terra imprima mandando alcuni dei suoi al Cairo che passarono ancho più oltre ma vinti da i gran disagi et diversità degli ... se [ne arre]sero Né per questo sbigottito né rincresc[en]dosi la spesa dei suoi tesori né il pericolo dei suoi sudditi volle p[i]g[liare] quella [in]gen[ero]issima impresa. Et fece costeggiare la riviera [occi]den[ta]le sino a che scoperse il più lato austr[ale de]lla provin[cia ditta] C[apo] di Buona Speranzza. Li fu scoperta ditta punta quasi in quelli medesimi tempi che si ritrovorono l'Indie Occiden[ta]li. Essendo stata in prima nominata C[apo] Torm[ent]oso dalle gran tempeste. Li fu poi cangiato nome che havendo varcata detta punta scopersero il gran Oceano Orientale, onde preso buono augurio di trovare quanto desiavano lo chiamaro[no] di Buona Speranza che hoggi ancho la ritiene. Et costeggiando questi lidi viddero che erano habitati. Ma da popoli idolatri. Tengano i Portoghesi lungo queste marine alcune te...te dove alli pericoli di fortuna riducono le loro armate. Il primo discopritore di essa fu Bartolomeo Dias Portoghese che dopo insieme al suo navilio ebbe sepoltura in questi mari. Ma oggi è venuta sotto il potere del Cattolico Filippo d'Austria Re di Spagna insieme con tutte l'Indie Orientali[165].

PARTE DI BUONA SPERANZA

Egnazio Danti, *Sudafrica, Mozambico e parte del Madagascar*, s.d.

[166] L'autore aveva prima scritto «nel tempo nostro», poi corretto cancellando alcune lettere.

[167] La sillaba ripetuta è probabilmente un errore.

[168] La parola è soprascritta a una precedente scarsamente leggibile (forse «continui»).

[169] «E Hiram mandò su quell'armata un numero di suoi servi intelligenti nella nautica, e pratichi del mare insieme co' servi di Salomone. I quali essendo andati a Ophir, portarono al Re Salomone quattrocentoventi talenti di oro che indi ritrassero». (Terzo Libro dei Re, IX, 27-28).

[170] «E anche i servi di Hiram co' servi di Salomone portaron dell'oro da Ophir, e legname di thyno, et gemme preziosissime» (Secondo libro dei Paralipomeni, IX, 10).

Questa parte Australe del Africa fu incognita agli antichi avengha che la discriptione di Ptolomeo non passi il promontorio di Praso il quale hoggi si chiama Mozabique. La sua cognizione non passò G[radi] 15 sotto lo Equinotiale e ben ché havesse cognitione dei monti della Luna, non di meno fu imperfetta, onde disse nel 4° libro che dalle nevi dei decti monti ricevano l'acque le Paludi del fiume Nilo, ma nej tempj nostrj[166] si è visto che negli stessi monti è il fonte di detto fiume. Et nel fine del sopracitato libro dice questeste[167] parole, Da la parte della terra Australe da noi cognita fino al Polo Antartico son gradi 73 et minuti 35 o 34 interi di terra incognita.

Fu discoperta detta parte del Affrica dai portughesi nel tempo del Re don Giovanni Qual fino a hoggi non ha nome proprio, ben che dagli Arabi et Persi sia chiamata Zanguebar et dagli habitatori Zangui. La più Australe punta di detta terra è chiamata C[ap]o di Buona Speranza dal qual nome li Portughesi hanno chiamato tutta la sopradetta terra Buona speranza, il cui Capo ai marinai è molto formidabile per l'aspre et continue tempeste che vi sono, onde daj grandi[168] et spaventosi rugiti dei venti che in ogni tempo vi si sentano è chiamato Leone del mare Oceano.

Per quanto si può cavare dal nono cap[itol]o del 3° libro dei Re[169] e dal 9° cap[itol]o del 2° del Paralipomenon[170] et da altri annali quello Ophir (dove il Re Salomone navigando per via del mar Rosso cavò così gran copia di oro et argento) non è altro che la provincia di Cefala posta nella presente tavola nella quale navigatione consumavano tanto tempo che in tre anni vi andavano solo una volta dal qual luoco portavano ancora avorio scimmie et Pavoni. Questa parte del isola di San Lorenzo se è differente alquanto dal altra che è nella propria ta[vo]la è la cagione che quella è cavata da una fidata carta dei portughesi e qu[e]sta tratta da altri autori.

ISOLA DI SAN LORENZO

Egnazio Danti, *Madagascar*, 1565

[171] Il setim è un albero con un legno pregiato, ma non corrisponde al sandalo, come afferma il Danti. Si tratta della specie *Euxylophora paraensis*, nota con il nome volgare di Pau setim o Amarlo, pianta delle Rutacee e non della Santalacee.

Madagaschar hoggi dai Portughesi chiamata Isola di San Lorenzo quale è posta nel mare Oceano vicino al capo di Buona Speranza dicontro di Mozambig, et è delle magiori che nei tempi nostri si ia scoperta. Qual dicano essere molto abundante di armenti et di ogni sorte di animali selvaggi. Vi si trova anche gran quantità di Risi et altri semi di quali quelli dell'Isola vivono. Vi si trova parimente Argento, Ambracan, Gengevo, Melegetta, et Garofani, et Zafferano della sorte di quello del Indie. Evvi anche di molto Mele et canne di Zuccaro, Limoni, cedri et aranci et gran boschi di legno setim[171], che hora si chiamano sandoli et son rossi. Sonovi molti fiumi di aqua dolce et è copiosissima detta Isola di porti di Mare sicurissimi. Gli habitatori di detta Isola sono homini fieri et bestiali. Hanno diversa lin[g]ua da quelli di Mozambig, non sono tanto neri, ma col capo aricciato come sono tutti gli altri della vicina costa di Mozambig. 1565

L'ULTIME PARTI NOTE NEL INDIE OCCIDENTALI

Egnazio Danti, *California*, agosto 1564

[172] Sulla carta il toponimo è Tuchano nella provincia di Quivir. In una mappa dell'Asia di Mercatore del 1569 (successiva a questa tavola del Danti di quattro anni) compare Tuchano nel Regno di Quivera. L'indicazione è ripetuta nel planisfero realizzato dal Mercatore nello stesso anno. Vazquez parla di «sette città, delle quali è la principale Tucano» (*Relazione che mandò Francesco Vazquez di Coronado*, «capitano generale della gente che fu mandata in nome di sua Maestà al paese nuovamente scoperto: quel che successe nel viaggio, dalli ventidue d'aprile di questo anno MDXL, che partì da Culiacan per innanzi, e di quel che trovò nel paese dove andava», in GIOVANNI BATTISTA RAMUSIO, *op. cit.*, vol. V.

[173] *Relazione del reverendo fra Marco da Nizza*, in GIOVANNI BATTISTA RAMUSIO, *ibidem*.

[174] Francisco Vazquez di Coronado y Lujan, conquistatore spagnolo, esplorò il Nuovo Messico fra 1540 e 1542.

Nella presente tavola si è posto il regno di Cevola con l'altre ultime parti scoperte verso Occidente et Tramont[ana]. Et perché da banda di occidente non ci è cognition chiara, se non sino a porto primero et da la banda di tramontana sino a Tucano[172], città et sjerra nevada però il rimanente dello spatio si è lassato bianco non volendo porvi cosa gnuna a caso della quale non si habbi cognition certa fino a tanto che a Dio piaccia darcene notitia.

Fu scoperto il detto paese da F[ra] Marco da nizza f[rate] di S. Franc[esc]o[173] il quale tornando poi nella nuova spagna dette relatione al Cortese di molte gran cose e mandandovi poi il detto Cortese Francesco Vazquez[174] trovò tutto essere falso quel che haveva detto il Padre Provinciale, fr[ate] Marco et solo esser veri li nomi delle città et che le case son di pietra et tanto alte che hanno 4 et 5 solari con commodi et belle habitationi, corrjdori et stanze subterranee per l'inverno. Il detto Franc[esc]o essendo in queste sette città del regno di cevola domandò [a] quelli indi del mare di ponente et di tramontana quanto era quivi lontano li quali risposero che non havevano cognitione gnuna et non sapevano se vi era o mare o terra. MDLXIIII M.AG.

Egnazio Danti, *Messico*, 1565

Il paese della nuova Spagna è simile a quello della vecchia eccetto che ha le montagne più aspre, dove non si può montare così facilmente e ve ne è alcune che durano meglio di 500 miglia[175]. Sono in questa provincia gra[ndi] fiumi et fonti di aqua dolce bellissimi et grandi boschi nei monti et nei piani di altissimi Pini Cipressi Cedri Quercie et altre sorti di arbori. Sonovi inoltre in detta provintia minere di Oro, Argento, Stagno Rame et ferro. Vi sono Colli et campagne amenissime et son sempre coperte di erba verde in tutti i tempi del anno et in moltj luochi racolgano doi stati l'anno per essere vicini allo Equinoctiale. Fra le più grandi et principali città di detta provincia tiene il principato la gran città del Mexico; quale è situata in aqua come Vinegia ma in un laco quale da la banda di Ostro dove entrano 3 grossi fiumi è dolce e da la banda di tramontana dal mezo insu, dove è la città è salso. Il detto laco è da ogni intorno circundato dai monti eccetto fra greco et tramontana et è di circuito il detto laco un 120 miglia in circa. Li habitatori di detta città sono hoggi tutti Cristiani. Homini di pocha invenzione ma docili a[p]prendono con gran facilità tutto quello che è loro insegnato il che ho visto per esperienza il frate Alfonso frate di S. D[ome]nico (nato in detta città di padre mexicano) qual venuto in Spagna et Italia in breve tempo fece grandissimo profitto, non solo nelle lingue ma etiam nella filosofia et Theologia et come il sopradetto mi ha referito son già più anni che il Re di Spagna vi ordinò una università dove son meglio di 4.000 studenti. Sonno in detta città 100.025 case, come alcuni scrivano, et come più volte il sopradetto frate Alfonso mi afermò il quale havendo visto Venetia diceva essere doiterzi minore del Mexico benché il Cortese dichi esservi solo 70.000 anime se già la stampa non è scorretta et vogli dire 700.000. La presente tavola si è cavata, quanto ai contorni dalle carte marine fatte dai Castigl[i]ani et il resto più fra terra si è tratto dalle relationi del Cortese et altri che vi sono stati et da alcune carte di tal provincia.

In questo luocho, l'Oceano che è chiamato Mare del Zur ha il medesimo cresscimento e decresscimento che quello della Spagna, dei Britanni, de Belgi et de Germani et Cantabrici. Ma questo che vulgarmente è chiamato del nort, apena sen scorge il fluxo et refluxo come nel Mar.

Egnazio Danti, *Golfo del Messico,*
Stati centroamericani, Cuba e Stati Uniti meridionali, s.d.

La cartella
è muta
e senza scritte

MARE DEL NORT CON L'ISOLA DI SAN DOMENICO

Egnazio Danti, *Haiti, Repubblica Dominicana, Puerto Rico e Indie occidentali francesi*, s.d. (1570 ca.)

[176] La tavola è priva della data di esecuzione, ma la dedica al Granduca di Toscana fa pensare al 1570, anno in cui papa Pio V, domenicano come frate Egnazio, incorona Cosimo I de' Medici con questo titolo.

[177] Per la distinzione che fa il Danti fra mare del nord (mar dei Caraibi e golfo del Messico) e mare del sud (Oceano Pacifico) si veda il secondo cartiglio della Nuova Spagna.

AL SERENI[SSIM]O COS[I]MO MED[ICI] GRAN DUCA DI TOSCANA[176] Qui si è continuato il resto del mare del Nort[177] con l'isola di San Domenico detta Spagnola nella quale è la città di San Domenico primiera habitazione dei Christiani in queste indie, e per essere quest'Isola la maggiore et più popolata di questo Arcipellago. Si potrà giustamente dimandare l'Arcipellago di San Domenico massimamente essendo stato un frate di San Domenico il primo sacerdote che habbia celebrata la Santa messa in quest'isola e chiamatovi il Santo nome di Iesu Christo. La prima terra che fusse vista dal Colombo fu l'Isola Desiata.
F. EGNAZIO DANTI

Egnazio Danti, *Ecuador e Perù*, s.d.

Questa parte del Perù descritta nella presente tavola tra le altre provincie che in essa sonno la più famosa et fertile è quella del cusco, la cui principal città ha il medesimo nome che la provincia. Il quale hebbe da Cusco padre di Atabalippa Cacique di quella. Questa città del Cusco non solo è una delle più belle del india ma anderebbe al pari di molte città d'Italia. La forma sua è quadrata et le suoi strade son tutte dritte attraversate in croce per il mezzo della quali passa un canale di acqua. Le strade et le piazze son tutte amatonate, et le case son quasi tutte di pietra bellissime. Il muro che la cingie è in giro una giornata. Il palazzo del Signore che è in fortezza è quadro et le suoi faccie son tre tiri d'arco l'una. Ha tre giri di muri fatti di grandissimi pezzi di pietra di longhezza et altezza palmi 30 l'uno. Dicono quelli che l'hanno visto che vi aloggierebbero dentro cinquemila persone e che questo edifitio è uno dei più superbi che in tutte le bande nostre si veda.

Egnazio Danti, *Bolivia e parte occidentale dell'Amazzonia*, s.d.

La cartella contiene solo segni volutamente illeggibili

La cartella è muta e senza scritte.
La tavola, nella regione amazzonica, comprende tre
disegni di popolazioni antropofaghe

Egnazio Danti, *Cile e Argentina con lo stretto di Magellano*, s.d.

Questo stretto prese il nome da Fernando Magaglianes che fu il primo a passarlo essendo partito da Siviglia l'anno 1519 adi 10 di Agosto con cinque navi nelle quali erano 237 homini et dal capo di Sant'Agustino ne venne costeggiando tutta la parte orientale del Perù et passato questo stretto giunse alle Molucche ove esso fu amazzato et il resto delle sue genti con grandissimi travagli girando tutte le parti orientali e tutta l'Affrica alla fine l'anno 1522 adi otto di Settembre giunse in Siviglia una sola delle cinque navi con diciotto huomini et per il conto venuto giorno per giorno trovorono haver caminato 14.460 leghe che sono 57.847 miglia italiane et se bene tutto il circuito della terra secondo i moderni non è più di 21.600 miglia nondimeno si deve avvertire che il lor viaggio non fu per retta linea nel mo[do] che si piglia la sopradetta grandezza del circuito della terra et trovorono nel computo de giorni havere un giorno meno havendo lor navigato sempre per ponente secondo il moto del sole. La nave Vittoria che ritornò in Spagna si vede ancor hoggi in Siviglia com'è.

STRETTO DI MAGELLANO

Stefano Bonsignori, *Cile e Argentina con lo stretto di Magellano*, 1584

Il presente stretto prese il nome di Magaglianes dal suo P[rim]o discopritore, il quale dopo mo[l]ti pericoli, varcato ditto stretto, arrivò alle isole moluche. Fu dinuovo ritrovato dal C[apita]no Gio[van] batista Cano[178], che per tale stretto passò colla nave Vittoria. Questi furono li primi che tal navigatione habbino fatto. Tiene tale stretto di lunghezza leghe CX la sua larghezza è varia. Non si trova di questa provincia cosa degna, scitta di memoria, e fra terra poca cognitione d'essa, della quale il dominio possiede il cattolico Re Filippo d'Austria.

[178] Juan Sebastian del Cano (o Elcano), capitano della *Conception*, una delle navi della flotta di Magellano.

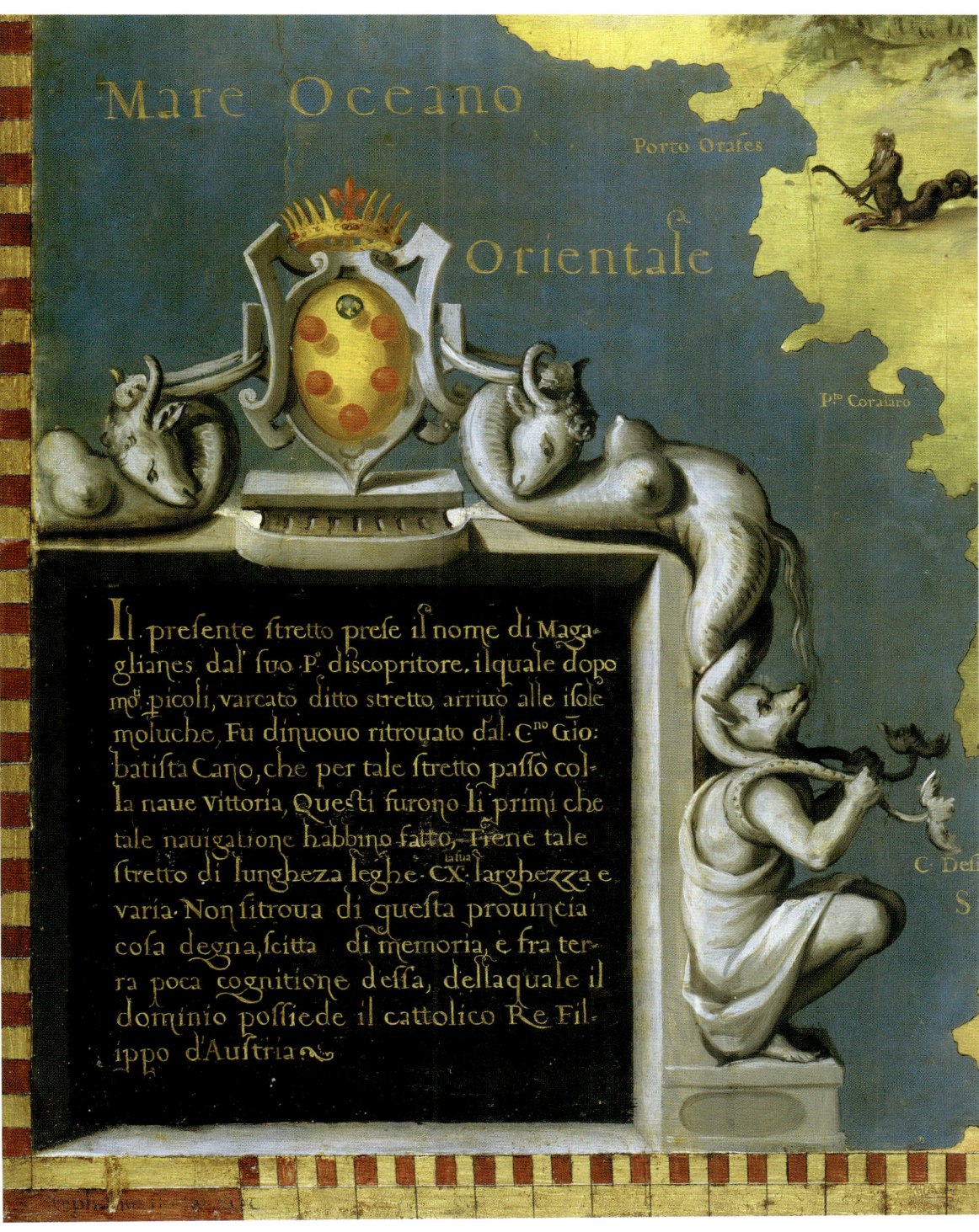

Hic euripos III ingreditur ostijs et quot annis ad 3 circiter menses congelatus manet, latitudinem habet 37 leucarum[179].

Haec insula optima est et saluberrima totius septentrionis[180].

Pigmei hic habitant quattuor ad summus pedes longi quemadmodum illi quos in Gronlandia Screlirgers vocant[181].

[179] «Questo canale ha tre sbocchi; ogni anno rimane congelato per circa tre mesi; ha una latitudine di 37 leghe». Si confronti con il testo presente nel riquadro sulle terre polari del planisfero di Gerhard Kremer (Mercator) del 1569: «Hic euripus 3 ingreditur ostiis et quotannis ad 3 circiter menses congelatus manet, latitudinem habet 37 leucarum».

[180] «Quest'isola è la migliore e più salubre di tutto il settentrione». (cfr. Mercator nel planisfero citato: «Haec insula optima est et saluberrima totius septentrionis»). La scritta è apposta sulla terra polare corrispondente, nel mappamondo del Mercatore, alla zona sovrastante la Groenlandia che appare nella parte inferiore della tavola. Bonsignori, come Mercator, pone al polo artico una «rupes nigra et altissima» (in alto al centro in questa tavola) interamente circondata da una terra racchiusa nel circolo polare e divisa in quattro da altrettanti canali ortogo-

nali. Queste terre sono ovviamente immaginarie.

[181] «Qui abitano pigmei alti quattro piedi come quelli che in Groenlandia chiamano Screlirgi» (cfr. ancora Mercator: «Pygmaei hic habitant 4 ad summum pedes longi, quemadmodum illi quos in Gronlandia Screlingers vocant»). Ai pigmei della Groenlandia Olaus Magnus dedica un'illustrazione nella sua *Carta marina* del 1539 e una descrizione nell'*Historia de gentibus septentrionalibus* del 1555 (nel 1565 è pubblicata la traduzione italiana): «Si dice, che sopra li popoli detti Astomi, ne la estrema parte de' monti, sono li Pigmei Spithamei, li quali non sono più, che tre spanne di lunghezza, et habitano sotto un salutifero cielo, dove è sempre Primavera» (*op. cit*, lib. II, cap. XI). Anche Abraham Ortelius, nella mappa *Septentrionalium regionum descriptio* del 1579, riporta sulle terre polari la scritta: «Pigmei hic habitant».

In septentrinibus partibus Bargu Insulae sunt inquit m[arc]us polus ven[etian]us[182] lib[ro] p[rim]o cap[itolo] 61 quae tantum vergunt ad Aquilonem ut polus arcticus illis videatur ad me[r]idie[m] def[l]ectere[183].

Oceanus XIX ostijs inter has insulas irrupens 4 euripos facit quibus indesin[en]ter sub septentrionem fertur, atque ibi in viscera terrae absorbetur, Rupes quae sub polo est ambitum circiter XXXIII leucarum habet[184].

[182] Marcus Polus venetianus cioè Marco Polo.
[183] La scritta è pressoché identica ad una contenuta in un'altra tavola delle terre polari. Le uniche differenze sono l'inserimento della parola «polus» che rende univoco il riferimento a Marco Polo veneziano e il capitolo erroneamente indicato come LXI (in realtà è il IL).
[184] «L'Oceano entrando dentro queste isole con diciannove sbocchi crea quattro canali con cui incessantemente scorre verso settentrione e qui viene assorbito nelle viscere della terra. La rupe che sta sotto il polo ha un circuito di circa 33 leghe». Si può osservare come gli sbocchi disegnati dal Bonsignori nelle quattro tavole sulle regioni polari sono in realtà venti e non diciannove (sette in questa, cinque in quelle sopra l'Eurasia e l'America, tre sopra la Groenlandia); sono invece diciannove nella mappa del Mercatore del 1569, dove infatti è presente questa annotazione: «Oceanus 19 ostiis inter has insulas irrumpens 4 euripos facit quibus indesinenter sub septentrionem fertur, atque ibi in viscera terrae absorbetur». La zona artica qui rappresentata corrisponde a quella sovrastante lo stretto di Bering, cioè i continenti asiatico e americano, come testimoniano le due iscrizioni su due territori in calce a questa tavola: «Pars Asiae orientalis extrema» e «Bergi Regio. Indiae novae pars». Si vedano le analoghe scritte nel planisfero del 1569: «Bergi regio» «Indiae novae pars», «Asiae pars, orientalis extrema».

Hic euripus 5 habet ostia et propter angustiam ac celerem fluxum numquam congelatur[185].

Sono le parti del Settentrione da noi sì remote, che pochi son quelli che di esse habbino scritto, Nientedimeno si trova che il Re di Norvegia havendo havute delle notitia ci mandò gente ad habitare, come per relatione d'un certo sacerdote che stava alli servigi di detto Re, afferma esservi stato e questo l'anno del S[igno]re 1364. E per innanzi s'havea notitia che un certo Minorita Osservante matematico era venuto in queste isole. Et havere descritto, e con lo strolabio misurato, quasi in questa stessa forma s[i] come narra Iacopo Cnoyen del sito e delli 4 canali che con tanta velocità corrono al Sett[entrio]ne che le navi entratevi per nessun modo possano tornare a dietro, tirate da una interior voragine. Queste stesse cose narra Giraldo Cambrense nel lib.° delle cose mirabili della Ibernia[186].

---

[185] «Questo canale ha 5 sbocchi e a causa della sua strettezza e della celerità del flusso non congela mai». Questa parte delle terre polari corrisponde, nella mappa del 1569 di Gerardo Mercatore (dove però i cinque sbocchi diventano quattro), alla zona artica sopra la regione canadese dell'Ontario, come confermato dall'annotazione sul territorio dipinto nella parte inferiore della tavola, su cui è scritto: «Parte Settentrionale della nuova India».

[186] L'annotazione è molto simile a quella inserita in un'altra tavola delle terre polari.

In septentrionibus partibus Bargu insulae sunt inquit M[arcu]s Ven[etian]us[187] lib. I cap. XLI[188] quae tantum vergunt ad Aquilonem ut polus arcticus illis videatur ad meridiem deflectere[189].

Pigmei hic habitant 4 ad summus pedes longi quemadmodum illi quos in Gronlandia Serelirgers vocant[190].

Fono state incognite le parti sett[entriona]li sino a che Arturo Britanno l'anno del S[igno]re MCCCLXIIII havendone havuto relatione mandò gente ad habitarvi, come narra Jacopo Cnoien Buscoducente il quale raccolse da viva voce d'un sacerdote che stava alli servigi [d]el Re di Norvegia, e referì che l'anno MCCCXL un certo minorita Anglo matematico era asceso in queste Isole e con l'astrolabio havere il tutto misurato e descritto in questa stessa forma. Queste e molte altre cose scrive Giraldo Cambrense nel libro intitolato De Mirabilibe Ibernie[191].

---

[187] Marco veneziano, ovvero Marco Polo.

[188] Sul numero in caratteri romani è sovrascritto in rosso il numero 49 in caratteri arabi.

[189] «Nelle parti settentrionali vi sono le isole Bargu che Marco Veneziano nel libro I al capo 49 dice che tanto volgono a settentrione che la stella polare vi si vede declinare verso il meridione». Si confronti con la frase di Marco Polo citata: «Ed è quel luogo tanto verso la tramontana che la stella di tramontana pare alquanto rimaner dipoi verso mezodí» (*Il Milione*, libro I, cap. IL in Giovanni Battista Ramusio, *op. cit.*, vol. III). Va precisato che la versione pub-

blicata dal Ramusio è una delle 150 diverse esistenti: consta di tre libri per un totale di 180 capitoli. Nella stesura più vicina all'originale francese, il codice Magliabechiano o della Crusca, l'opera è invece divisa in 173 capitoli in un unico libro. Il capitolo corrispondente a Bargu è il LXX e la citazione è: «E sí vi dico che questo luogo è tanto verso la tramontana, che la tramontana rimane adrieto verso mezzodie». In verità con questa ingenua iperbole (in entrambe le versioni) il viaggiatore veneziano descrive la pianura di Bangu (nella versione del cod. Magliabechiano) o Bargu in Tartaria, non le isole indicate da Bonsignori. Si veda anche l'identica iscrizione di Mercatore nella pianta del 1595: «In septentrionibus partibus Bargu insulae sunt inquit M[arcus] Paulus Ven[etianus] lib. I cap. XLI quae tantum vergunt ad Aquilonem ut polus arcticus illis videatur ad meridiem deflectere». Il testo non è invece presente nel planisfero del 1569. In entrambe le carte sembra però esserci la spiegazione del curioso fenomeno, con la distinzione fra polo artico e polo magnetico, spostato più a sud.

[190] La medesima frase è riportata in un'altra tavola raffigurante le terre polari.

[191] Nelle note alla mappa del 1569 di Gerardo Mercatore si legge: «Quod ad descriptionem attinet, eam nos accepimus ex Itinerario Jacobi Cnoyen Buscoducensis, qui quaedam ex rebus gestis Arturi Britanni citat, majorem autem partem et potiora a sacerdote quodam apud regem Norvegiae anno Domini 1364 didicit. Descenderat is quinto gradu ex illis quos Arturus ad has habitandas insulas miserat, et referebat anno 1360 Minoritam quendam Anglum Oxoniensem mathematicum in eas insulas venisse, ipsique relictis ad ulteriora arte magica profectum descripsisse omnia, et astrolabio dimensum esse in hanc subjectam formam fere uti ex Jacobo collegimus. Euripos illos 4 dicebat tanto impetu ad interiorem voraginem rapi, ut naves semel ingressae nullo vento retroagi possint, neque vero unquam tantum ibi ventum esse ut molae frumentariae circumagendae sufficiat. Simillima his habet Giraldus Cambrensis in libro de mirabilibus Hiberniae». Secondo alcuni storici il frate minorita inglese sarebbe il geografo Nicholas di Lynne, che avrebbe compiuto un viaggio al Polo Nord in quegli anni. Non è dato sapere se Bonsignori tragga la sua nota da Mercatore o si rifaccia al testo da lui citato: il rapporto «in belgica lingua» dell'esploratore olandese James Cnoyen of Boise-le-Duc è infatti andato perduto. Il territorio rappresentato in questa tavola corrisponde alla zona artica sovrastante la Siberia, fra i mari di Kara e di Laptev.

Sistemazione attuale delle tavole
nella Sala delle Carte geografiche in Palazzo Vecchio

A   49   51   2

50   52   53   1   3

B   4   6   8   10   12   14   16   18

5   7   9   11   13   15   17   19

A. parete verso la Sala dei Gigli
B. parete verso la Cancelleria
C. parete verso il Salone dei Cinquecento
D. parete verso il cortile della Dogana

La Sala delle Carte geografiche

APPENDICE

Il grande globo terrestre di Egnazio Danti

Franco Casali

Introduzione

In Palazzo Vecchio, al centro della Sala delle Carte geografiche, vi è un grande globo terrestre, realizzato dal domenicano Egnazio Danti e collaboratori attorno alla fine degli anni Sessanta del Cinquecento[1]. Con il suo diametro di 220 centimetri è uno dei più grandi globi tuttora esistenti al mondo e tuttavia Danti scriveva che tale meraviglia poteva essere fatta ruotare con un sol dito: «il quale è fatto con invenzion nuova talmente, che con un sol dito sì gran macchina si muove per tutti i versi, et si fa alzare et abbassare i poli con facilità grandissima»[2]. Il globo dunque non solo poteva ruotare intorno all'asse verticale, ma – grazie a un ingegnoso sistema di cerchi metallici imperniati sull'Equatore – poteva ruotare verticalmente, in modo da portare anche le zone artiche sotto l'occhio del visitatore. Purtroppo, ai nostri giorni, il globo è bloccato e non è più possibile farlo ruotare attorno al suo asse o attorno ai due perni fissati sull'Equatore[3]. Inoltre, la leggibilità della sua superficie è molto compromessa.

Un difetto questo che si manifesterà pochi anni dopo la sua realizzazione. In una sua lettera a Emilio de' Cavalieri del 5 agosto 1595[4], Anto-

▬ Particolare della superficie del globo

nio Santucci delle Pomarance evidenzia la necessità di restaurare «il globo grande della Terra e de l'Acqua, che al presente si trova in Galleria. Nel quale si vede molte fessure, scrostamenti e percosse per essere stato mal tenuto. Senza che il color turchino che rapresenta l'Acqua ha tirato al giallo et al nero, come si vede, con diverse machie, per non essere stato dato con quella tempera che si richiede

a una simil cosa. Però fa di mestiero colorir di nuovo tutta la detta Acqua e ralluminare molte cose che sono state acecate ne' continenti della Terra. Similmente fa di bisogno lineare di nuovo tutti i circoli paralleli e merediani, a ciò che si riduca in bella e graziosa vista; e tutte queste cose sono state estinte e acecate per il tanto toccarle con le mani nel girare d'attorno la detta palla». Paradossalmente, dunque, è proprio la straordinaria mobilità del globo a determinarne la prematura usura.

Nel 2002 il Servizio musei del Comune di Firenze ne affidò il restauro all'Opificio delle Pietre Dure, il quale affidò al Gruppo Beni Culturali dell'Istituto Nazionale di Ottica Applicata le ricerche sulla superficie del globo, con varie tecniche diagnostiche.

Tra le misure preliminari al restauro, effettuate dall'Opificio, vi furono anche radiografie con raggi-x. Da una di queste risultò che alcuni ferri della struttura sembravano rotti. Forse questa poteva essere la causa del blocco del movimento, ma si rendevano necessarie ulteriori indagini. Conseguentemente, al fine di ottenere accurate informazioni sulla struttura interna del globo, fu richiesta la collaborazione del Dipartimento di Fisica dell'Università di Bologna per effettuare una TAC tridimensionale di tutto il globo. L'acronimo TAC sta per Tomografia Assiale Computerizzata, una metodica diagnostica per immagini, che sfrutta radiazioni ionizzanti, come i raggi-x. È normalmente usata in medicina, perché consente di riprodurre sezioni (*tomografia*, dal greco *tomos* = taglio) corporee del paziente ed elaborazioni tridimensionali delle stesse. Per la produzione delle immagini è necessario l'intervento di un elaboratore di dati: di qui il termine *computerizzata*. Applicare questa tecnica diagnostica a un *paziente* delle dimensioni del globo, ha comportato il superamento di numerose difficoltà. Innanzitutto il fatto che si dovesse operare non in un ambiente schermato, come un gabinetto radiologico all'interno di un ospedale, ma sul *campo*. Va precisato che una tomografia di un oggetto di tali dimensioni posto all'interno di un ambiente non schermato non era mai stata eseguita al mondo, in quanto solo la NASA effettua nei propri

bunker tomografie dei *booster*, i razzi che portano le navette in cielo, del diametro di circa due metri. Inoltre, il *campo* nel quale si sarebbe dovuto operare era il museo di Palazzo Vecchio, con i suoi tesori e i suoi molti visitatori. Si trattava di una sfida per il Comune di Firenze, come per l'Università di Bologna. Una sfida che si doveva vincere, oltre che per accrescere le conoscenze scientifiche e strutturali sull'oggetto, per dimostrare l'alto livello tecnologico raggiunto in Italia.

LA TAC AL GLOBO

Un'analisi tomografica richiede l'esecuzione di molte radiografie dell'oggetto ad angoli diversi e relativa acquisizione digitale delle singole immagini. Da tali immagini, con un procedimento matematico sviluppato un secolo fa dall'austriaco Radon, è possibile *ricreare* l'oggetto come sovrapposizione di tanti cubetti denominati "voxel", acronimo di *volume element*.

Il procedimento è analogo a quello seguito dai bambini per costruire oggetti con i cubetti del Lego. Nel nostro caso, a materiali di densità diversa corrispondono cubetti di colore diverso.

Una radiografia come quelle

fatte dall'Opificio, con lastra posta dietro il globo alla distanza di circa trecento centimetri dalla sorgente dei raggi-x richiedeva circa venti minuti. Decisamente troppi, se si considerava il grande numero di radiografie necessarie. Si è fatto uso, pertanto, di una telecamera digitale intensificata, di produzione russa, che permetteva la stessa acquisizione in cinque secondi. Per evitare distorsioni dell'immagine e per poter utilizzare metodi matematici adeguati, il globo è stato analizzato per *fette*, come se fosse un gigantesco panettone salato farcito.

Nella figura è riprodotto uno schema dell'apparecchiatura utilizzata. Il tubo a raggi-x si muove su un asse di alluminio calibrato, che permette solo una serie di posizioni prestabilite. Il sistema di rivelazione, con la telecamera russa, si muove su un asse il quale, a sua volta, trasla su un binario. I movimenti dei vari componenti sono realizzati mediante tre motori comandati a distanza.

Il globo, il cui peso è di circa 1.000 kg, è stato appoggiato su una piattaforma ruotante, in grado di compiere spostamenti angolari minimi di un grado, dove poteva rimanere in una certa posizione per il tempo stabilito dall'operato-

re. Per minimizzare la radiazione alla stanza e alla parte del globo non coinvolta nella misura, il tubo a raggi-x è stato dotato di un collimatore di piombo che permette l'irraggiamento solo della *fetta* interessata.

La misura può essere schematizzata nel modo seguente: il tubo è posto inizialmente in corrispondenza del polo nord del globo e alla stessa altezza è posizionato il rivelatore; l'asse verticale, che sostiene il rivelatore, è posizionato in corrispondenza della parte più estrema del ventaglio di raggi-x. In questa posizione è acquisita la prima immagine digitale; la piattaforma, su cui il globo è appoggiato, è fatta ruotare con incrementi angolari di un grado (per un totale di 360 posizioni) e a ogni posizione viene acquisita un'immagine.

Dopo la rotazione completa del globo, l'asse verticale viene spostato di circa 40 cm – le dimensioni del rivelatore – e inizia un'altra serie di 360 misure. Il procedimento continua fino al completamento della *fetta*. In corrispondenza dell'equatore del globo sono necessari 12 spostamenti.

Giunti all'equatore, il tubo è spostato verso il polo sud e il procedimento ricomincia come sopra descritto, fino a raggiungere nuovamente l'equatore.

Schema del sistema utilizzato. A destra, il globo durante i test

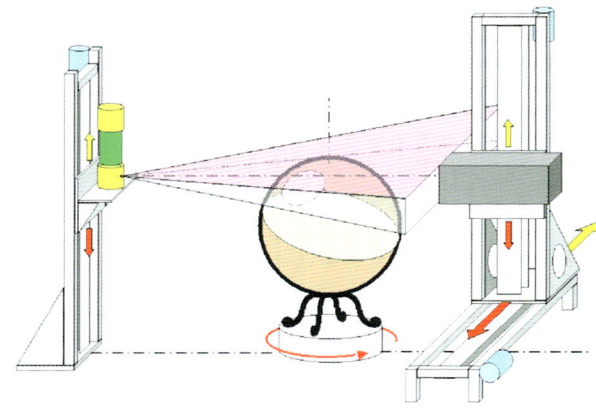

Per analizzare totalmente il globo si è reso necessario l'esame di 14 *fette*, il che ha comportato l'acquisizione di oltre 33.000 immagini digitali.

Nella figura è mostrata una *fetta* del globo, prossima all'equatore, ricostruita sulla base di 360x12 immagini. Unendo in un'unica immagine le 14 fette ricavate durante la tomografia si ottiene la struttura completa. La ricostruzione tridimensionale del globo, a partire dalle immagini digitali, è stata realizzata mediante un software sviluppato al Dipartimento di Fisica dell'Università di Bologna.

ALCUNI RISULTATI ACQUISITI

Numerose, e talune davvero sorprendenti, sono state le informazioni acquisite. Innanzi tutto la struttura portante interna, come scriveva don Egnazio, è interamente in ferro[5] ed è stata realizzata nel modo seguente. Al

▬ Ricostruzione della fetta corrispondente alla zona subito sopra l'equatore del globo.
A destra, la ricostruzione delle 14 fette

centro dell'asse di rotazione del globo sono state fissate otto barre di ferro che si aprono a raggiera fino a raggiungere la circonferenza equatoriale. Dall'estremità di quattro di queste barre partono quattro coppie di aste che alternatamente si uniscono al polo nord e al polo sud, in modo tale da realizzare due piramidi con la medesima base quadrata posta all'altezza dell'equatore e con vertici, rispettivamente, nei poli sud e nord. Il fabbro Antonio Lupicini, detto il Lupattino, che ha probabilmente realizzato questa struttura su indicazioni di frate Egnazio ha così costrui-

▬ a) Ricostruzione tridimensionale del globo a partire dalle immagini;
b) particolare della struttura interna

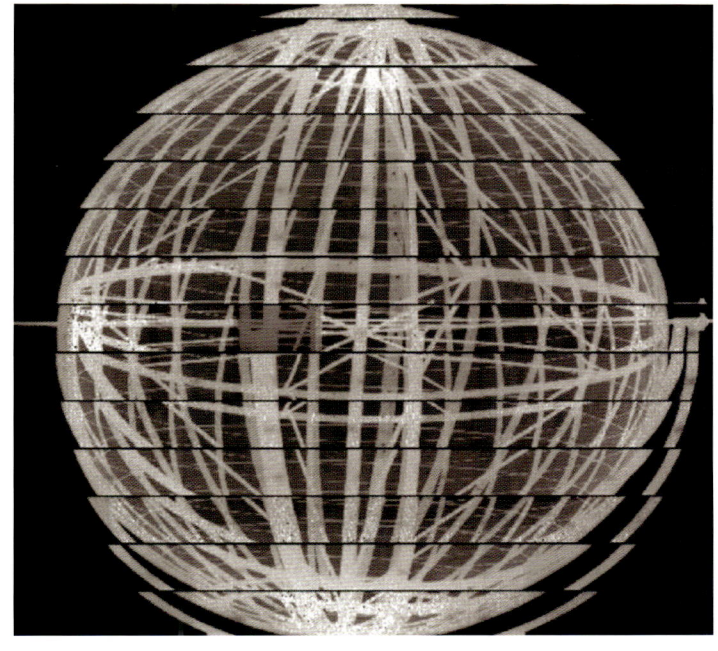

to un'armatura leggera e molto resistente. Intorno alle basi di questa doppia piramide è stata stesa una lamina di metallo lungo la linea dell'equatore.

Le otto barre, in verde, formano le due piramidi che sostengono la struttura, mentre in giallo si vedono le trentadue centine di ferro che completano l'interno della sfera. La struttura esterna è colorata in celeste.

Le trentadue centine, affiancate le une alle altre come fossero altrettanti meridiani terrestri, sono tutte fissate

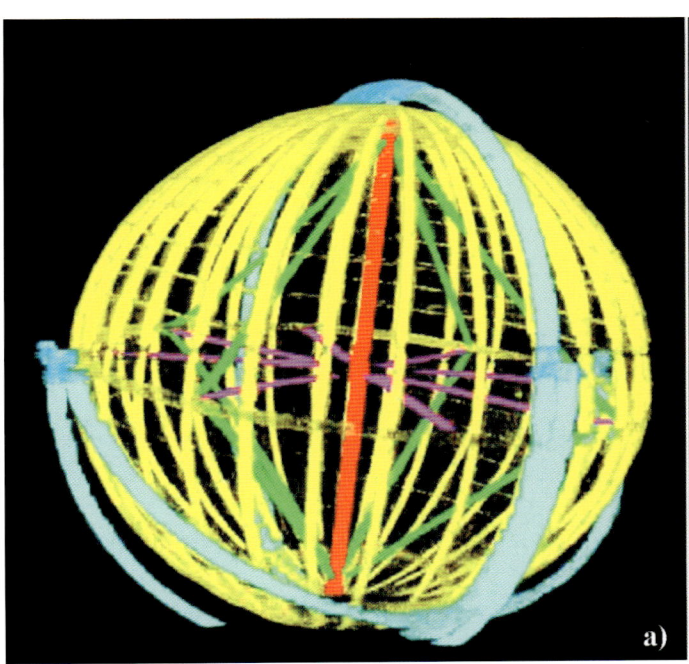

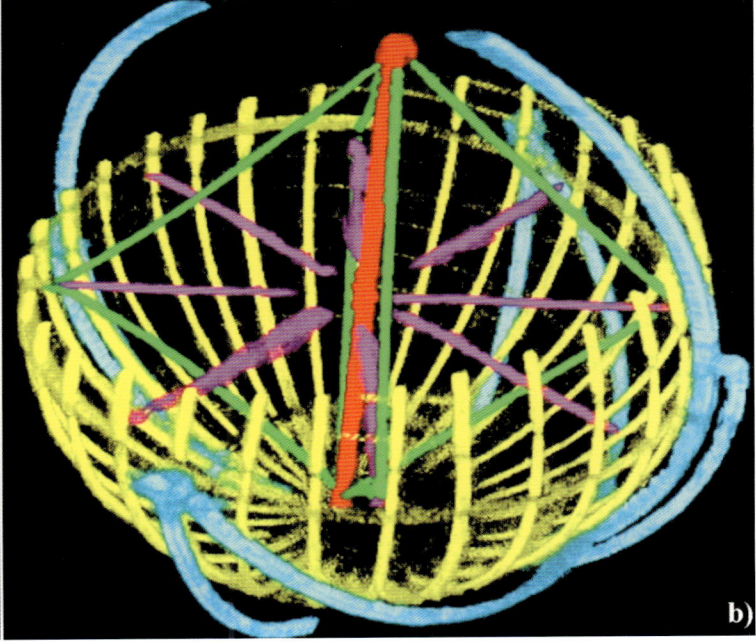

Particolare costruttivo: i meridiani si sovrappongono al polo in modo alterno

Rete di canapa come ricostruita dalla TAC

Dettaglio fotografico della rete di canapa

alla lamina che riveste l'equatore. Esse, però, sono fissate ai poli in modo alternato: sedici hanno una loro estremità solidale al polo nord e sedici al polo sud. L'altra estremità è libera, non fissata all'asse. Questa soluzione adottata, trasformando le centine in una sorta di *costole fluttuanti*, ha conferito una maggiore elasticità alla struttura ed era forse il segreto della grande maneggevolezza del globo[6].

Nelle immagini ricostruite è chiaramente visibile la disposizione delle centine, colorate in giallo. Conseguentemente la primitiva valutazione che alcuni ferri della struttura interna fossero rotti è risultata del tutto erronea. La particolare disposizione delle centine, unita al peso dell'armatura interna, potrebbe aver determinato nel tempo lo schiacciamento riscontrato durante l'analisi del globo, schiacciamento che – a sua volta – ha reso impossibile la rotazione del globo lungo l'asse orizzontale e, probabilmente, reso problematica anche la rotazione intorno all'asse verticale.

I dati ottenuti dalla TAC hanno consentito una ricostruzione tridimensionale sia della struttura esterna di sostegno – «il piede e il fornimento» – sia l'armatura interna del globo. Potendo misurare direttamente il volume della struttura esterna e confrontando il valore del volume misurato con quello calcolato dalla TAC, è possibile ricavare un fattore che ci fornisce correttamente il volume del ferro dentro il globo. Con questo procedimento è stato valutato un peso complessivo di 608 chilogrammi di metallo, così distribuito: 258 chilogrammi nella parte esterna e 350 chilogrammi nella parte interna.

L'elaborazione delle immagini acquisite ha riservato un'altra sorpresa: è emersa una struttura di materiale di densità molto inferiore al ferro, come una rete con grandi maglie. Dai documenti ritrovati in archivio risulta che nella costruzione del globo siano stati impiegati grandi quantitativi di canapa: Bartolomeo di Giovanni detto «el moro funaiolo» viene pagato l'11 agosto 1565 «per libbre 87 di canapa filata e altro per la palla e quadri per la detta Guardaroba». Fino a quel momento ci si era chiesti: a cosa servivano quasi trenta chilogrammi di canapa? La tomografia ha fornito la risposta. Una rete di canapa era stata stesa sulle centine metalliche per sostenere la scagliola sulla quale erano incollate le mappe terrestri.

L'immagine della rete non è perfettamente nitida – con una terminologia tecnica viene definita *rumorosa* – in quanto l'energia dei raggi-x utilizzati era ottimizzata per la struttura in ferro; quindi la canapa, di cui gli sperimentatori non conoscevano l'esistenza, era troppo trasparente per quella radiazione. È possibile che la TAC abbia messo in evidenza solo la parte più grossa della maglia non riuscendo a mostrare la stoffa che eventualmente ricopre la struttura in ferro.

Per avere una migliore conoscenza di questo elemento costruttivo si sarebbe dovuta rifare parte della TAC con raggi-x più *molli*. Purtroppo, al momento della scoperta della canapa, il sistema tomografico era già stato smontato.

Condizioni di lavoro e imprevisti

Il team che ha realizzato la misura era composta da 10 giovani: 5 ragazze e 5 ragazzi. Metà erano informatici che conoscevano le tecniche di ricostruzione d'immagini, mentre cinque fisici conoscevano bene le tecniche dell'analisi con raggi-x. Si sono alternati per un mese, in turni di due, dalle cinque del pomeriggio alle cinque del mattino. Le apparecchiature di controllo della strumentazione erano posizionate fuori della Sala delle Carte, in un corridoio a essa adiacente, con paratie di piombo che impedivano alla radiazione di uscire dal portone della Sala. Nonostante il disagio del lavoro notturno, a detta dei giovani ricercatori, l'esperienza fu esaltante e irripetibile. Come per tutte le esperienze di tipo innovativo, non sono mancate le difficoltà e i momenti di *suspense*. Durante il trasporto nella Sala delle Carte, la colonna di alluminio, utilizzata per il movimento del tubo a raggi-x, è oscillata paurosamente nelle braccia di coloro che la stavano trasportando. Si è riusciti a stento a evitare il disastro, raddrizzandola e posizionandola correttamente. E qualcuno dei presenti ha pensato che in questo ci sia stato l'intervento diretto di frate Egnazio, preoccupato che il suo globo potesse essere danneggiato e, forse, curioso di vedere cosa fosse questa TAC, sicuramente opera del demonio.

Una volta montata l'apparecchiatura ci si è poi resi conto che la telecamera intensificata russa mal sopportava l'elevata temperatura estiva di Palazzo Vecchio. Si è quindi dovuto integrare il suo sistema di raffreddamento con un impianto di condizionamento dell'aria gentilmente prestato dagli addetti alla biglietteria.

L'esperienza acquisita nella prima sperimentazione di questa tecnica diagnostica *in campo* ha consentito di utilizzarla anche su altre opere d'arte. Dopo opportune modifiche, la strumentazione è stata riutilizzata per fare tomografie alla *Madonna del cardellino* del Raffaello, in restauro presso l'Opificio delle Pietre Dure; ad antiche statue giapponesi di legno conservate a Venaria Reale e, più recentemente, a una statua bronzea di età romana esposta al Paul Getty Museum di Los Angeles[7].

Tutto ciò dimostra che la TAC del globo non è rimasta un episodio isolato, ma è stata la prima di una serie di analisi di grandi oggetti, non ispezionabili con TAC medicali, di interesse nel campo dei Beni Culturali.

[1] Il globo era sicuramente terminato nel settembre 1571, quando il Danti ne parla in una lettera al conte di Caprara, il bolognese Polidoro Castelli. La sua costruzione non era probabilmente ancora ultimata nel dicembre 1570, quando il Danti viene pagato «per il costo di 500 pezzi d'oro battuto, per macinare per fare le lettere d'oro nello appamondo grande», Cfr. ASF, Depositeria Generale, Parte Antica, f. 776, c. 63r.

[2] Questa descrizione è contenuta nella citata lettera a Polidoro Castelli. La lettera è trascritta in Girolamo Tiraboschi, *Storia della letteratura italiana*, tomo VII, parte II, dall'anno MD fino all'anno MDC. Venezia: Giuseppe Antonelli, 1824, capo II, XXX, pp. 686-687.

[3] È probabile che il globo sia stato bloccato nel corso di uno dei tanti restauri che ha subito nei secoli. Si ha testimonianza di un primo intervento già nel 1593, per mano di Antonio Santucci, cui seguirono altri nel 1889, nel 1953 e nel 1963.

[4] ASF, Guardaroba Medicea, f. 195, inserto 1, c. 89

[5] Le centine in legno consegnate a frate Egnazio nell'ottobre del 1564 «per fare una palla d'apamondo per il palazzo ducale» servivano probabilmente a realizzare una struttura provvisoria su cui porre la superficie esterna del globo, man mano che la si realizzava, in attesa della fattura della struttura metallica definitiva. Cfr. ASF, Scrittoio delle Fortezze e Fabbriche, Fabbriche Medicee, f. 10, c. 76v.

[6] A contribuire alla grande mobilità della sfera – tanto che era sufficiente un dito a farla girare – era anche l'inerzia dovuta al grande peso del globo.

[7] A chi fosse interessato alle tecnologie diagnostiche impiegate nell'analisi del globo di Palazzo Vecchio si segnalano le seguenti pubblicazioni:
Franco Casali, *X-ray and Neutron Digital Radiography and Computed Tomography for Cultural Heritage*, in *Physical Techniques in the Study of Art, Archaeology and Cultural Heritage*, Elsevier, 2006, Chapter 2, Vol. 1, pp. 41-123;
F. Casali, M. Bettuzzi, D. Bianconi, R. Brancaccio, S. Cornacchia, C. Cucchi, E. Di Nicola, A. Fabbri, N. Lanconelli, M.P. Morigi, A. Pasini, D. Romani, A. Rossi, *X-ray computed tomography of an ancient large globe*, in "Optical Methods for Arts and Archaeology Conference", edited by Renzo Salimbeni, Luca Pezzati, 13-14 June 2005, Munich, Germany, Journal: *Optical Measurement Systems for Industrial Inspection IV*. Edited by Osten, Wolfgang; Gorecki, Christophe; Novak, Erik L. Proceedings of the SPIE, Volume 5857OV-1, pp. 253-260 (2005).
Infine, a chi fosse interessato ad altri affascinanti lavori tomografici su ulteriori oggetti dei Beni Culturali o nel campo dell'Industria e della Medicina, si consiglia di visitare il sito www.xraytomography.com (si va dalla mummia di gatto egiziana, ai gioielli, alle statue di bronzo antiche).

Linee guida per un progetto preliminare di indagini diagnostiche e di restauro del globo terrestre di Egnazio Danti

Alfredo Aldrovandi, Cecilia Frosinini, Letizia Montalbano, Michela Piccolo
(Opificio delle Pietre Dure – Firenze)

Il globo terrestre di Egnazio Danti che si trova nella Sala della Guardaroba o Sala delle Carte geografiche degli Appartamenti Monumentali di Palazzo Vecchio costituisce per la sua mole di oltre due metri di diametro e per l'epoca in cui fu concepito un'opera di estrema rarità. Nel 2002 il Servizio Musei del Comune di Firenze, nella persona della dirigente Chiara Silla, coinvolse l'Opificio delle Pietre Dure nell'ambizioso e interessantissimo progetto di una campagna diagnostica e, successivamente, di un intervento di restauro all'opera. Le attività si svolsero principalmente nell'anno 2003 e 2004 e furono coordinate da Serena Pini, funzionario del Servizio Musei Comunali, responsabile per Palazzo Vecchio, che si prodigò con competenza e passione per realizzare, passo dopo passo, la complessa macchina delle indagini incrociate e per portare a termine la costruzione del piedistallo mobile, la realizzazione della tomografia (il primo grande successo nel campo dei Beni Culturali dell'innovativo sistema di indagine) e il cantiere di restauro preliminare.

Purtroppo quello che segue è la cronaca, come spesso succede nel campo della tutela, di una occasione mancata. Al grande sforzo iniziale, infatti, che vide il coinvolgimento di istituzioni scientifiche e di ricerca di primissimo piano in Italia, con il coordinamento tecnico-scientifico dell'Opificio, e alla realizzazione di un cantiere di primo intervento da parte dell'Opificio stesso, per una rilevazione dello stato di conservazione e una prima pulitura della superficie (necessaria anche alla successiva applicazione di tecniche diagnostiche di indagine), seguì il mancato reperimento dei fondi da destinare alla diagnostica e al restauro.

Tranne il risultato prodotto dalla TAC (straordinario per l'avanzamento della tecnica di indagine nella sua possibile applicazione ai Beni Culturali, oltre che per i risultati conseguiti, di cui il gruppo di Bologna dà conto in altra parte di questo volume), nessuna delle tecniche diagnostiche poté trovare altri spazi che misure di tipo prototipale.

La progettazione e l'esecuzione del restauro che dovevano seguire la campagna diagnostica, vennero anche essi abbandonati. Siamo perciò grati a Cristina Acidini, oggi soprintendente al Polo Museale e alla città di Firenze e all'epoca soprintendente dell'Opificio delle Pietre Dure, per aver voluto comunque coinvolgere nella pubblicazione del presente volume questo contributo, come forma di ringraziamento nei confronti di coloro che, sia istituzionalmente che con grande coinvolgimento e interesse personalmente, avevano partecipato a una così stimolante impresa.

Al momento in cui l'Opificio venne coinvolto dal Servizio Musei del Comune di Firenze nella progettazione di una campagna diagnostica, non erano note testimonianze dirette sulla tecnica impiegata dal Danti per la realizzazione del globo, che tuttavia l'autore stesso dice armato all'interno di ferri e «fatto con invenzione nuova talmente, che con un sol dito sì gran macchina si muove per tutti i versi e si fa alzare e si fa abbassare i poli con facilità grandissima». I pesanti rimaneggiamenti cui era stato soggetto nel corso dei secoli erano evidenti anche a una prima analisi visiva. Da notizie storiche generali sappiamo che venne trasferito nella Galleria degli Uffizi dopo la morte di Cosimo I, già nel 1595 fu sottoposto a un primo restauro da parte del noto astronomo Antonio Santucci delle Pomarance. Nel 1775 passò al Museo degli Strumenti Antichi annesso alla vecchia Specola di Firenze, insieme agli altri manufatti scientifici della Galleria; nella sede originaria di Palazzo Vecchio tornò, dopo altre vicende, solo nel 1958.

LO STATO DI CONSERVAZIONE

Il globo, posto al centro della Sala delle Carte Geografiche, si trovava (e si trova tuttora) in una condizione conservativa precaria, che al momento era però difficilmente analizzabile, per vari motivi: le dimensioni eccezionali e la struttura portante in metallo impedivano una corretta visione dell'insieme; a causa di un cedimento strutturale, il globo è adagiato sulla sua base ed è inamovibile; la superficie dipinta appariva, soprattutto allora, in particolare nella parte superiore, fortemente scurita da depositi di sporco e dall'ossidazione delle vernici.

Dai documenti d'archivio del 1872, sappiamo che il globo si trovava già in: «cattivissimo stato, smontato dal piede e mancante di alcuni pezzi dell'armatura» (Inventario Museo Antichi Strumenti, n. 1261) e che nel 1889 era stato restaurato e rimontato.

A occhio nudo non è tuttora facile individuare le zone superficiali ridipinte, né tanto meno la loro effettiva estensione: gran parte della superficie risulta comunque rimaneggiata, a causa dell'effettivo stato di degrado della pittura originale, compromessa soprattutto nella calotta superiore, più esposta a danni ambientali.

La superficie si presenta molto irregolare con affossamenti e dislivelli, con rotture, abrasioni, gore di vernice e vistose "crepe". Le zone più degradate ci hanno permesso, all'epoca, di effettuare alcuni prelievi, sia superficiali che tramite carotaggio, per una prima individuazione chimica dei materiali costitutivi. I campioni, esaminati al microscopio elettronico, hanno rivelato la stratificazione di diverse materie: una tela molto sottile, gesso, colle organiche e un materiale filamentoso che potrebbe essere stoppa o paglia.

È rimasta comunque delegata a indagini più specifiche e mirate, l'identificazione dei materiali originali o aggiunti successivamente, mentre è stata compiuta una identificazione a campione dei pigmenti e della preparazione, la mappatura dei danni superficiali e strutturali e la conseguente messa a punto degli interventi di restauro.

Il progetto

1. Un progetto pilota di indagini diagnostiche

La campagna diagnostica si prospettava di notevole difficoltà, a causa sia delle caratteristiche morfologiche e delle dimensioni eccezionali dell'opera, sia della mancanza di informazioni sulla natura dei materiali e sulla tecnica di costruzione, diversa da quella adottata per gli altri globi conosciuti. La struttura interna è inaccessibile all'esplorazione diretta e la superficie dipinta in ampie zone è quasi illeggibile. In assenza di precise indicazioni sui materiali e sul loro stato di conservazione risulta impossibile procedere allo smontaggio del globo dalla sua struttura portante in metallo che ne ostacola l'analisi.

Per tali ragioni la prima fase del progetto prevedeva l'impiego di un'estesa gamma di innovative tecnologie di indagine di tipo non invasivo, la cui applicazione ha richiesto in alcuni casi (come quello della tomografia assiale computeri-

rizzata) l'elaborazione sperimentale di sistemi di rilevamento e adeguamenti strumentali destinati a assumere un ruolo pilota.

Il programma prevedeva l'applicazione delle seguenti tecniche: riflettografia infrarossa, fluorescenza UV, termografia, radiografia, tomografia assiale computerizzata (TAC), rilievo conoscopico della superficie, restituzione e modello 3D, analisi stratigrafiche e prove di superficie, sviluppo in piano della superficie pittorica, indagini in FT-IR dei materiali pittorici e di superficie, fluorescenza X (XRF) per la diagnostica dei pigmenti.

Ai fini di monitorare lo stato di conservazione della struttura sarebbe stato di grande interesse l'utilizzo di un endoscopio che, inserito all'interno del globo, ne permettesse la visione. Lo studio preliminare della struttura di superficie portò tuttavia a escluderne l'utilizzo, a causa dell'impossibilità di introduzione della sonda, che si sarebbe ottenuta soltanto a prezzo di rimuovere le calotte metalliche imperniate ai poli, e quindi anche tutta l'area strutturale e dipinta che le ricopre.

Nel contempo venne inoltre messa in atto una campagna di monitoraggio dell'impatto dei fattori ambientali sulle superfici pittoriche delle opere esposte nella Sala delle Carte geografiche mediante un prototipo messo a punto dall'Istituto di Fisica Applicata "Nello Carrara" (IFAC-CNR) di Firenze.

2. I partner

Ai fini della realizzazione del progetto, si era instaurato un comitato scientifico di studio che vedeva l'Opificio delle Pietre Dure (OPD) di Firenze al coordinamento dell'attività di ricerca,

diagnostica e di restauro, con la partnership delle seguenti istituzioni: il Servizio Musei del Comune di Firenze (dr. Serena Pini), la Soprintendenza per i Beni Architettonici ed il Paesaggio e per il Patrimonio storico artistico e demoetnoantropologico di Firenze, Pistoia e Prato; cioè all'epoca Ente proprietario e organismo preposto alla tutela.

Sul versante scientifico sono stati coinvolti: l'Istituto di Fisica Applicata "Nello Carrara" (IFAC-CNR) di Firenze per il monitoraggio dell'impatto dei fattori ambientali sui pigmenti; l'Istituto di Scienza e Tecnologie dell'Informazione "Alessandro Faedo" (ISTI-CNR) di Pisa, per la elaborazione informatica dei modelli tridimensionali; l'Istituto Nazionale di Ottica Applicata (INOA) di Firenze per la fluorescenza UV, termografia, conoscopia; l'Università degli Studi di Bologna, Dipartimento di Fisica, per la tomografia assiale computerizzata; l'ENEA (Ente per le Nuove Tecnologie, l'Energia e l'Ambiente) di Frascati, per la scannerizzazione con laser topologico ad alta risoluzione; l'Università di Perugia, Dipartimento di Chimica applicata ai Beni Culturali per la fluorescenza X (XRF) e la spettrofotometria infrarossa con trasformata di Fourier (FT-Ir); l'Istituto Geografico Militare, per lo studio di fattibilità di una rilevazione di tipo "satellitare" della superficie dell'opera.

L'Opificio era preposto anche a svolgere alcune indagini diagnostiche, quali la riflettografia infrarossa (Roberto Bellucci), la radiografia (Ottavio Ciappi), la prima campagna in XRF (Alfredo Aldrovandi e Alessandro Migliori), l'analisi stratigrafica dei campioni (Laboratorio Scientifico dell'Opificio), le prove di pulitura della superficie (Letizia Montal-

bano e Michela Piccolo con la collaborazione di Donatella Pucci).

3. Relazione sulle indagini preliminari

Durante le fasi preliminari diagnostiche, finalizzate a determinare la fattibilità e il *modus operandi* per una più ampia e completa campagna, sono state applicate differenti tecniche di diagnostica ottica non distruttiva volte a individuare la più adatta metodologia di indagine e a evidenziare aspetti e problematiche eventualmente da superare.

a) *Riflettografia Infrarossa*

La riflettografia infrarossa viene tipicamente impiegata per la visualizzazione degli strati sottostanti il film pittorico, permeabili alla radiazione nel vicino infrarosso (0.8-2.0 μm). La superficie dipinta viene illuminata da lampade con forte componente spettrale nell'IR e l'acquisizione della luce riflessa dalla preparazione permette di ricostruire il riflettogramma, del quale uno dei particolari più importanti è il disegno preparatorio. La visibilità di quest'ultimo dipende dalla tecnica e dal materiale utilizzato, ed è generalmente migliore se esso è stato eseguito con materiali che assorbono l'infrarosso (punta metallica, carboncino, grafite). Oltre alla presenza di un disegno preparatorio, il riflettogramma di un'opera è in grado di svelare la presenza di stesure pittoriche nascoste da ulteriori strati di colore dovuti alla volontà dello stesso artista (pentimenti) oppure a interventi eseguiti in epoche successive. Un sistema per riflettografia è generalmente composto da una o più sorgenti di radiazione IR e da un dispositivo per registrare immagini infrarosse. La radiazione IR riesce generalmente ad attraversare i materiali che costituiscono il film pittorico e viene riflessa e diffusa dagli strati sottostanti; dall'acquisizione della radiazione riflessa si può ricostruire l'immagine riflettografica del dipinto. Il riflettogramma dell'oggetto è solitamente visualizzato mediante un monitor e registrato in forma di immagine digitale. Nel nostro caso, per una prima campagna, come rivelatore è stato impiegato un tubo a Vidicon. Dalle misure compiute non si sono ottenuti risultati di particolare interesse: le immagini all'infrarosso non hanno rivelato traccia di un eventuale disegno preparatorio e questo è imputabile a due possibili casi. La prima possibilità è che il disegno ci sia e sia stato eseguito con materiali che non assorbono l'IR (es. incisione della preparazione); si tratta dell'ipotesi più probabile perché è impensabile che un lavoro che richiede una tale precisione sia stato realizzato senza un disegno preparatorio; è inoltre da escludere che la mancanza di contrasto tra disegno preparatorio e preparazione sia dovuta alla scarsa riflettività di quest'ultima dato che un microcarotaggio compiuto *in situ* ha rivelato uno strato preparatorio di gesso, materiale estremamente riflettente; l'altra possibilità è che i pigmenti che costituiscono lo strato superficiale visibile a occhio nudo non siano sufficientemente trasparenti alle lunghezze d'onda dello spettro delle lampade utilizzate (centrato a 1.1 m).

b) *Fluorescenza UV*

L'acquisizione di immagini utilizzando la tecnica della fluorescenza ultravioletta permette di analizzare la natura dei colori, distinguere e, in alcuni casi, identificare i pigmenti utilizzati appartenenti alle stesse classi cromatiche e perciò non distinguibili in luce visibile, o le vernici usate per coprire lo strato pittorico stesso; consente inoltre di individuare parti rifatte, ritocchi e ridipinture successive alla realizzazione originale. Quando un'opera viene irraggiata con radiazione di lunghezza d'onda compresa nella regione dell'ultravioletto, tale radiazione viene in parte riflessa e in parte assorbita dagli strati superficiali dell'opera. Parte dell'energia assorbita viene quindi emessa nuovamente per fluorescenza sotto forma di radiazione la cui lunghezza d'onda è però nello spettro visibile; l'immagine in fluorescenza dell'opera così ottenuta può essere ripresa e riprodotta con varie tecniche. Nel caso del globo del Danti è stata individuata un'area campione dove si riteneva vi fossero alcuni caratteri indicativi dello stato di conservazione della superficie. Su tale porzione sono state effettuate acquisizioni di immagini di fluorescenza. Le misure sono state realizzate irraggiando la superficie con la radiazione emessa da una lampada di Wood posta a 45° rispetto alla direzione di osservazione; la radiazione di fluorescenza, filtrata con diversi filtri interferenziali scelti in modo da coprire tutto lo spettro visibile, è stata raccolta da una telecamera CCD disposta in direzione perpendicolare alla superficie del dipinto; le immagini così ottenute sono state registrate in formato digitale. L'acquisizione della stessa immagine eseguita sequenzialmente con più filtri interferenziali, secondo la metodologia multispettrale, permette di valutare le intensità relative di fluorescenza corrispondenti ai diversi intervalli spettrali del visibile, consentendo di caratterizzare spettralmente e colorimetricamente i materiali presenti all'interno del-la superficie indagata; inoltre è possibile ricombinare le varie immagini monocromatiche acquisite con i diversi filtri in un'unica immagine colorimetricamente corretta, intendendo con questo un'immagine a colori che riproduca al meglio le sensazioni cromatiche che l'occhio umano osserverebbe direttamente. I test effettuati hanno evidenziato la necessità di un'indagine conoscitiva molto accurata del manufatto, poiché già da queste primissime osservazioni sul campo ci si è potuti rendere conto che lo stato di conservazione e la natura dei materiali di cui è composta la superficie non sono quelli attesi. In particolare numerose aree risultano non originali, come evidenziato da forti disomogeneità e da vaste (e grossolane) chiazze di vernice rilevabili nelle immagini in fluorescenza. Purtroppo l'impossibilità di creare buio totale nella stanza, al momento dei test, ha significativamente disturbato la misura in quanto nelle immagini registrate il contributo della luce ambiente si sovrapponeva al segnale di fluorescenza.

c) *Immagine RGB*

Un rilievo ad alta risoluzione e colori "reali" in formato digitale dell'intera superficie nella attuale situazione di conservazione sarebbe stato di grande importanza per varie ragioni. Prima tra tutte la necessità di un confronto continuo tra le immagini ottenute dagli interventi di diagnostica e l'immagine reale del soggetto; poi al fine di tenere sotto controllo l'effetto di ogni intervento di pulitura o restauro; infine per ragioni di documentazione e archiviazione dell'opera e dei suoi mutamenti in un formato non deteriorabile nel tempo. Nel caso specifico del globo, non è stato possibile applicare la tecni-ca multispettrale per una riproduzione bidimensionale del soggetto in tricromia RGB, utilizzando la tecnologia attualmente a nostra disposizione (scanner IR e RGB dell'I-NOA), a causa della curvatura che non permette una messa a fuoco soddisfacente neanche su piccole porzioni della superficie e che comporta inoltre una oggettiva difficoltà di illuminazione. D'altra parte, essendo di fondamentale importanza disporre di riproduzioni a colori dell'oggetto indagato, si ritenne importante indagare ulteriormente le possibilità di ripresa e di ricombinazione delle immagini. Una possibile via da percorrere sarebbe stata quella proposta dall'Istituto Geografico Militare, ossia quella di assimilare il rilevamento del globo a quello della Terra tramite satellite artificiale. Pertanto la loro proposta era di costruire una struttura che consentisse di realizzare riprese in formato digitale (a esempio per mattonele di 20/25 cm x 20/25cm con centro della presa in assetto nadirale a 5/6 cm dalla superficie del globo). Nell'ipotesi di un diametro del globo di circa 2 m, la superficie del globo medesimo verrebbe coperta da circa 300 mattonele (sovrapposizione perimetrale di 1 mm); l'incertezza di collocazione della singola mattonella (nel caso di precisione del posizionamento angolare della telecamera digitale del centesimo di grado sessagesimale) sarebbe intorno al centesimo di mm. La rappresentazione delle immagini digitali sul piano potrebbe essere realizzata in modo automatico programmando le equazioni di trasformazione da coordinate geografiche j,l a coordinate piane x,y, attribuendo detta trasformazione al centro dell'immagine digitale. Infine, per limitare le deformazioni della rappresentazione sarebbe opportuno fare ricorso a tre tipi di proiezione con caratteristiche di conformità: la cilindrica diretta per la fascia intorno all'equatore, la conica diretta per la fascia intermedia, la stereografica per le zone polari. La proposta, scientificamente assai interessante, venne però abbandonata a favore di un rilevamento in 3D dell'intero oggetto.

d) *Termografia*

La tecnica della termografia viene tipicamente impiegata nella ricerca di strutture superficiali, sia a carattere portante (telai, rinforzi), sia legate a eventuali difetti o danneggiamenti dello strato di preparazione sul quale è applicato lo strato pittorico. Tale tecnica prevede di eccitare termicamente l'oggetto, per esempio illuminandolo con una lampada a incandescenza; parti diverse, in composizione e profondità, si raffreddano in maniera differenziata a causa della diversa conducibilità termica dei materiali; la ripresa con telecamera sensibile all'infrarosso termico (3-5 μm) del raffreddamento della superficie dell'oggetto permette così di individuare eventuali disomogeneità. Per quanto riguarda lo specifico delle nostre misure, la scelta fu quella di operare riprese a campo largo, volte a rivelare la presenza di eventuali strutture di sostegno, anziché selezionare piccole aree sulle quali studiare i dettagli. Il globo è stato riscaldato illuminandolo per diversi minuti con un riflettore di uso teatrale; l'osservazione dell'evoluzione della temperatura superficiale durante il raffreddamento si è compiuta a mezzo di una termocamera e registrata in formato digitale. Le misure compiute hanno rivelato la presenza di un telaio metallico interno composto da fasce disposte lungo le linee meridiane. Data la rapidità con cui tali fasce mostrano di raffreddare rispetto al legno (che sembrerebbe essere una delle componenti degli strati del globo), indice di una maggiore conducibilità termica, si è potuto con una certa sicurezza attribuire loro una natura metallica. Il confronto con alcuni saggi radiografici compiuti parallelamente corrobora in effetti tale ipotesi, in quanto le fasce risultano totalmente radiopache, mentre il supporto della superficie esterna mostra un aspetto che fa pensare a fasciami lignei. Queste prime misure dimostrarono l'efficacia della tecnica termografica nella diagnostica del globo, in quanto permisero, praticamente in tempo reale, di visualizzare la struttura del telaio metallico, fornendone una mappatura, di estrema utilità in se stessa, ma anche propedeutica a un intervento anche diagnostico mirato solo a zone di maggior interesse.

e) *Laser topologico ad alta risoluzione*

Nei laboratori ENEA di Frascati è stato sviluppato un sensore laser ad alta risoluzione (HRLR, *High Resolution Laser Radar*), che consente la scansione di oggetti e scene reali in condizioni ambientali non controllate e l'acquisizione di nuvole di punti per la ricostruzione di modelli tridimensionali al computer dei soggetti sottoposti a scansione. Le caratteristiche di elevata sensibilità, non intrusività e versatilità di tale strumento consentono il suo utilizzo in contesti e per finalità altamente diversificate, sia in ambito industriale e di ricerca che nella tutela dei beni culturali. Tra le applicazioni più rilevanti, è possibile citare, a titolo d'esempio: il *reverse engineering* di oggetti d'arte o pezzi industriali; la prototipazione rapida; la verifica della rispondenza di pezzi industriali ai modelli CAD d'origine; l'ispezione visiva di elementi immersi in ambienti ostili; la realizzazione di sistemi di visione per la robotica; la progettazione di protesi adattate alle caratteristiche anatomiche del paziente. Nel presente lavoro, in particolare, fu presa in considerazione le possibili applicazioni dell'HRLR quali: la ricostruzione di modelli digitali tridimensionali di manufatti artistici o reperti archeologici, a fini di catalogazione, analisi remota, pubblicazione su Web; la renderizzazione tridimensionale di ampie superfici; il supporto alla ricomposizione informatizzata; l'evidenziazione di incisioni nascoste sulla superficie di oggetti o su pareti; l'esplorazione di cavità interne. Inoltre si provvide a realizzare una piattaforma girevole a gradazione automatizzata che potrà essere mantenuta in funzione come base del globo anche dopo il restauro per assicurarne una periodica rotazione onde evitare che una faccia sia costantemente esposta alla luce diretta proveniente dalla grande portafinestra della sala.

IL RESTAURO: UN CANTIERE APERTO

Il restauro si proponeva le seguenti finalità: indagine conoscitiva dei materiali e della tecnica di costruzione, sia strutturali che di superficie; compensazione del cedimento rilevabile in corrispondenza del polo inferiore; ripristino, ove possibile, della originale possibilità di movimentazione del globo che, in origine, come scrisse il suo ideatore Egnazio Danti, «con un sol dito» poteva essere fatto ruotare in tutte le direzioni; recupero della massima leggibilità possibile delle parti originali della superficie dipinta e delle numerose iscrizioni dorate che qualificano dettagliatamente le terre raffigurate; attenuazione del contrasto delle vaste zone oggetto di rifacimenti. La definizione della metodologia di restauro nei suoi dati specifici è di regola subordinata ai risultati delle indagini diagnostiche. Quello che comunque risultava chiaro fin dall'inizio era la necessità di realizzare una complessa struttura di sostegno al globo, una volta smontato dai suoi supporti in metallo, che allo stesso tempo ne consentisse la rotazione e quindi il restauro sul posto. I risultati delle tecniche di rilevamento indicate nel programma delle indagini diagnostiche, in particolare la tomografia e il rilievo mediante laser a tempo di volo o altra analoga strumentazione, dovevano essere utilizzati per l'illustrazione, mediante immagini tridimensionali, delle conoscenze acquisite nel corso dell'operazione.

INTERVENTO PRELIMINARE SUL GLOBO

L'intera operazione di restauro si presentava, fin dalle prime osservazioni, molto complessa e non facile fu anche l'elaborazione di un progetto di lavoro che prendesse necessariamente in considerazione: la costruzione di un ponteggio adatto sia a un più accurato esame dell'opera che all'intervento vero e proprio; lo smontaggio del globo dalla struttura portante in metallo; la costruzione di una invasatura di sostegno; l'esame della struttura interna attraverso indagine endoscopica, sfruttando la pervietà del foro d'ingresso del perno; l'eventuale restauro della struttura interna e della struttura portante in metallo; l'intervento di pulitura e di consolidamento del-

La divisione del globo in otto spicchi

Il ponteggio fisso per la pulitura della calotta superiore

la superficie dipinta; la ricollocazione del globo sulla sua armatura; la progettazione di un sistema espositivo permanente maggiormente idoneo alla delicatezza di un'opera di questo tipo. L'unico intervento effettuato in questa fase di studio e nelle condizioni fisico-ambientali di partenza, ossia con il globo ancorato alla sua struttura portante, nella Sala delle Carte geografiche del Palazzo, è stata la rimozione di un primo leggero strato

La pulitura a secco con microaspiratore

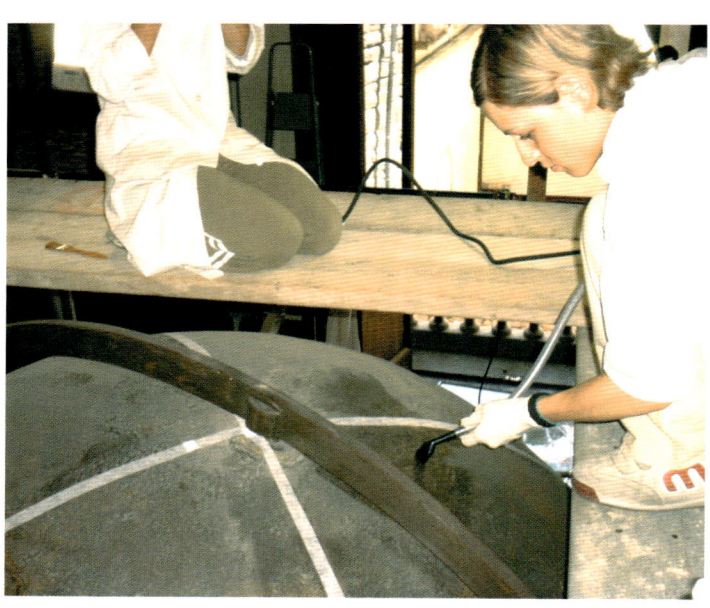

di particellato dall'intera superficie per ottenere, oltre a una migliore complessiva analisi visiva, un più corretto svolgimento delle future indagini diagnostiche, la lettura dell'opera risultava infatti fortemente compromessa dallo spesso accumulo di polveri depositatesi nel tempo soprattutto sull'emisfero superiore. In seguito a questa prima leggera pulitura è stato infatti possibile effettuare il rilievo grafico dell'intera superficie, poi rielaborato al computer, in modo da evidenziare le parti originali e quelle ridipinte e ottenere una visione maggiormente critica dell'effettivo stato di conservazione del globo.

Le operazioni sono avvenute nell'ambito di un cantiere didattico con gli allievi del settore Disegni e Stampe della Scuola d'Alta Formazione dell'Istituto, della durata di un mese. Lavoro di fondamentale importanza è risultato il rilievo grafico dell'intera superficie, poi rielaborato al computer, in modo da evidenziare le parti originali e quelle ridipinte e avere una visiona maggiormente critica dell'effettivo stato di conservazione del globo. L'intervento si è svolto secondo le seguenti fasi:

– montaggio di un ponteggio fisso, che ha permesso di lavorare nella parte superiore del globo

– spolveratura con pennello morbido di tutta la superficie;

– pulitura per microaspirazione dell'intera superficie;

– pulitura più approfondita con pennelli e bisturi nelle zone con microfratture e macrofratture

– pulitura a umido con una soluzione di acqua deionizzata, passata con microtamponi di cotone, su tutte la superficie del globo;

– saggi di pulitura sulle scritte in oro con vari tipi di emulsioni grasse;

– rilievo grafico della superficie dipinta per evidenziare le zone mancanti e quelle ridipinte;

– rielaborazione computerizzata del rilievo grafico superficiale.

Per agevolare le fasi di lavoro e poter effettuare un rilievo preciso delle mancanze e dei rifacimenti, la superficie del grande globo è stata suddivisa in otto spicchi, numerati, a loro volta e divisi in superiore e inferiore, tramite l'apposizione di strisce di tessuto non tessuto, lievemente fissate in alcuni punti.

Grazie alla realizzazione di un ponteggio fisso, le prime fasi di pulitura sono state articolate intervenendo sulla struttura metallica e poi sulle due calotte, iniziando da quella superiore. L'intervento è consistito nella pulitura a secco con microaspiratore direttamente sulla superficie, in modo da non disperdere le polveri sia nell'aria che sulla calotta inferiore, come invece sarebbe inevitabilmente accaduto usando i pennelli. Lo stesso tipo di intervento è stato effettuato sulla calotta inferiore. La natura e l'entità dei depositi, ormai stratificati e solidificati nel tempo, ha richiesto un'ulteriore e più analitica pulitura, in questo caso per via umida. I saggi di pulitura hanno evidenziato lo stato complesso della superficie del globo, caratterizzata da moltissime ridipinture, da zone integrate con materiali eterogenei, che devono essere analizzati maggiormente, in modo da mettere a punto una pulitura selettiva e critica di tutta l'opera. Per questo è stato deciso di operare solo con passaggi localizzati di acqua deionizzata, applicata tramite tamponcini di cotone, che hanno rimosso lo sporco più superficiale, senza solubilizzare i materiali costituenti degli strati pittorici.

Il lavoro di pulitura è stato interrotto a questa fase: l'esclusiva presenza di nitrati e solfati (dovuti a particellato atmosferico) sui campioni di cotone, usati per asportare i materiali depositati, ha confermato la validità della prassi operativa adottata che, seppur graduata in intensità per il minor accumulo di sporco nelle zone inferiori, è stata poi effettuata sull'emisfero inferiore del globo.

Dai risultati ottenuti e dall'esplorazione delle possibilità di una pulitura, approfondita oltre la semplice rimozione del particellato, ma cauta a causa delle estese lacune di pittura

originale presenti sulla superficie e malamente integrate in interventi passati, l'Opificio aveva dichiarato la propria disponibilità a effettuare l'intervento di restauro, attraverso il coordinamento di un'attività di cantiere e la direzione tecnico-scientifica dei lavori, dopo aver messo a punto, in ma-

niera diretta, le fasi, i materiali e le modalità di intervento. I risultati sarebbero di grande importanza in quanto consentirebbero una lettura della superficie e un vero e proprio apprezzamento estetico di un'opera al momento totalmente non fruibile nei propri valori artistici e storici. Questa di-

La pulitura a umido con tamponi di cotone e acqua deionizzata

chiarazione di intenti rimane valida ancor oggi, qualora Ente proprietario ed Ente di tutela trovassero un accordo scientifico e una fonte di finanziamento adeguati.

BIBLIOGRAFIA

A CURA DI GUGLIELMO BARTOLETTI

FONTI ARCHIVISTICHE*

Firenze

ARCHIVIO DELLA BIBLIOTECA DEGLI UFFIZI

Inventario della Tribuna, 1660-1667

Inventari di Galleria, 1635-1784

ARCHIVIO DI STATO DI FIRENZE

Corporazioni religiose soppresse dal governo francese, Santa Maria Novella

Depositeria Generale, Parte Antica, 1552-1614

Guardaroba Medicea, 1553-1736

Manoscritti, 1540-1633

Mediceo del Principato, 1540-1618

Scrittoio delle Fortezze e Fabbriche, Fabbriche Medicee, 1561-1572

Miscellanea Medicea, 1587

* Avvertenza: Si è scelto di elencare le fonti d'archivio con la sola citazione del fondo archivistico e del periodo cronologico consultato. Per una più puntuale descrizione delle fonti utilizzate si rimanda alle citazioni nelle note dei singoli contributi in questo volume

FONTI MANOSCRITTE

Firenze

ARCHIVIO DI STATO DI FIRENZE

Piante antiche di confini, 38

BIBLIOTECA DEGLI UFFIZI

Ms 67. Giuseppe Bianchi, Catalogo dimostrativo della Reale Galleria

BIBLIOTECA MARUCELLIANA

Ms. C 82. Antonio Santucci, *Trattato di diversi Istrumenti Matematici*

BIBLIOTECA MEDICEA LAURENZIANA

Plut. 28.9. Claudio Tolomeo, *Geografia*

Plut. 28.38. Claudio Tolomeo, *Geografia*

Plut. 47.19. Poggio Bracciolini, *Opere*

San Marco 341. Pomponio Mela, *de Chorographia libri tres*

BIBLIOTECA NAZIONALE CENTRALE DI FIRENZE

Cl. XIII, 34. Giovanni Cinelli, *Scritti inediti*, [1677]

Cl. XIII, 14-II, I.284. Iacinto Maria Marmi, *Norma per il Guardarobba del gran Palazzo della città di Fiorenza, dove abita il Serenissimo Granduca di Toscana* (1662-1667)

Cl. II.IV.88. Marco Polo, *Il Milione*

Cl. XIII, 16. Claudio Tolomeo, *Geografia*

II.I.280, cc. 1-85. Giovan Battista Belluzzi, *Codice di piante di città e fortezze*

II. I. 281 Matteo Neroni, *Piante di fortezze*

BIBLIOTECA RICCARDIANA

Ricc. 1978. Erasmo Magno da Velletri, *Imprese delle galere toscane*

Ricc. 3615. Francesco Ghisolfo, *Atlante nautico*

Ricc. 3616. Francesco Ghisolfo, *Atlante nautico*

Ricc. 488. Plinio il Giovane, *Opere*

Ricc. 492. Virgilio, *Bucolicon, Georgicon, Aeneis*

Roma

BIBLIOTECA CASANATENSE

Ms. 459. Dioscoride, *De materia medica*, Tacuinum Sanitatis

Napoli

BIBLIOTECA NAZIONALE DI NAPOLI

Ms. ex-Vind. Gr. 1. Dioscurides Neapolinatus

Ms. V. F. 32. Tolomeo, *Cosmographia*

Città del Vaticano

BIBLIOTECA APOSTOLICA VATICANA

Urb. Lat. 273. Francesco Berlinghieri, *Septe Giornate della Geographia*

USA - California

THE HUNTINGTON LIBRARY OF SAN MARINO

Ms. HM 28. Francesco Ghisolfo, *Atlante nautico*

BIBLIOGRAFIA GENERALE

GIOVAN BATTISTA ADRIANI, *Istoria de' suoi tempi di Giovambatista Adriani gentilhuomo fiorentino. Divisa in libri ventidue. Di nuovo mandata in luce. Con li sommarii, e tavola delle cose più notabili.* In Firenze: nella stamperia dei Giunti, 1593.

BARBARA AGOSTI, *Paolo Giovio. Uno storico lombardo nella cultura artistica del Cinquecento.* Firenze: Olschki, 2008.

Alambicchi di parole: il Ricettario fiorentino e dintorni, a cura di Giovanna Lazzi, Mino Gabriele. Firenze: Polistampa, 1999.

EUGENIO ALBERI, *Relazioni degli ambasciatori veneti al Senato*, vol. 2.2. Firenze: Società Editrice Fiorentina, 1841.

ULISSE ALDROVANDI, *Ulyssis Aldrovandi patricii bononiensis monstrorum historia, cum Paralipomenis historiae omnium animalium. Bartholomaeus Ambrosinus volumen composuit; Marcus Antonius Berna in lucem edidit propriis sumptibus; cum indice copiosissimo.* Bononiae: typis Nicolai Tebaldini, 1642.

ETTORE ALLEGRI, ALESSANDRO CECCHI, *Palazzo Vecchio e i Medici. Guida storica.* Firenze: SPES, 1980.

ROBERTO ALMAGIÀ, *Le pitture geografiche murali della terza Loggia e di altre Sale vaticane*, in *Monumenta Cartographica Vaticana*, vol. IV. Città del Vaticano: Biblioteca Apostolica Vaticana, 1955.

Roberto Almagià, *Le pitture murali della Galleria delle Carte geografiche*, in *Monumenta Cartographica Vaticana*, vol. III. Città del Vaticano: Biblioteca Apostolica Vaticana, 1952.

Giovanni Anguillesi, *Notizie storiche dei palazzi e ville appartenenti alla regia corona di Toscana*. Pisa: presso Niccolò Capurro, 1815.

Aratus Solensis, *Arati Solensis Phaenomena et Diosemea graece et latine ad codd. mss. et optimarvm edd. Fidem recensita. … curavit Ioannes Theophilus Buhle*, 2 voll. Lipsiae: in officina Weidmannia, 1793-1801.

Baccio Baldini, *Discorso sopra la Mascherata delle Genealogia degli Iddei de' gentili mandata fuori dall'Ill.mo et Ecc.mo s: Duca di Firenze e Siena il giorno 21 di febbraio MDLXV*. Firenze: appresso i Giunti, 1565.

Baccio Baldini, *Vita di Cosimo Medici primo gran Duca di Toscana descritta da m. Baccio Baldini suo medico*. Firenze: nella Stamperia di Bartolomeo Sermatelli, 1578.

Peter Barber, *Mito, religione e conoscenza: la mappa del mondo medievale* in *Segni e sogni della terra. Il disegno del mondo dal mito di Atlante alla geografia delle reti*. Novara: De Agostini, 2001, pp. 48-79.

Piero Bargellini, *Scoperta di Palazzo Vecchio*. Firenze: Vallecchi, 1968.

Paola Barocchi, Giovanna Gaeta Bertelà, *Collezionismo mediceo e storia artistica 1545-1743*. Firenze: SPES, 2002.

Paola Barocchi, Giovanna Gaeta Bertelà, *Collezionismo mediceo. Cosimo I, Francesco I e il cardinale Ferdinando. Documenti (1540-1587)*. Modena: Panini, 1993.

Paola Barocchi, *Palazzo Vecchio. Committenza e collezionismo medicei 1537-1610*, in *Firenze e la Toscana dei Medici nell'Europa del Cinquecento*. Milano: Electa, 1980.

Roberto Bartalini, *Paolo Giovio, Francesco Salviati, il Museo degli uomini illustri*, «Pro-

spettiva», 91-92 (1998), luglio-ottobre, pp. 186-196.

Simone Bartolini, *Gli strumenti astronomici di Egnazio Danti e la misura del tempo in Santa Maria Novella*. Firenze: Polistampa, 2008.

Giuseppe Maria Battaglini, *Cosmopolis. Portoferraio medicea: storia urbana 1548-1737*. Roma: Multigrafica, 1978.

Annalisa Battini, *Gli atlanti del Cinquecento. Mercatore e la cartografia moderna*, in *Alla scoperta del mondo. L'arte della cartografia da Tolomeo a Mercatore*. Modena: Il Bulino, 2001, pp. 171-240.

Matilde Battistini, *Astrologia, magie e alchimia*. Milano: Electa, 2006.

James H. Beck, *The Medici Inventory of 1560*, «Antichità viva», 13 (1974), n. 3, pp. 64-66; n. 5, pp. 61-63.

Giuseppe Bencivenni, *Saggio storico della Real Galleria di Firenze*. 2 voll. In Firenze: per Gaet. Cambiagi, 1779.

Jim Bennet, *Cosimo's Cosmography: the Palazzo Vecchio and the history of museums*, in *Musa Musaei. Studies on Scientific Instruments and Collections in Honour of Mara Miniati*, a cura di Marco Beretta, Paolo Galluzzi, Carlo Triarico. Firenze: Olschki, 2003, pp. 191-197.

Jim Bennet, *Epact Unpacked: the Sundials of Miniato Pitti*, «Sphaera», 8 (1998), pp. 2-3.

Luciano Berti, *Il Principe dello Studiolo: Francesco I dei Medici e la fine del Rinascimento fiorentino*. Firenze: Edam, 1967 (riedizione Pistoia: M & M, 2002).

Antonino Bertolotti, *Le tipografie orientali e gli orientalisti a Roma nei secoli XVI e XVII*, «Rivista europea», IX (1878), fasc. II, sett., pp. 217-268.

Mauro Bini, *Dalla cosmografia classica alla cartografia del Quattrocento* in *Alla scoperta del mondo: l'arte della cartografia da Tolomeo a Mercatore*. Modena: Il Bulino, 2001, pp. 11-64.

Flavio Biondo, *Blondi Flauii*

Forliuiensis de Roma instaurata. Venetiis: per G. Gregorio de Gregori, 1510.

Flavio Biondo, *Blondi Flavii Forlivensis Historiarum ab inclinatione romanorum*. Venetiis: per Octavianum Scotum Modoetiensem, 1483.

Flavio Biondo, *Blondi Flavii Forlivensis Roma instaurata*. Veronae: per Boninum de Boniis de Ragusia, 1581-1582.

Flavio Biondo, *Blondi Flavii Foroiuliensis Historiarum ab inclinatione Romanorum. Abbreviatio Pii Pont. Max supra Decades Blondi*. Venetiis: per Thomam Alexandrinum, 1484.

Flavio Biondo, *Roma restaurata, et Italia illustrata di Biondo da Forlì. Tradotte in buona lingua uolgare per Lucio Fauno*. In Vinegia: per Michele Tramezzino, 1543.

Francesco Bocchi, *Le bellezze della citta di Fiorenza, doue a pieno di pittura, di scultura, di sacri tempij, di palazzi i piu notabili artifizij, & piu preziosi si contengono. Scritte da M. Francesco Bocchi*. In Fiorenza: Bartolomeo Sermartelli, 1591.

Franco Borsi, *Firenze del Cinquecento*. Roma: Editalia, 1974.

Franco Borsi, *L'architettura del Principe*. Firenze: Giunti Martello, 1980.

Numa Broc, *La geografia del Rinascimento. Cosmografi, cartografi, viaggiatori, 1420-1620*, a cura di Claudio Greppi. Modena: Panini, 1996.

Leonardo Bruni, *Laudatio florentinae urbis*, ed. critica a cura di Stefano U. Baldassarri. Impruneta: Sismel del Galluzzo, 2000.

Stefano Buonsignori, *Le ventitré cartelle della Guardaroba Medicea di Palazzo Vecchio*, a cura di Gemmarosa Levi Donati. Perugia: Benucci, 2006.

La Caduta di Costantinopoli, a cura di Agostino Pertusi, 2 voll. Milano: Fondazione Lorenzo Valla, 1976.

Roberto Cantagalli, *Cosimo I de' Medici Granduca di Toscana*. Milano: Mursia, 1985.

Carte di mare, a cura di Giovanna Lazzi (facsimile dei manoscritti della Riccardiana di Firenze Ricc. 3615 e 3616). Roma: Istituto Poligrafico dello Stato, in corso di stampa.

Carteggio artistico inedito di D. Vincenzo Borghini, raccolto e ordinato da Antonio Lorenzoni, vol. I. Firenze: Succ. B. Seeber, 1912.

Ernst Cassirer, *Individuo e cosmo nella filosofia del Rinascimento*. Firenze: La Nuova Italia, 1977.

Catalogue of Orbs, Spheres and Globes, a cura di Elly Dekker. Firenze: Giunti, 2004.

Angelo Cattaneo, *La Cosmografia di Cosimo*, in *I Medici e le scienze. Strumenti e macchine nelle collezioni granducali*, a cura di Filippo Camerota e Mara Miniati. Firenze: Giunti, 2008, pp. 147-151.

Alessandro Cecchi, Ettore Allegri, *Palazzo Vecchio e i Medici. Guida storica*. Firenze: SPES, 1980.

Alessandro Cecchi, *Botticelli*. Milano: Motta, 2005.

Alessandro Cecchi, *Il maggiordomo ducale Pierfrancesco Riccio e gli artisti della corte medicea*, «Mitteilungen des Kunsthistorischen Institutes in Florenz», XLII (1998), Heft 1, pp. 115-143.

Alessandro Cecchi, Paola Pacetti, *La Sala delle Carte Geografiche di Palazzo Vecchio: "Capriccio e invenzione nata dal duca Cosimo"*, in *I Medici e le scienze. Strumenti e macchine nelle collezioni granducali*, a cura di Filippo Camerota e Mara Miniati. Firenze: Giunti, 2008, pp. 141-146.

Alessandro Cecchi, *Pratica, fierezza e terribilità nelle grottesche di Marco da Faenza in Palazzo Vecchio a Firenze*, «Paragone. Arte», 327 (1977), pp. 24-54; 329 (1977), pp. 6-26.

Benvenuto Cellini, *Vita di Benvenuto Cellini orefice e scultore fiorentino, da lui medesimo scritta, nella quale molte curiose particolarita si toccano appartenenti alle arti ed all'i-*

storia del suo tempo, tratta da un'ottimo manoscritto, e dedicata all'eccellenza di Mylord Riccardo Boyle. Colonia [i. e. Napoli]: Pietro Martello, [1728].

HELENE CHAUVINEAU, La cour des Médicis (1543-1737), in, Florence et la Toscane XIVe-XIXe siècles. Les dynamiques d'un État italien, a cura di Jean Boutier, Sandro Landi, Olivier Rouchon. Rennes: Presses Universitaires, 2004, pp. 287-301.

GIOVAN BATTISTA CINI, Vita del serenissimo signor Cosimo de Medici, prima gran duca di Toscana. Scritta da Giovambatista Cini. In Firenze: appresso i Giunti, 1611.

GIOVANNI CIPRIANI, Il mito etrusco nel Rinascimento fiorentino. Firenze: Olschki, 1980.

ANTON FRANCESCO CIRNI, La reale entrata dell'Ecc.mo Signor Duca e Duchessa di Fiorenza in Siena con la significatione delle latine iscrittioni e con alcuni sonetti. In Roma: per Antonio Blado, 1560.

AGOSTINO CODAZZI, voce "Bonsignori Stefano" in Dizionario biografico degli italiani, vol. XII. Roma: Istituto della Enciclopedia Italiana, 1970, pp. 412-414.

Codici e mappe dell'Archivio di Stato di Praga. Il tesoro dei granduchi di Toscana. Siena, Archivio di Stato, 17 marzo-5 aprile 1997, a cura di Lucia Conenna Bonelli. Siena: Protagon, 1997.

COSIMO CONTI, La Prima Reggia di Cosimo I De' Medici nel Palazzo già della Signoria di Firenze. Descritta ed illustrata con l'appoggio d'un inventario inedito del 1553 e coll'aggiunta di molti altri documenti. Firenze: Pellas, 1893.

GIUSEPPE CONTI, Il Palagio del Comune di Firenze. Appunti storico-descrittivi. Firenze: Tipografia Barbera, 1905.

VALENTINA CONTICELLI, "Guardaroba di Cose Rare et Preziose". Lo Studiolo di Francesco I de' Medici. Arte, Storia e Significati. Lugano: Lumières Internationales, 2007.

IRENE COTTA, voce "Ferdinando II de' Medici", in Dizionario biografico degli Italiani, vol. XLVI. Roma: Istituto della Enciclopedia Italiana, 1996, pp. 278-283.

NICOLA COURTRIGHT, The Papacy and the Art of Reform in Sixteen-Century Rome: Gregory XIII's Tower of the winds in the Vatican. Cambridge: Cambridge University Press, 2003.

EGNAZIO DANTI, STEFANO BUONSIGNORI, Le tavole geografiche della Guardaroba Medicea di Palazzo Vecchio in Firenze, a cura di Gemmarosa Levi Donati. Perugia: Benucci, 1995.

EGNAZIO DANTI, Le scienze matematiche ridotte in tavole dal rev. P. maestro Egnatio Danti publico professore di esse nello Studio di Bologna .... In Bologna: appresso la Compagnia della Stampa, 1577.

EGNAZIO DANTI, Le trentacinque cartelle della Guardaroba Medicea di Palazzo Vecchio, a cura di Gemmarosa Levi Donati. Perugia: Benucci, 2002.

EGNAZIO DANTI, Trattato dell'Vso, e Fabbrica dell'Astrolabio. Di M. Egnatio Danti del'ord. di S. Domenico. Con il planisfero del Roias. Aggiuntoui di Nuovo. L'Vso, e Fabbrica del torquetto astronomico, L'Vso, e Fabbrica dell'Astrolabio Armillare .... In Firenze: appresso i Giunti, 1578.

JODOCO DEL BADIA, Egnazio Danti cosmografo e matematico e le sue opere in Firenze. Memoria storica. Firenze: M. Cellini, 1881.

Le Dieci mascherate delle Bufale mandate in Firenze il giorno di Carnovale l'anno 1565 con la descrizzione di tutta la pompa delle Maschere e loro invenzioni. In Fiorenza: appresso i Giunti, 1566.

MARIA MONICA DONATO, Hercules and David in the early decoration of the Palazzo Vecchio: manuscript evidence, «Journal of the Warburg and Courtauld Institute», 54 (1991), pp. 83-98.

PASCAL DUBOURG-GLATIGNY, Egnatio Danti O.P. (1536-1586). Itinéraire d'un mathematicien parmi les artistes. «Mélanges de l'École Française de Rome», 114 (2002), n. 2, pp. 543-605.

ALBRECHT DÜRER, Imagines coeli Meridionales. Joannes Stabius ordinavit. Conradus Heinfogel Stellas posuit. Albertus Durer imaginibus circumscripsit, Nürnberg, 1515.

ALBRECHT DÜRER, Imagines coeli Septentrionales cum duodecim imaginibus zodiaci. Joannes Stabius ordinavit. Conradus Heinfogel Stellas posuit. Albertus Durer imaginibus circumscripsit, Nürnberg, 1515.

LEOPOLD D. ETTLINGER., Hercules florentinus, «Mitteilungen des Kunsthistorischen Institutes in Florenz», XVI (1972), Heft 2, pp. 119-142.

MARCELLO FANTONI, La Corte del Granduca. Forma e simboli del potere mediceo fra Cinque e Seicento. Roma: Bulzoni, 1994.

AMELIO FARA, Portoferraio. Architettura e urbanistica 1548-1877. Torino: Fondazione G. Agnelli, 1997.

ELENA FASANO GUARINI, La fondazione del Principato: da Cosimo I a Ferdinando I (1530-1609), in Ead., Storia della Civiltà toscana. vol. III. Il principato mediceo. Bagno a Ripoli: Le Monnier, 2003, pp. 3-40.

Feste e apparati medicei da Cosimo I a Cosimo II. Mostra di disegni e incisioni. Catalogo a cura di Giovann Gaeta Bertelà, Anna Maria Petrioli Tofani. Firenze: Olschki, 1969.

ANDRÉ-JEAN FESTUGIÉRE, La révélation d'Hermès Trismégiste, I: L'astrologie et les sciences occultes. Paris: Gabalda, 1950.

FRANCESCA FIORANI, The Marvel of Maps. Art, Cartography and Politics in Renaissance Italy. New Haven: Yale University Press, 2005.

Firenze e il concilio del 1439. Atti del Convegno di studi (Firenze, 29 novembre - 2 dicembre 1989), a cura di Paolo Viti. Firenze: Olschki, 1994.

Firenze e la scoperta dell'America. Umanesimo e geografia nel '400 fiorentino. Catalogo a cura di Sebastiano Gentile. Firenze: Olschki, 1992.

Firenze e la Toscana dei Medici nell'Europa del Cinquecento. La corte, il mare, i mercanti, la rinascita della scienza, editoria e società, astrologia, magia e alchimia. Firenze: Centro Di, 1980.

Frontiere di terra, frontiere di mare. La Toscana moderna nello spazio mediterraneo, a cura di Elena Fasano Guarini e Paola Volpini. Milano: Franco Angeli, 2008.

LEONHART FUCHS, De historia stirpium commentarii insignes, maximis impensis et vigiliis elaborati, adiectis earvndem vivis plvsqvam quingentis imaginibus, nunquam antea ad naturæ imitationem artificiosius effictis & expressis, Leonharto Fvchsio medico hac nostra ætate .... Basileae: in officina Isingriniana, 1542.

FRANCO GAETA, L'avventura di Ercole, «Rinascimento. Rivista dell'Istituto Nazionale di studi sul Rinascimento», V (1954), n. 2, pp. 217-260.

RIGUCCIO GALLUZZI, Storia del Granducato di Toscana sotto il governo della Casa Medici. Seconda edizione. Si vende in Livorno: da Giovan Tommaso Masi e compagni, 1781.

EUGENIO GARIN, Lo zodiaco della vita. Polemica sull'astrologia del Trecento al Cinquecento. Bari: Laterza, 1996.

EUGENIO GARIN, La Cultura Filosofica del Rinascimento Italiano. Ricerche e Documenti. Firenze: Sansoni, 1992.

EUGENIO GARIN, Magia e Astrologia nella cultura del Rinascimento in Id., Medioevo e Rinascimento: studi e ricerche. Bari: Laterza, 1954, pp. 142-157.

EUGENIO GARIN, Umanisti, artisti, scienziati. Studi sul Rinascimento italiano. Roma: Editori Riuniti, 1989.

ANNA ROSA GARZELLI, Miniatura fiorentina del Rinascimento. 1440-1525. Un primo censimento, 2 voll. Firenze: Giunta Regionale Toscana, 1985.

FRANCO GAY, Navi e marinerie dal Medioevo ai viaggi di scoperta. Roma: Editalia, 1994.

JOHANN WILHELM GAYE, Carteggio inedito d'artisti dei secoli XIV,

XV, XVI, 3 voll. Firenze: G. Molini, 1839-1840.

KONRAD GESNER, *Conradi Gesneri medici Tiguri Historiae animalium lib. I de quadrupedibus viuiparis. Opus philosophis, medicis, grammaticis, philologis ...* Tiguri: apud Christ. Froschoverum, 1551.

KONRAD GESNER, *Conradi Gesneri medici Tiguri Historiae animalium liber II qui est de quadrupedibus ouiparis: nuc denuo recognitus ac pluribus in locis ab ipso authore ante obitum emendatus et auctus, Adiectæ sunt etiam nouæ aliquot quadrupedum figuræ, in primo libro de quadrupedibus uiuiparis desideratæ, cum descriptionibus plerorunque breuissimis: item ouiparorum quorundam appendix.* Tiguri: excudebat C. Froschouerus, 1554.

KONRAD GESNER, *Conradi Gesneri medici Tiguri Historiae animalium liber III qui est de auium natura. Adiecti sunt ab initio indices alphabetici decem super nominibus auium in totidem linguis diuersis: & ante illos enumeratio auium eo ordine quo in hoc volumine continentur.* Tiguri: apud Christoph. Froschouerumm, 1555.

KONRAD GESNER, *Conradi Gesneri medici Tiguri Historiae animalium liber IIII qui est de piscium & aquatilium animantium natura. Cum iconibus singulorum ad viuum expressis fere omnib. DCCVI. Continentur in hoc volumine, Gulielmi Rondeletii et Petri Bellonii Cenomani.* Tiguri: apud Christoph. Froschoverum, 1558.

KONRAD GESNER, *Conradi Gesneri medici Tiguri Historiae animalium lib. V qui est de serpentium natura : ex variis schedis et collectaneis eiusdem compositus per Iacobum Carronum: adiecta est ad calcem, scorpionis insecti historia à D. Casparo Vuolphio conscripta.* Tiguri: excudebat C. Froschouerus, 1557.

KONRAD GESNER, *Conradi Gesneri Tigurini Historiae animalium lib. V qui est de ser-*

pentium natura : ex variis schedis et collectaneis eiusdem compositus per Iacobum Carronum: adiecta est ad calcem, scorpionis insecti historia à D. Casparo Vuolphio conscripta. Tiguri: in officina Froschoviana, 1587.

ANGELA GHIRARDI, *Bartolomeo Passerotti pittore (1529-1592).* Catalogo generale. Rimini: Luise, 1990, pp. 216-218.

PAOLO GIOVIO, *Descriptio Britanniae, Scotiae, Hyberniae, et Orchadum, ex libro Pauli Iouii, episcopi Nucer. De imperiis, et gentibus cogniti orbis, cum eius operis prohoemio.* Venetiis: apud Michaelem Tramezinum, 1548.

PAOLO GIOVIO, *Dialogo dell'imprese militari et amorose, di monsignor Giouio uescouo di Nocera. Con un ragionamento di messer Lodouico Domenichi, nel medesimo soggetto. Con la tauola.* In Vinegia: appresso Gabriel Giolito De' Ferrari, 1556.

PAOLO GIOVIO, *Lettere.* A cura di Giuseppe Guido Ferrero, 2 voll. Roma: Istituto poligrafico dello Stato, Libreria dello Stato, 1956-1958.

GIRALDUS CAMBRENSIS, *Opera*, vol. *Topographia Hibernica, et Expugnatio Hibernica.* Boston: Adamant Media Corporation, 2004.

AURELIO GOTTI, *Le Gallerie di Firenze. Relazione al Ministro della Pubblica Istruzione.* Firenze: coi tipi di M. Cellini alla Galileiana, 1872.

AURELIO GOTTI, *Storia del Palazzo Vecchio in Firenze.* Firenze: Cinelli, 1889.

I grandi bronzi del Battistero. L'arte di Vincenzo Danti discepolo di Michelangelo, a cura di Charles Davis e Beatrice Paolozzi Strozzi. Firenze: Giunti, 2008.

GEORGES GUSDORF, *Origini delle scienze umane.* Genova: ECIG, 1992.

GEORGES GUSDORF, *La Révolution galiléenne*, 2 voll. Paris: Payot, 1969.

The History of Cartography.

Vol. III.1. *Cartography in the European Renaissance*, a cura di David Woodward. Chicago: The University Chicago Press, 2007, pp. 773-830.

MICHEL HOCHMANN, *Villa Medici. Il sogno di un cardinale. Collezioni e artisti di Ferdinando de' Medici.* Roma: De Luca, 1999.

JOHANNES HONTER, *Imagines Constellationum Borealium*, in Claudius Ptolomeus, *Omnia, quae extant, Opera, Geographia excepta, quam seorsim quoque hac forma impressimus.* Basel: Henricus Petrus, 1541.

JOHANNES HONTER. *Imagines Constellationum Australium*, in Claudius Ptolomeus, *Omnia, quae extant, Opera, Geographia excepta, quam seorsim quoque hac forma impressimus.* Basel: Henricus Petrus, 1541.

GAIUS IULIUS HYGINUS, *Clarissimi viri Iginij Poeticon Astronomicon: opus vtilissimmu foeliciter incipit: de mundi [et] sph[a]erae ac vtriusq[ue] partiu[m] declaratio[n]e liber primus prohemium*, edidit Jacobus Sentinus et Johannes Lucilius Santritter. Venetiis: hoc Augustensis Ratdolt Germanus Erhardus pressit opus, 1482.

Imago et descriptio Tusciae. La Toscana nella geocartografia dal XV al XIX secolo. Venezia: Marsilio, 1993.

IOANNES DE SACROBOSCO, *La sfera di messer Giouanni Sacrobosco tradotta emendata & distinta in capitoli da Pieruincentio Dante de Rinaldi con molte et vtili annotazioni del medesimo. Riuista da frate Egnatio Danti cosmografo del gran duca di Toscana.* In Fiorenza: nella Stamperia de' Giunti, 1571.

LISA JARDINE, *Affari di genio. Una storia del Rinascimento europeo.* Roma: Carocci, 2001.

Kartographische Zimelien. Die 50 schönsten Karten und Globen der Österreichischen Nationalbibliothek. A cura di Franz Wawrik. Wien: Holzhausen, 1995.

WARREN KIRKENDALE, *The court musicians in Florence during*

the principate of the Medici with reconstruction of the artistic establishment.* Firenze: Olschki, 1993.

DANIELA LAMBERINI, *Collezionismo e patronato dei Medici a Firenze nell'opera di Matteo Neroni, "cosmografo del granduca"*, in *Il disegno di architettura.* Atti del Convegno, (Milano, febbraio 1988), a cura di Paolo Carpeggiani e Luciano Patetta. Milano: Guerini e associati, 1989, pp. 33-38.

DANIELA LAMBERINI, *Funzioni di disegno e rilievi delle fortificazioni nel Cinquecento*, in *L'architettura militare veneta del Cinquecento.* Atti del 3° Seminario Internazionale del centro "A. Palladio". Milano: Electa, 1988, pp. 48-61.

DANIELA LAMBERINI, *Il Sanmarino. Giovan Battista Belluzzi architetto militare e trattatista del Cinquecento*, 2 voll. Firenze: Olschki, 2007.

DANIELA LAMBERINI, *Strategie difensive e politica territoriale di Cosimo I dei Medici nell'operato di un suo provveditore*, in *Il principe architetto.* Atti del Convegno internazionale (Mantova, ottobre 1999), a cura di Arturo Calzone, Francesco Paolo Fiore, Alberto Tenenti, Cesare Vasoli. Firenze: Olschki, 2002, pp. 125-152.

LUCA LANDUCCI, *Diario fiorentino dal 1450 al 1516 continuato da un anonimo fino al 1542*, ed. a cura di I. Del Badia. Firenze: Sansoni, 1883.

KARLA LANGEDIJK, *The portraits of the Medici. 15th-18th Centuries.* Firenze: SPES, 1980.

ISABELLA LAPI BALLERINI, *Il "cielo" di San Lorenzo* in *La linea del sole. Le grandi meridiane fiorentine*, a cura di Filippo Camerota. Firenze: Edizioni della Meridiana, 2007, pp. 29-39.

GIOVANNA LAZZI, GIOVANNA BIGALLI LULLA, *Alessandro de' Medici e il Palazzo di Via Larga. L'inventario del 1531*, in *Studi su Lorenzo dei Medici e il secolo XV*, a cura di Paolo Viti. «Archivio Storico Italiano», CL (1992), n. 552, pp. 1201-1233.

GIOVANNA LAZZI, *Nel segno del*

Capricorno: Dal Tolomeo di Lorenzo al Cosmo di Cosimo, in *I Medici e le scienze. Strumenti e macchine nelle collezioni granducali*, a cura di Filippo Camerota e Mara Miniati. Firenze: Giunti, 2008, pp. 91-95.

ROLAND LE MOLLÉ, *Giorgio Vasari. L'uomo dei Medici*. Milano: Rusconi, 1998.

GIULIO LENSI ORLANDI, *Il Palazzo Vecchio di Firenze*. Firenze: Martello Giunti, 1977.

ALFREDO LENSI, *Palazzo Vecchio*. Milano: Bestetti e Tumminelli, 1929.

Leonardo Bruni cancelliere della repubblica di Firenze, Atti del convegno di studi (Firenze, 27-29 ottobre 1987), a cura di Paolo Viti. Firenze: Olschki, 1990.

UTA LINDGREN, *La cartografia*, in *Il Rinascimento italiano e l'Europa*. Vol. III. *Produzione e tecniche*, a cura di Philippe Braunstein e Luca Molà. Treviso: Fondazione Cassamarca, 2007, pp. 367-385.

ANTONIO LUPICINI, *Architettura militare con altri auuertimenti appartenenti alla guerra di Antonio Lupicini*. In Fiorenza: appresso Giorgio Marescotti, 1582.

ANTONIO LUPICINI, *Discorsi militari d'Antonio Lupicini, sopra l'espugnazione d'alcuni siti*. In Firenze: nella stamperia di Bartolommeo Sermartelli, 1587.

ILARIA LUZZANA CARACI, *Amerigo Vespucci*, 2 voll. Roma: Istituto Poligrafico e Zecca dello Stato, 1996-1999.

OLAUS MAGNUS, *Carta marina et Descriptio septemtrionalium terrarum ac mirabilium rerum in eis contentarum, diligentissime elaborata Anno Domini 1539*. Veneciis: liberalitate Reverendissimi Domini Ieronimi Quirini, 1539.

OLAUS MAGNUS, *Historia delle genti et della natura delle cose settentrionali da Olao Magno gotho arciuescovo di Upsala nel regno di Suezia e Gozia, descritta in 22. libri. Nuouamente tradotta in lingua toscana. Con una tauola copiosissima delle cose piu notabili, in quella contenute*. In: Vinegia: appresso i Giunti, 1565.

SILVIA MALAGUZZI, *Botticelli*. Firenze: Giunti, 2004.

ROSARIA MANNO TOLU, *Firenze-Praga, 40 anni di studi storico-archivistici*. Firenze: Archivio di Stato di Firenze, 2007

PIETRO ANDREA MATTIOLI, *I discorsi di M. Pietro Andrea Matthioli sanese, medico cesareo et del Serenissimo Principe Ferdinando Archiduca d'Austria &c. nelli sei libri di Pedacio Dioscoride Anazarbeo della materia Medicinale. Dal suo istesso autore ricorretti, et in piu' di mille luoghi aumentati. Con le Figure tirate dalle naturali & vive Piante, & Animali, & in numero molto maggiore, che le altre per avanti stampate. Con due Tavole copiosissime l'una a' cio', che in tutta l'opera si contiene: & l'altra alla cura di tutte le infirmita' del corpo humano*. In Venetia: appresso gli heredi di Vincenzo Valgrisi, 1581.

I Medici e le scienze. Strumenti e macchine nelle collezioni granducali, a cura di Filippo Camerota e Mara Miniati. Firenze: Giunti, 2008.

POMPONIUS MELA, *Pomponij Melle Cosmographi de situ orbis libri tres*. Venetijs: per Bernardum pictorem & Erhardum Ratdolt de Augusta una cum Petro Loslein de Langencen correctore ac socio, 1478.

DOMENICO MELLINI, *Ricordi intorno ai costumi, azioni e governo del Sereniss. Gran Duca Cosimo I scritti da Domenico Mellini di commissione della Serenissima Maria Cristina di Lorena, ora per la prima volta publicati con illustrazioni*. Firenze: nella Stamperia Magheri, 1820.

SILVIA MELONI-TRKULJA, voce "Cristofano dell'Altissimo", in *Dizionario biografico degli Italiani*, vol. XV. Roma: Istituto della Enciclopedia Italiana, 1972, pp. 615-17.

GERARDUS MERCATOR, *Atlas sive Cosmographicæ meditationes de fabrica mvndi et fabricati figvra. Gerardo Mercatore Rupelmvndano, Illvstrissimi Ducis Ivliæ Cliviæ et Montis etc. cosmographo avctore*. Dusseldorpii: excudebat Albertus Busius, 1595.

GERARDUS MERCATOR, *Nova et aucta orbis terrae descriptio ad usum navigantium emendata accomodata. Aeditum autem est opus hoc Duysburgi anno Domini 1569 mense Augusto*, Duisburg, 1569.

ERNESTO MILANO, *Le grandi scoperte geografiche e i loro riflessi cartografici*, in *Alla scoperta del mondo. L'arte della cartografia da Tolomeo a Mercatore*. Modena: Il Bulino, 2001, pp. 65-170.

FILIPPO MOISÉ, *Illustrazione Storico-Artistica del Palazzo de' Priori oggi Palazzo Vecchio e dei Monumenti della Piazza*. Firenze: presso Ricordi e Jouhard, 1843.

GABRIELE MOROLLI, *Gli architetti dell'ultima Repubblica: Michelozzo, i Da Maiano, il Cronaca, Antonio da Sangallo, Baccio d'Agnolo*, in *Palazzo Vecchio: officina di opere e di ingegni*, a cura di Carlo Francini. Cinisello Balsamo (Milano): Silvana, 2006, pp. 76-91.

Mostra di disegni vasariani. Carri trionfali e costumi per la genealogia degli dei (1565), introduzione e catalogo a cura di Anna Maria Petrioli Tofani. Firenze: Olschki, 1966.

UGO MUCCINI, *Pittura, scultura e architettura nel Palazzo Vecchio di Firenze*. Firenze: Le Lettere, 1997.

SEBASTIAN MÜNSTER, *Sei libri della cosmografia uniuersale, ne quali secondo che n'hanno parlato i piu ueraci scrittori son disegnati, i siti di tutte le parti del mondo habitabile & le proprie doti. Autore Sebastiano Munstero*. Basilea: stampato a spese di Henrigo Pietro Basiliense, 1558 nel mese di marzo.

EUGENE MUNTZ, *Les Collections de Medicis au XV siècle. Le Musée, la Bibliothèque, le Mobilier*. Paris: Librairie de l'art, 1888.

Museo di Storia della Scienza. Catalogo a cura di Mara Miniati. Firenze: Giunti, 1991.

GIOVANNI NANNI, *Antiquitatum variarum volumina 17. A venerando & sacrae theologiae: & praedicatorii ordinis professore Io. Annio hac serie declarata. Contentorum in aliis voluminibus*. [Parigi]: venundantur ab Ioanne Paruo & Iodoco Badio (Impressae rursus opera Ascensiana), 1515.

GIOVANNI NANNI, *Auctores vetustissimi nuper in lucem editi. Myrsilus Lesbius Historicus de origine Italiae & Turrenorum. M. Porcius Cato de origine gentium & urbium italicarum. Hos Vetustissimos auctores Nuper repertos Impressit*. [Venezia]: Bernardinus Venetus de Vitalibus, 1498.

GIOVANNI NANNI, *Berosus Babilonicus De his quae praecesserunt inundationem terrarum*. Parrhisiis: apud Collegium Presseiacum, 1510.

GIOVANNI NANNI, *Fragmenta vetustissimorum autorum, summo studio ac diligentia nunc recognita. Myrsili Lesbij De origine Italiae et Tyrrhenorum lib. 1 M. Porcij Catonis Originum lib. 1 Archilochi De temporibus lib. 1 Berosi Babylonij Antiquitatum lib. 5 Manethonis sacerdotis Aegyptiorum De regibus Aegyptorium lib. 1 Metasthenis Persae Annalium Persicorum lib. 1 Xenophontis De aequiuocis lib. 1 Q. Fabij Pictoris De aureo seculo, & origine urbis Romae lib. 2 C. Sempronij De diuisione Italiae lib. 1 Sex. Iulij Frontini V.C. De aquaeductibus urbis Romae lib. 2*. Basileae, apud Io. Beb., 1530.

GIOVANNI NANNI, *Historia antiqua, hoc est. Myrsili Lesbij liber de Origine Italiæ et Tyrrhenorum. M. Porci Catonis Fragmenta ex libris Originum. Archilochi liber de Temporibus. Berosii Babylonii Antiquitatum lib. V. Manethonis Ægiptii liber de Regibus Ægiptiorum. Methastenes Persa de judicio temporum. Xenophon de æquivocis. Q. Fabius Pictor de aureo sæculo, et de origine urbis Romæ, eiusque descriptione. C. Sempronius de divisione Italiæ. Philonis Judæi Antiquitatum Biblicarum liber. Hæc omnia latine Accessit Censura Ga-*

speris Varrerii in Berosum. [Heidelberg]: ex Bibliopolio Commeliniano, 1599.

GIOVANNI NANNI, *Le antichità di Beroso Caldeo sacerdote, et d'altri scrittori, cosi hebrei, come greci, & latini, che trattano delle stesse materie. Tradotte, dichiarate, & con diuerse vtili, & necessarie annotationi, illustrate, da M. Francesco Sansouino*. In Vinegia, presso Altobello Salicato, alla Libraria della Fortezza, 1583.

LOREDANA OLIVATO, *La teoria dell'arte militare nel Rinascimento veneto*, in *L'architettura militare veneta del Cinquecento*. Atti del 3° Seminario Internazionale del centro "A. Palladio". Milano: Electa, 1988, pp. 82-85.

ABRAHAM ORTELIUS, *Theatro d'Abrahamo Ortelio, ridotto in forma piccola, augumentato di molte carte nuoue nelle quali sono breuemente descritti tutti li paesi al presente conosciuti. Tradotto in lingua italiana da Giouanni Paulet*. In Anversa: nella stamperia Plantiniana, a spese di Philippo Gallo, 1593.

ABRAHAM ORTELIUS, *Theatrum Orbis Terrarum*. Antverpiæ: auctoris aere & cura impressum absolutumque apud Aegid. Coppenium Diesth., 1570.

Orti botanici, giardini alpini, arboreti italiani, a cura di Francesco Maria Raimondo. Palermo: Grifo Stampa, 1992.

OSVALDO OSVALDI, *Il Palazzo Vecchio. Memorie storiche*. Firenze: Tipografia Militare, 1865.

Palazzo Vecchio: officina di opere e di ingegni, a cura di Carlo Francini. Cinisello Balsamo (Milano): Silvana, 2006.

ALESSANDRO PARRONCHI, *Il cielo notturno della Sacrestia Vecchia di San Lorenzo*. Firenze: Biblioteca Mediceo Laurenziana, 1978.

MONIQUE PELLETIER, *Carte e potere*, in *Segni e sogni della terra. Il disegno del mondo dal mito di Atlante alla geografia delle reti*. Novara: De Agostini, 2001, pp. 90-93.

Per bellezza, per studio per piacere. Lorenzo il Magnifico e gli spazi dell'arte, a cura di Franco Borsi. Firenze: Giunti, 1991.

LEANDRO PERINI, *Contributo alla ricostruzione della biblioteca privata dei Granduchi di Toscana nel XVI secolo*, in *Studi di storia medievale e moderna per Ernesto Sestan*. Firenze: Olschki, 1980, pp. 571-667.

ROBERTA PICCINELLI, *Le collezioni Gonzaga. Il carteggio tra Firenze e Mantova (1554-1626)*. Cinisello Balsamo (Milano): Silvana, 2000.

ANTONIO PINELLI, *La bellezza impura. Arte e politica nell'Italia del Rinascimento*. Bari: Laterza, 2004.

GIOVANNI POGGI, *Lo Studiolo di Francesco I in Palazzo Vecchio*, «Marzocco», XV, n. 50, 11 dicembre 1910.

EMMANUEL POULLE, *La produzione di strumenti scientifici*, in *Il Rinascimento italiano e l'Europa*. Vol. III. *Produzione e tecniche*, a cura di Philippe Braunstein e Luca Molà. Treviso: Fondazione Cassamarca, 2007, pp. 345-366.

WOLFRAM PRINZ, *Informazioni di Filippo Pigafetta al Serenissimo di Toscana per una stanza da piantare lo studio di architettura militare*, in *Gli Uffizi. Quattro secoli di una galleria*. Atti del Convegno internazionale di studi (Firenze 20-24 settembre 1982), a cura di Paola Barocchi e Giovanna Ragionieri. Firenze: Olschki, 1983, pp. 343-353.

CARLO PROMIS, *Biografie di ingegneri militari italiani dal secolo XIV alla metà del XVIII*. Torino: Paravia, 1874.

CLAUDIUS PTOLOMEUS, *La geografia di Claudio Ptolemeo alessandrino, con alcuni comenti & aggiunte fatteui da Sebastiano Munstero alamanno, con le tauole non solamente antiche & moderne solite di stamparsi, ma altre nuoue aggiunteui di messer Iacopo Gastaldo piamontese cosmographo, ridotta in uolgare italiano da m. Pietro Andrea Mattiolo senese medico eccellentissimo con l'aggiunta d'infiniti nomi moderni, di città, prouincie, castella, et altri luoghi fatta con grandissima diligenza da esso meser Iacopo Gastaldo, il che in nissun altro Ptolemeo si ritroua. Opera ueramente non meno utile che necessaria*. In Venetia: per Gioan. Baptista Pedrezano, 1548.

GIOVANNI BATTISTA RAMUSIO, *Delle nauigationi et viaggi raccolte da M. Gio. Battista Ramusio, in tre volumi diuise. Nelle quali con relatione fedelissima si descriuono tutti quei paesi, che da già 300. anni sin'hora sono stati scoperti, così di verso Leuante, & Ponente, come di verso Mezzodì, & Tramontana. Et si ha notitia del regno del prete Gianni, & dell'Africa sino a Calicut, & all'isole Molucche. Et si tratta dell'isola Giappan. Et nel fine con aggiunta nella presente quarta impressione del viaggio di M. Cesare de' Federici, nell'India orientale*. In Venetia: appresso i Giunti, 1606.

Rappresentare e misurare il mondo. Da Vespucci alla modernità. Firenze, Istituto Geografico Militare, 30 ottobre 2004-15 gennaio 2005, a cura di Andrea Cantile, Giovanna Lazzi, Leonardo Rombai. Firenze: Polistampa, 2004.

MODESTO RASTRELLI, *Illustrazione istorica del Palazzo della Signoria*. Firenze: presso Ant. Gius. Pagani, 1792 (rist. anast.: Bologna: Forni, 1976).

GIOVANNI RICCI, *Ossessione turca. In una retrovia cristiana dell'Europa moderna*. Bologna: Il Mulino, 2002.

GUILLAUME RONDELET, *Libri de piscibus marinis in quibus verae piscium effigies expressae sunt*. 2 voll. Lugduni: apud Matthiam Bonhomme, 1554.

MARK ROSEN, *Don Miniato Pitti and the Second Life of a Scientist's Tools in Cinquecento Florence*, «Nuncius», XVIII (2003), n.1, pp. 3-24.

MARK ROSEN, *The Cosmos in the Palace: the Palazzo Vecchio Guardaroba and the Culture of Cartography in Early Modern Florence, 1563 - 1589*, Berkeley: California University, Diss., 2004.

NICOLAI RUBINSTEIN, *The Palazzo Vecchio 1298-1532. Government, Architecture, and Imagery in the Civic Palace of the Florentine Republic*. Oxford: Clarendon Press, 1995.

San Lorenzo 39 -1993. L'architettura. Catalogo della mostra a cura di Gabriele Morolli e Pietro Ruschi. Firenze: Alinea, 1993.

La Sala delle Carte geografiche in Palazzo Vecchio: capriccio et invenzione nata dal Duca Cosimo, a cura di Paola Pacetti. Firenze: Polistampa, 2007.

FIORENZA SCALIA, *Palazzo Vecchio*. Firenze: Becocci, 1979.

HARTMANN SCHEDEL, *Registrum huius operis libri cronicarum cum figuris et ymaginibus ab inicio mundi Hartmanni Schedel. Castigatumque a viris doctissimis vt magis elaboratum in lucem prodiret*. Nuremberge: Anthonius Koberger impressit, 1493.

JÜRGEN SCHULZ, *La cartografia tra scienza e arte. Carte e cartografi nel Rinascimento italiano*. Modena: Panini, 1990.

Segni e sogni della Terra, Il disegno del mondo dal mito di Atlante alla geografia delle reti. Catalogo della mostra. Novara: De Agostini, 2001.

LUCIUS ANNAEUS SENECA, *Medea*, introduzione e note di Giuseppe Gilbert Biondi, traduzione di Alfonso Traina. Milano: Rizzoli, 1989.

Seneca: una vicenda testuale, a cura di Teresa De Robertis e Gianvito Resta. Firenze: Mandragora, 2004.

THOMAS B. SETTLE, *Egnazio Danti and mathematical education in late sixteenth-century Florence*, in *New perspectives on Renaissance thought*, a cura di John Henry e Sarah Hutton. London: Duckworth, 1990.

THOMAS B. SETTLE, *Egnazio Danti as a builder of gnomons. An introduction*, in *Musa Musaei. Studies on Scientific Instruments and Collections in Honour of Mara Miniati*, a cura di Marco Beretta, Paolo Galluzzi,

Carlo Triarico. Firenze: Olschki, 2003.

THOMAS B. SETTLE, *I retroscena tecnologici della rivoluzione scientifica in Galileo*, «Atti dell'Accademia Nazionale dei Lincei», CDI (2004), pp. 347-363.

THOMAS B. SETTLE, *La rete degli esperimenti galileiani*, in *Galileo e la scienza sperimentale*, a cura di Milla Baldo Ceolin. Padova: Dipartimento di fisica Galileo Galilei, 1995, pp. 11-62.

THOMAS B. SETTLE, *Ostilio Ricci, a bridge between Alberti and Galileo*, in *Actes du XII Congrès international d'histoire des sciences*. Vol. III, Paris: Librairie Sci et Techn. A. Blanchard, 1971, pp. 121-126.

JEAN SEZNEC, *La Mascarade des dieux à Florence en 1565*. «Mélanges d'Archéologie et d'Histoire», (1935), pp. 224-243.

JOHN SHEARMAN, *The Collections of the younger Branch of the Medici*. «The Burlington Magazine», X, 117 (1975), n. 862, pp.12-27.

MARIA ADELE SIGNORINI, *Piante e fiori essiccati, tra leggende antiche e erbari scientifici*, «Atti dell'Accademia dei Georgofili», XLIII (1996), pp. 339-358

MARIA ADELE SIGNORINI, *Sulle piante dipinte dal Bachiacca nello scrittoio di Cosimo I a Palazzo Vecchio*, «Mitteilungen des Kunsthistorischen Institutes in Florenz», 37 (1994), Heft 2/3, pp. 396-407.

CARLA SODINI, *L'Ercole tirreno. Guerra e dinastia medicea nella prima metà del '600*. Firenze: Olschki, 2001.

La Stella e la porpora. Il corteo di Benozzo e l'enigma del Virgilio riccardiano. Atti del convegno di studi (Firenze, 17 maggio 2007), in corso di stampa.

Storie di viaggiatori italiani. Le Americhe. Milano: Nuovo Banco Ambrosiano, 1987.

STRADANUS, JOHANNES, *Americae retectio: Qvis potis est dignvm pollenti pectore carmen condere pro rervm maiestate hisqve repertis. Ioannes Stradan inven. Adrianus Collaert scalp. Phls Galle excudit*. Flor.: Ludovico et Aloyzio Almanijs fratrib. Nobil., 1578.

STRADANUS, JOHANNES, *Nova Reperta. Joan. Stradanus invent. Phls. Galle excud.* Antwerp 1584.

Teoriche dei pianeti e teorie dell'universo, a cura di Mara Miniati. Firenze: Istituto e Museo di storia della scienza, 2000.

ANDRE THEVET, *La cosmographie universelle d'André Thevet cosmographe du roy*, illustrée de diverses figures des choses plus remarquables veuës par l'auteur. 4 voll. Paris: chez Pierre l'Huilière, 1575.

GIROLAMO TIRABOSCHI, *Storia della letteratura italiana*, tomo VII, Dall'anno MD all'anno MDC, Venezia, a spese di Giuseppe Antonelli, 1824.

La Toscana dei Lorena nelle mappe dell'Archivio di Stato di Praga. Memorie ed immagini di un Granducato. Catalogo e mostra documentaria (Firenze, 31 maggio-31 luglio 1991). Roma: MBCA, 1991.

Trattati di architettura militare 1521-1807. Prime edizioni italiane possedute dalla Biblioteca Nazionale Centrale di Firenze, Firenze, Biblioteca Nazionale Centrale, 18 giugno - 31 luglio 2002, a cura di Amelio Fara, Paola Pirolo, Isabella Truci. Firenze: Polistampa, 2002.

Gli Uffizi. Quattro secoli di una galleria. Atti del Convegno internazionale di studi (Firenze 20-24 settembre 1982), a cura di Paola Barocchi, Giovanna Ragionieri. Firenze: Olschki, 1983.

GIORGIO VASARI, *Der Literarische Nachlass Giorgio Vasaris*, herausgegeben und mit kritischen Apparate versehen von Karl Frey. 2 voll. München: Georg Müller, 1923-1930.

GIORGIO VASARI, *Il carteggio di Giorgio Vasari dal 1563 al 1565*, a cura di Karl Frey, ed. italiana a cura di Alessandro Del Vita. Arezzo: Zelli, 1941.

GIORGIO VASARI, *Il libro delle ricordanze di Giorgio Vasari*, a cura di Alessandro Del Vita. Roma: [s. n.], 1938.

GIORGIO VASARI, *Le Vite de' più eccellenti pittori, scultori e architettori italiani. Scritte da M. Giorgio Vasari pittore e architetto aretino, di nuovo dal Medesimo riviste et ampliate con i ritratti et con l'aggiunta delle Vite de' vivi, & de' morti dall'anno1550 infino al 1577*. Fiorenza: Giunti, 1568.

GIORGIO VASARI, *Le Vite de' più eccellenti pittori, scultori e architettori italiani*, con nuove annotazioni e commenti di G. Milanesi, 9 voll. Firenze: Sansoni, 1878-1885.

GIORGIO VASARI, *Neue Briefe von Giorgio Vasari*, herausg. und erl. von Herman-Walter Frey. [s. l.]: Augst Hopfer Verlag, 1940.

GIORGIO VASARI, *Ragionamenti del signor cavaliere Giorgio Vasari pittore e architetto aretino sopra le invenzioni da lui dipinte in Firenze nel palazzo di loro altezze serenissime, insieme con la invezione della pittura da lui cominciata nella cupola. Con due tauole, una delle cose piu notabili, e l'altra degli uomini illustri, che sono ritratti, e nominati in quest'opera*. Seconda edizione, In Arezzo: per Michele Bellotti stampat. vescov. all'Insegna del Petrarca, 1762.

CESARE VASOLI, voce "Bruni Leonardo", in *Dizionario biografico degli italiani*, vol. XIV. Roma: Istituto della Enciclopedia Italiana, 1972, pp. 618-633.

Vedere i classici. L'illustrazione libraria dei testi antichi dall'età romana al tardo Medioevo, a cura di Marco Buonocore. Roma: Palombi, 1996.

GIOVANNI BATTISTA VERMIGLIOLI, *Biografia degli scrittori perugini e notizie delle opere loro*, 2 voll. Perugia: Tipografia di Francesco Baduel, 1828.

PAOLO VITI, *Le Vite degli Strozzi di Vespasiano da Bisticci. Introduzione e testo critico*, «Atti e Memorie dell'Accademia Toscana di Scienze e Lettere 'La Colombaria'», XLIX (1984), pp. 75-177.

PAOLO VITI, *Leonardo Bruni e Firenze. Studi sulle lettere pubbliche e private*. Roma: Bulzoni, 1992.

Vivere a Pitti. Una reggia dai Medici ai Savoia, a cura di Sergio Bertelli e Renato Pasta. Firenze: Olschki, 2003.

FRANCESCO VOSSILLA, *Cosimo I, lo scrittoio del Bacchiacca, una carcassa di capodoglio e la filosofia naturale*, «Mitteilungen des Kunsthistorischen Institutes in Florenz», XXXVII (1993), n. 2/3, pp. 381-395.

FRANCESCO VOSSILLA, *Il duca della Repubblica e la prima Guardaroba di palazzo*, in *Palazzo Vecchio: officina di opere e di ingegni*, a cura di Carlo Francini. Cinisello Balsamo (Milano), Silvana, 2006, pp. 148-169.

FRANCESCO VOSSILLA, *Stanze regali per Cosimo de' Medici*, in *Palazzo Vecchio: officina di opere e di ingegni*, a cura di Carlo Francini. Cinisello Balsamo (Milano): Silvana, 2006, pp. 100-121.

MARTIN WALDSEEMÜLLER, *Universalis cosmographia secundum Ptholomaei traditionem et Americi Vespucii aliorumque lustrationes*, [St. Dié], 1507.

RONALD G. WITT, *Sulle tracce degli antichi. Padova, Firenze e le origini dell'umanesimo*. Roma: Donzelli, 2005.

FRANCES AMELIA YATES, *Astrea. L'idea di Impero nel Cinquecento*. Torino: Einaudi, 1978.

FRANCES AMELIA YATES, *Giordano Bruno e la tradizione ermetica*, 5a ed. Bari: Laterza, 1998.

PAOLA ZAMBELLI, *Astrologia, magia e alchimia nel Rinascimento Fiorentino e europeo*, in *Firenze e la Toscana dei Medici nell'Europa del Cinquecento: La corte, il mare, i mercanti, la rinascita della scienza, editoria e società, astrologia, magia e alchimia*. Firenze: Centro Di, 1980, p. 313-326.

LUIGI ZANGHERI, *Gli architetti italiani e la difesa dei territori dell'Impero minacciati dai turchi*, in *Architettura militare nell'Europa del XVI secolo*. Convegno di studi (Firenze, 25-28 novembre 1986), a cura di Carlo Cresti, Amelio Fara, Daniela Lamberini. Siena: Periccioli, 1988, pp. 243-251.

Finito di stampare in Firenze
presso la tipografia editrice Polistampa
Ottobre 2008